人工智能技术专业群系列教材

Python程序开发基础

主　编◎赵艳莉

副主编◎曾　鑫　牧杨子　皮览月

電子工業出版社

Publishing House of Electronics Industry

北京・BEIJING

内 容 简 介

本书采用活页式+项目任务的编写模式，针对目前流行的Python语言在Windows平台基于IDLE和PyCharm对Python程序开发的基础知识由浅入深进行讲解。

本书以学生为中心、聚焦学习成果，通过10个项目28个任务，以“项目引领、任务驱动”方式对Python的环境搭建、模块安装、基本语法、数据与字符串、流程控制、组合数据、函数应用、异常处理、面向对象、文件使用、计算生态等内容进行直观形象地介绍，教学设计符合学习者的认知习惯，充分体现了“以学生为中心、以成果为导向”的教学理念。

本书既可作为全国职业院校Python程序开发基础课程的公共用书，也可作为人工智能、信息安全等计算机应用类专业的教学用书，同时还是Python程序开发爱好者的自学参考书。

图书在版编目（CIP）数据

Python程序开发基础 / 赵艳莉主编. —北京：电子工业出版社，2024.1

ISBN 978-7-121-47221-3

Ⅰ. ①P… Ⅱ. ①赵… Ⅲ. ①软件工具—程序设计 Ⅳ. ①TP311.561

中国国家版本馆CIP数据核字（2024）第010969号

责任编辑：关雅莉　　文字编辑：张志鹏
印　　刷：三河市兴达印务有限公司
装　　订：三河市兴达印务有限公司
出版发行：电子工业出版社
　　　　　北京市海淀区万寿路173信箱　邮编　100036
开　　本：787×1 092　1/16　印张：19　字数：486.4千字
版　　次：2024年1月第1版
印　　次：2024年8月第2次印刷
定　　价：58.00元

凡所购买电子工业出版社图书有缺损问题，请向购买书店调换。若书店售缺，请与本社发行部联系，联系及邮购电话：（010）88254888，88258888。

质量投诉请发邮件至zlts@phei.com.cn，盗版侵权举报请发邮件至dbqq@phei.com.cn。

本书咨询联系方式：（010）88254576，zhangzhp@phei.com.cn。

前言

PREFACE

党的二十大报告指出："教育、科技、人才是全面建设社会主义现代化国家的基础性、战略性支撑"。职业教育作为教育的一个重要组成部分，其目的是培养应用型人才。在职业院校中，"Python 程序开发基础"是人工智能专业的一门重要专业课。

随着人工智能技术和 5G 技术的飞速发展，特别是人工智能技术已深入人们工作生活的各个方面，各种新兴技术已经广泛铺开。而在这些新技术的应用当中，Python 作为实现人工智能的首选语言具有良好的开发效率，它在 Web 前端开发、网络爬虫、数据分析、游戏开发、机器学习等领域也表现出众，是人们非常推崇的一门优秀的编程语言。

本书针对目前流行的 Python 语言基于 Windows 平台的 IDLE 和 PyCharm 对 Python 程序开发的基础知识通过任务驱动的形式逐一进行讲解。

本书的编写特点主要体现在以下几个方面。

1. 在内容的选取上，以任务驱动的形式由浅入深分 9 个项目 24 个任务来介绍 Python 语言所涉及的基础知识，由 1 个项目 4 个任务来简单介绍 Python 的计算生态。

2. 在编写体例上，按照活页式+项目任务模式进行编写，每个任务由"任务单"、"信息单"和"评价单"三个部分组成，每个任务是独立的，可以单独成课。学习者通过"任务单"明确本任务的学习目标和学习成果，激发学习动力；通过"信息单"学习本任务所涉及的理论知识和操作技能，积累完成任务的知识和技能；通过"评价单"反馈学习中的不足，明确改进方向。每个项目的最后有项目小结和巩固练习，总结后再提高，整体符合活页式的编排。

3. 在课程思政上，本书以推进"课程思政"、落实"立德树人"为根本，在每个项目目标中以情感目标+职业目标形式指出并在内容上融入了课程思政元素，各任务在爱国情怀、奋斗精神、工作态度、职业道德、工匠精神和行为习惯上都有所体现。

本书以学生为中心、聚焦学习成果，通过 10 个项目 28 个任务，以"项目引领、任务驱动"方式对 Python 的环境搭建、模块安装、基本语法、数据与字符串、流程控制、组合数据、函数应用、异常处理、面向对象、文件使用、计算生态等内容进行直观形象地介绍，教学设计符合学习者的认知习惯，充分体现了"以学生为中心、以成果为导向"的教学理念。

本书的教学参考课时为 72 课时，各项目的参考教学课时见下面的课时分配表。

<table>
<tr><th rowspan="2">项目</th><th rowspan="2">教 学 内 容</th><th colspan="2">课 时 分 配</th></tr>
<tr><th>理论教学</th><th>实践训练</th></tr>
<tr><td rowspan="4">项目 1
感受 Python 的精彩世界</td><td>任务 1 搭建 Python 开发环境</td><td rowspan="4">2</td><td rowspan="4">2</td></tr>
<tr><td>任务 2 使用集成开发工具 PyCharm</td></tr>
<tr><td>任务 3 编写第一个 Python 程序</td></tr>
<tr><td>任务 4 安装并使用 Python 模块</td></tr>
<tr><td rowspan="2">项目 2
编写简单的 Python 程序</td><td>任务 1 打印超市购物小票</td><td rowspan="2">2</td><td rowspan="2">2</td></tr>
<tr><td>任务 2 获取身体质量指数</td></tr>
<tr><td rowspan="4">项目 3
活学活用流程控制</td><td>任务 1 换算重量</td><td rowspan="4">4</td><td rowspan="4">4</td></tr>
<tr><td>任务 2 根据 BMI 值确定健康状况</td></tr>
<tr><td>任务 3 设计逢 7 拍手游戏</td></tr>
<tr><td>任务 4 设计猜数游戏</td></tr>
<tr><td rowspan="3">项目 4
创建和使用字符串</td><td>任务 1 判断密码强度</td><td rowspan="3">3</td><td rowspan="3">3</td></tr>
<tr><td>任务 2 获取文本进度条</td></tr>
<tr><td>任务 3 过滤敏感词</td></tr>
<tr><td rowspan="3">项目 5
灵活使用组合数据</td><td>任务 1 随机分配办公室</td><td rowspan="3">3</td><td rowspan="3">3</td></tr>
<tr><td>任务 2 中英文数字对照表</td></tr>
<tr><td>任务 3 识别单词</td></tr>
<tr><td rowspan="2">项目 6
搭建自己的模块</td><td>任务 1 模拟计算器</td><td rowspan="2">2</td><td rowspan="2">2</td></tr>
<tr><td>任务 2 获取兔子数列</td></tr>
<tr><td rowspan="2">项目 7
读写文件及格式化数据</td><td>任务 1 查询身份证归属地</td><td rowspan="2">2</td><td rowspan="2">2</td></tr>
<tr><td>任务 2 输出杨辉三角形</td></tr>
<tr><td rowspan="2">项目 8
活学活用面向对象</td><td>任务 1 获取网页数据</td><td rowspan="2">2</td><td rowspan="2">2</td></tr>
<tr><td>任务 2 设计人机猜拳游戏</td></tr>
<tr><td rowspan="2">项目 9
处理异常</td><td>任务 1 为查询身份证归属地添加异常</td><td rowspan="2">2</td><td rowspan="2">2</td></tr>
<tr><td>任务 2 检测系统密码异常</td></tr>
<tr><td rowspan="4">项目 10
构建与发布生态库</td><td>任务 1 随机生成验证码</td><td rowspan="4">4</td><td rowspan="4">8</td></tr>
<tr><td>任务 2 绘制指定颜色的 N 边形</td></tr>
<tr><td>任务 3 模拟时钟</td></tr>
<tr><td>任务 4 制作猴子接桃游戏</td></tr>
<tr><td colspan="2">机动</td><td>8</td><td>8</td></tr>
<tr><td colspan="2">合计</td><td>34</td><td>38</td></tr>
</table>

本书由郑州财税金融职业学院精品课《Python 程序开发》教学团队集体编写。赵艳莉担任主编，曾鑫、牧杨子、皮览月担任副主编，内容分工如下：项目 1 和项目 4 由曾鑫编写，项目 2 和项目 3 由皮览月编写，项目 5 和项目 7 由牧杨子编写，项目 6、项目 9 和项目 10 由赵艳莉编写，项目 8 由邓亚妹编写。赵艳莉进行了本书的框架设计、版式设计、统稿和资源整理。

本书既可作为全国职业院校 Python 程序设计基础和 Python 程序开发基础课程的公共用书，也可作为人工智能、信息安全等计算机应用类专业的教学用书，同时还是 Python 程序开发爱好者的自学参考书。本书还配有丰富的教学资源，读者可在登录华信教育资源网后免费下载。

由于作者水平有限，书中难免存在疏漏和不妥之处，敬请广大读者批评指正。

编　者

2023 年 11 月

CONTENTS 目录

项目 1　感受 Python 的精彩世界……001

任务 1　搭建 Python 开发环境……003
任务单……003
信息单……003
评价单……009
任务 2　使用集成开发工具 PyCharm……010
任务单……010
信息单……010
评价单……015
任务 3　编写第一个 Python 程序……016
任务单……016
信息单……016
评价单……024
任务 4　安装并使用 Python 模块……025
任务单……025
信息单……025
评价单……028

项目 2　编写简单的 Python 程序……030

任务 1　打印超市购物小票……032
任务单……032
信息单……032
评价单……038
任务 2　获取身体质量指数……039
任务单……039
信息单……039
评价单……052

项目 3　活学活用流程控制 ……… 055

任务 1　换算体重 ……… 057
任务单 ……… 057
信息单 ……… 057
评价单 ……… 060
任务 2　根据 BMI 值确定健康状况 ……… 061
任务单 ……… 061
信息单 ……… 061
评价单 ……… 072
任务 3　设计逢 7 拍手游戏 ……… 073
任务单 ……… 073
信息单 ……… 073
评价单 ……… 083
任务 4　设计猜数游戏 ……… 084
任务单 ……… 084
信息单 ……… 084
评价单 ……… 090

项目 4　创建和使用字符串 ……… 094

任务 1　判断密码强度 ……… 096
任务单 ……… 096
信息单 ……… 096
评价单 ……… 101
任务 2　获取文本进度条 ……… 102
任务单 ……… 102
信息单 ……… 102
评价单 ……… 107
任务 3　过滤敏感词 ……… 108
任务单 ……… 108
信息单 ……… 108
评价单 ……… 115

项目 5　灵活使用组合数据 ……… 117

任务 1　随机分配办公室 ……… 119
任务单 ……… 119
信息单 ……… 119
评价单 ……… 128

任务 2 中英文数字对照表 …… 129
任务单 …… 129
信息单 …… 129
评价单 …… 134
任务 3 识别单词 …… 135
任务单 …… 135
信息单 …… 135
评价单 …… 148

项目 6 搭建自己的模块 …… 151

任务 1 模拟计算器 …… 153
任务单 …… 153
信息单 …… 153
评价单 …… 162
任务 2 获取兔子数列 …… 163
任务单 …… 163
信息单 …… 163
评价单 …… 168

项目 7 读写文件及格式化数据 …… 171

任务 1 查询身份证归属地 …… 173
任务单 …… 173
信息单 …… 173
评价单 …… 183
任务 2 输出杨辉三角形 …… 184
任务单 …… 184
信息单 …… 184
评价单 …… 193

项目 8 活学活用面向对象 …… 196

任务 1 获取网页数据 …… 198
任务单 …… 198
信息单 …… 198
评价单 …… 209
任务 2 设计人机猜拳游戏 …… 210
任务单 …… 210
信息单 …… 210
评价单 …… 220

项目 9　处理异常……223

任务 1　为查询身份证归属地添加异常……225
任务单……225
信息单……225
评价单……234
任务 2　检测系统密码异常……235
任务单……235
信息单……235
评价单……242

项目 10　构建与发布生态库……245

任务 1　随机生成验证码……247
任务单……247
信息单……247
评价单……257
任务 2　绘制指定颜色的 N 边形……258
任务单……258
信息单……258
评价单……263
任务 3　模拟时钟……264
任务单……264
信息单……264
评价单……271
任务 4　制作猴子接桃游戏……272
任务单……272
信息单……272
评价单……292

项目 1

感受 Python 的精彩世界

项目目标

知识目标

了解 Python 的发展、特点及应用领域
熟悉 Python 程序开发的基本步骤
了解 Python 模块的功能

技能目标

会搭建 Python 开发环境
会安装并使用 PyCharm 开发工具
会编写并运行 Python 程序
会安装并使用 Python 模块

情感目标

激发使命担当、科技报国的爱国情怀

职业目标

养成科学严谨的工作态度
培养坚持不懈的奋斗精神

项目引导

完成任务

搭建 Python 开发环境

使用集成开发工具 PyCharm

编写第一个 Python 程序

安装并使用 Python 模块

学习路径

通过信息单学习相关的预备知识

通过任务单进行实践操作掌握相关技能

通过评价单获知学习中的不足和改进方法

通过巩固练习完成课后再学习再提高

配套资源

理实一体化教室

视频、PPT、习题答案等

项目实施

Python 是吉多·范罗苏姆（Guido van Rossum）开发的一种功能强大且完善的计算机程序设计语言，具有跨平台性、面向对象、可解释性、可移植性、可扩展性、类库丰富等优点。随着近几年人工智能的突飞猛进，Python 在许多领域已经成为主流应用的编程语言。相比其他编程语言，Python 凭借代码简单、上手容易、开发速度快等特性，十分适合科学计算、数据分析、Web 前端开发、网络爬虫、游戏开发等领域。Python 程序开发逐渐成为开发软件的首选，学习 Python 是非常有必要的，其支持的库众多，因此，Python 也被称为“胶水语言”。

本项目将通过 4 个任务的讲解，介绍如何搭建 Python 开发环境、使用集成开发工具 PyCharm、编写第一个 Python 程序，以及安装并使用 Python 模块等内容，为学好 Python 进行程序开发打下必要的理论基础。

任务 1　搭建 Python 开发环境

任务单

任务编号	1-1	任务名称	搭建 Python 开发环境
任务简介	俗话说“工欲善其事，必先利其器”，若要进行 Python 编程，首先要有 Python 开发环境。本任务是搭建 Python 开发环境		
设备环境	台式机或笔记本电脑，建议使用 Windows 10 以上操作系统		
所在班级		小组成员	
任务难度	初级	指导教师	
实施地点		实施日期	年　月　日
任务要求	（1）下载 Python 安装包。进入 Python 官网，完成 Python 3.11.1-64bit 及以上版本安装包的下载 （2）安装 Python。按照 Python 安装向导的提示，完成安装 （3）配置 Python 环境变量。在 Windows 10 系统中配置 Python 环境变量		

信息单

一、Python 简介

（一）Python 的发展

Python 诞生于 1989 年。当时，荷兰数学和计算机科学研究协会的吉多 • 范罗苏姆在阿姆斯特丹开始编写 Python 的编译器和解释器。他的开发理念是希望 Python 是介于 Unix Shell 和 C 语言之间的功能全面、易学易用、可拓展性的语言。1991 年，第一个 Python 编译器问世，但直到 1994 年，Python 1.0 才正式发布，这标志着 Python 1.0 时代的到来。2000 年推出的 Python 2.0 加入了内存回收机制，提供了对 Unicode 的支持，奠定了 Python 主体框架开发的方向。2008 年底推出了全新的 Python 3.0 版本，Python 2.0 和 Python 3.0 并存发展。2020 年 1 月初，Python 官方宣布 Python 2.0 正式退出历史舞台，不再提供版本安全更新等内容，这意味着 Python 2.0 时代的完结，Python 3.0 时代的到来。

随着人工智能、大数据、物联网和云计算等热门领域的蓬勃发展，Python 的市场占比不断攀升。截至 2024 年 4 月，TIOBE 官网公布的全球编程语言排行榜前三如表 1-1 所示。Python 排在热门编程语言第 1 位，是增长最快的编辑语言。

表 1-1　全球编程语言排行榜前三

Rank(Sep 2024)	Rank(Sep 2023)	Programming Language	Ratings
1	1	Python	16.41%
2	2	C	10.21%
3	4	C++	11.72%

专家点睛

Python 2.6 及更早期的版本目前已基本废弃了。Python 2.7 版本在一些偏老的操作系统上仍然可以使用，如 Ubuntu 16.04 LTS、Red Hat 企业版等。Python 3.0 至 3.5 版本更新迭代速度相对较快。Python 3.6 至 3.10 版本是官方重点支持且较为稳定的版本。

（二）Python 的特点

毫无疑问，Python 能成为一种十分流行的编程语言，这都要归功于 Python 的以下特点。

- 简单易学，Python 遵循“简单、优雅、明确”的设计原则。
- 面向对象，Python 既支持面向过程编程，也支持面向对象编程。
- 免费开源，开放源代码，拥有强大的社区和生态圈。
- 可解释性，直接从源代码运行程序，不需要编译成二进制代码。
- 可移植性，代码可以在不同的操作系统上运行。
- 可扩展性，能够通过 C、C++语言为 Python 编写扩充模块。
- 可嵌入性，允许嵌入 C、C++程序中，提供脚本功能。
- 丰富的库，具有丰富的标准库和第三方库，功能强大。

专家点睛

在 Python 中，也存在一些缺点。例如，Python 2.0 和 Python 3.0 不能兼容；运行速度慢；代码无法加密；GIL 锁（全局解释器锁）限制并发等。

（三）Python 的应用领域

自诞生以来，Python 一直是行业内流行的编程语言之一，同时 Python 也是全场景编程语言之一，有着广泛的应用领域。从国内的腾讯、百度、阿里、搜狐、豆瓣网等企业到国外的 Google、Yahoo、YouTube、NASA、Mozilla 等公司和机构，Python 的需求开发任务量不断增加。

（1）科学计算

Python 在科学和数学计算方面包含了众多的科学计算库，Numpy 和 Scipy 是最具代表性的两个基础库，通过这两个库，Python 能够与 MATLAB 的数据处理和计算能力相媲美，达到快速计算的效果。在开发科学计算应用程序的过程中，Python 不仅用于数值计算、符号运算，还涉及数据可视化、二维图表等。Python 提供了 Numpy、Scipy、Pandas、Sympy、Matplotlib、TVTK 等大量的科学计算库，帮助开发者处理和显示数据。

（2）人工智能

人工智能（Artificial Intelligence）的发展正在点亮智慧地球村，成为推动世界智能化的强大驱动力。Python 在人工智能领域备受瞩目，一系列的神经网络模型框架搭建离不开人工智能学习框架，其中 Pytorch、Tensorflow、Keras 等均是由 Python 来实现的。即使 Java、C++、R 这些编程语言也有对应的神经网络模型框架，但在模块化、实用性、社区活跃度方面落后 Python 的发展速度。

（3）金融量化分析

数据是量化投资的根本，任何投资策略都是建立在数据基础之上的。利用 Python 可以进行金融量化投资，包括数据获取、分析挖掘、策略构建、回测、策略分析等环节，国内量化投资近几年盛行，Python 也提供了 Tushare、Seaborn 等库用于数据分析。

（4）云计算

云计算（Cloud Computing）的发展前景广阔，无论是产业创新还是学术研究都备受青睐，其中 OpenStack 是美国宇航局（NASA）和 Rackspace 合作研发的一款自由开源的云计算软件。Rackspace 是全球三大云计算中心之一，建立的 OpenStack 技术为客户提供大型云托管服务，用户可以通过 Python API 管理 OpenStack 云基础设施。

（5）Web 前端开发

在 Web 前端开发的众多编程语言中，Python 占有重要的地位。在 Python 里封装了大量的 Web 框架，可以帮助开发人员快捷地构建 Web 应用，因此 Python 凭借自身的灵活性、开发效率高、第三方插件丰富等特点，在 Web 前端开发实践中受到了广泛关注。流行的 Web 前端开发框架包括 Django、Tornado、Flask、Twisted 等。

（6）网络爬虫

网络爬虫又称网络蜘蛛，是一种自动抓取和处理网页数据的程序或脚本。例如，图像、视频、文本等数据都能够通过网络爬虫存储下来。网络爬虫在搜索引擎、数据分析、广告过滤等方面作用巨大。Python 提供了大量的内置包，可以轻松实现爬虫功能。网络爬虫上手简单，操作便捷，改变了人们从万维网中获取数据的方式，常见的网络爬虫框架有 Scrapy、PySpider、Crawley、Portia 等。

（7）游戏开发

贪吃蛇、扫雷、迷宫、打飞机等这些经典的游戏都可以通过 Python 来开发，与 Lua 相比，使用 Python 进行游戏编程的优势在于通过编写少量的代码来描述游戏业务逻辑，但性能方面远不及 Lua。Python 可以帮助初学者快速开发出游戏，常用的游戏开发框架包括 PyGame、Pykyra 等。

二、Python 编程环境

（一）Python 安装包简介

众所周知，目前市场上 Python 2.x 和 Python 3.x 两个版本并行，而且 Python 2.x 和 Python 3.x 版本是不兼容的，它们之间存在着巨大的差别。相比于早期的 Python 2.x，Python 3.x 有了较大的变革。首先，Python 3.x 用 print()函数替代了 Python 2.x 中的 print 语句。其次，在 Python 3.x 中默认使用 UTF-8 编码，而 Python 2.x 仍然使用 ASCII 编码。最后，Python 3.x 通过使用“/”运算符实现了除法运算。

伴随着 Python 2.x 的停止更新维护，Python 3.x 成为了程序员的必然选择。本书以 Python 3.11.1 版本为基础，演示 Python 在 Windows 操作系统上的安装过程。

（二）下载 Python 安装包

Python 的开发环境安装简单，具体安装步骤如下。

（1）打开 Python 官网，获取 Python 版本更新、技术手册、新闻事件等。Python 官网的首页如图 1-1 所示。

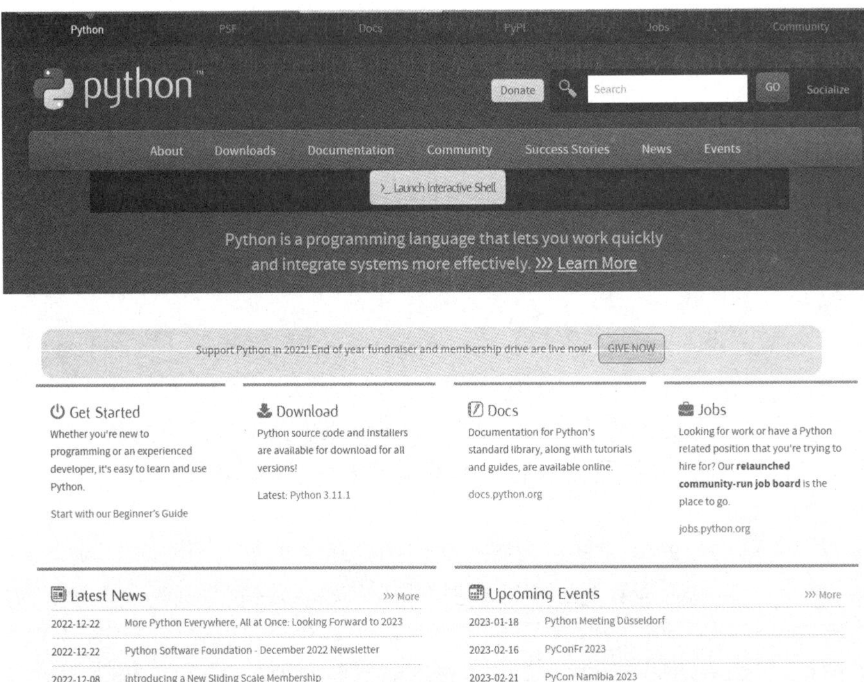

图 1-1 Python 官网的首页

（2）选择“Downloads”选项，在弹出的下载页面中显示可供用户选择的特定版本的 Python 安装包，这里选择基于 Windows 操作系统的安装包。Python 下载页面如图 1-2 所示。

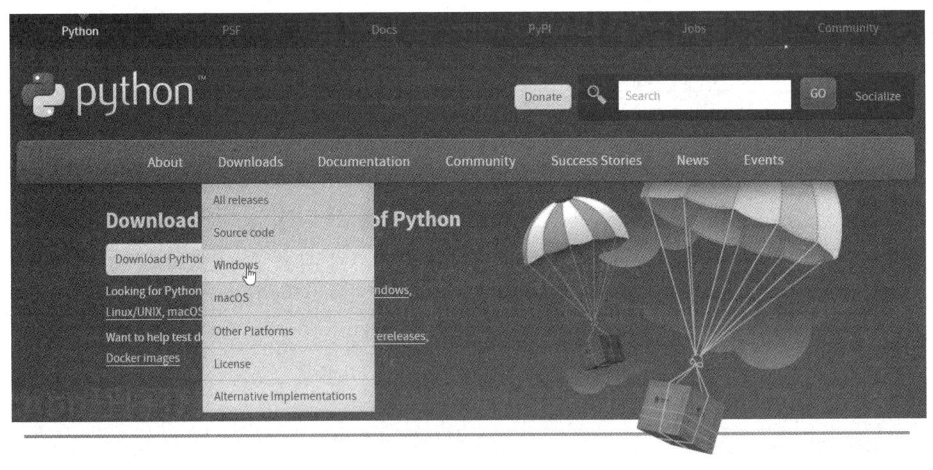

图 1-2 Python 下载页面

（3）选择 Windows 系统对应的.exe 可执行文件进行下载，如图 1-3 所示。用户也可以选择下载 Source Code 或 Mac OS 安装文件。

Python Releases for Windows

- Latest Python 3 Release - Python 3.11.1

Stable Releases

- Python 3.11.1 - Dec. 6, 2022
  Note that Python 3.11.1 *cannot* be used on Windows 7 or earlier.
  - Download Windows embeddable package (32-bit)
  - Download Windows embeddable package (64-bit)
  - Download Windows embeddable package (ARM64)
  - Download Windows installer (32-bit)
  - Download Windows installer (64-bit)
  - Download Windows installer (ARM64)

Pre-releases

- Python 3.12.0a3 - Dec. 6, 2022
  - Download Windows embeddable package (32-bit)
  - Download Windows embeddable package (64-bit)
  - Download Windows embeddable package (ARM64)
  - Download Windows installer (32-bit)
  - Download Windows installer (64-bit)
  - Download Windows installer (ARM64)
- Python 3.12.0a2 - Nov. 15, 2022
  - Download Windows embeddable package (32-bit)

图 1-3　下载 Python 安装包

（4）Python 安装包下载完成后，运行 python 3.11.1-amd64.exe 文件进行安装。Python 安装对话框如图 1-4 所示。安装过程分为两种方式，一种是默认设置安装（Install Now），另一种是自定义安装（Customize installation），可选择其中一种方式进行安装。建议勾选“Add python.exe to PATH”复选框，将 Python 安装路径添加至系统环境变量中，否则需要手动添加。

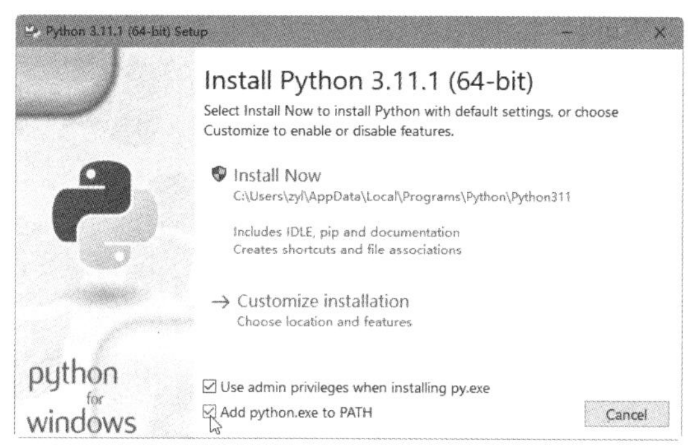

图 1-4　Python 安装对话框

（5）选择“Customize installation”（自定义安装）选项后，弹出“Optional Features”（可选功能）对话框，如图 1-5 所示。默认为勾选所有选项，“Documentation”选项表示安装 Python 文档文件；“pip”选项表示能够下载安装第三方 Python 库；“td/tk and IDLE”选项表示安装 tkinter 开发环境和 IDLE 开发环境；“Python test suite”选项表示安装标准库测试组件；“py launcher”选项代表升级旧版本的 Python 启动器；“for all users(requires elevation)”选项代表对所有用户安装。

（6）单击“Next”按钮，弹出“Advanced Options”（高级选项）对话框，如图 1-6 所示。建议勾选“Install Python 3.11 for all users”复选框为所有用户安装 Python，“Precompile standard library”复选框表示预编译标准库也会自动被勾选。“Associate files with Python (requires the 'py' launcher)”复选框表示关联所有的 Python 文件，“Create shortcuts for installed applications”复选框表示创建快捷方式，“Add Python to environment variables”复选框表示将 Python 添加进系统环境变量，这 3 个复选框默认被勾选。“Download debugging symbols”复选框表示下载 debug 工具，“Download debug binaries (requires VS 2017 or later)”复选框表示下载调试二进制文件，这两项可根据自身需要选择是否勾选。“Customize install location”复选框表示自定义指定安装路径。

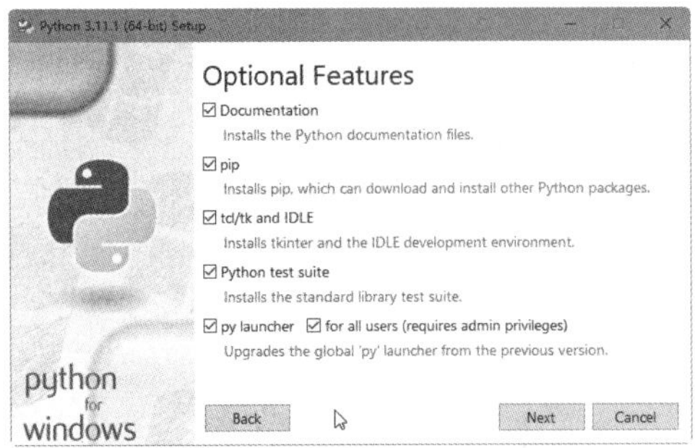

图 1-5 “Optional Features”（可选功能）对话框

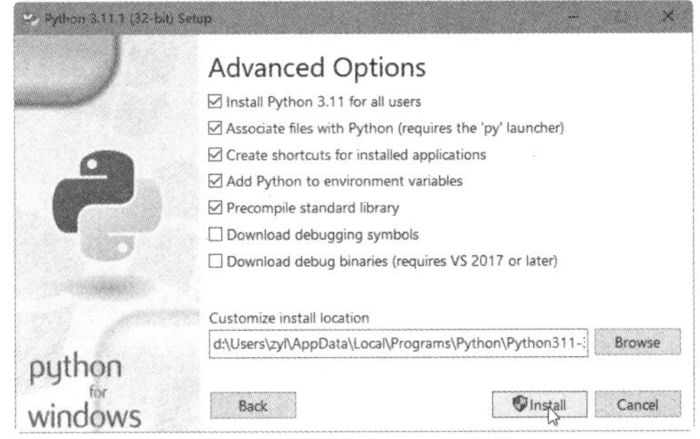

图 1-6 “Advanced Options”（高级选项）对话框

（7）单击“Install”按钮，Python 安装过程，如图 1-7 所示。

（8）单击“Close”按钮，Python 安装成功，如图 1-8 所示。

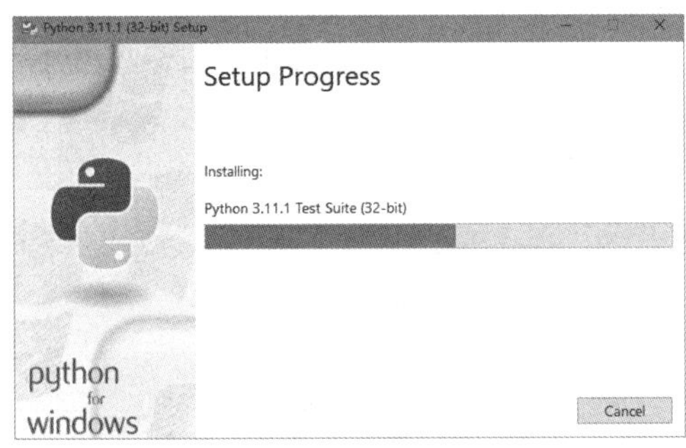

图 1-7 Python 安装过程

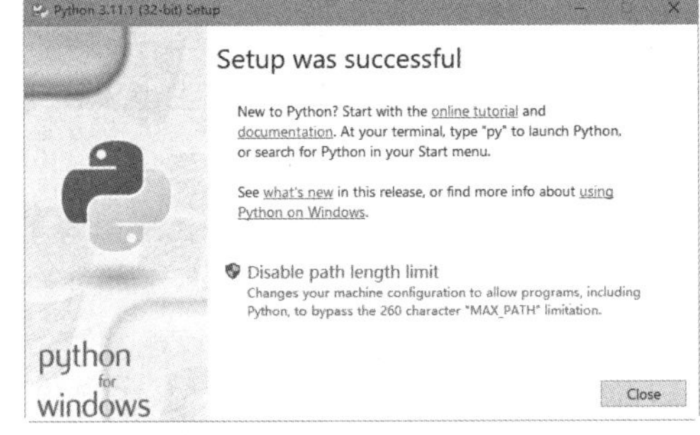

图 1-8 Python 安装成功

（9）按【Win+R】组合键，弹出“运行”对话框，输入“cmd”命令后，单击“确定”按钮或按【Enter】键，验证安装，如图 1-9 所示。

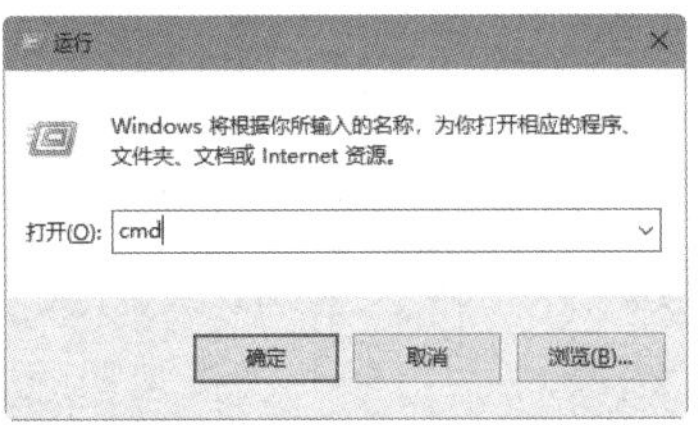

图 1-9 “运行”对话框

（10）输入 Python 指令并查看版本号，若显示版本号，证明安装成功，如图 1-10 所示。

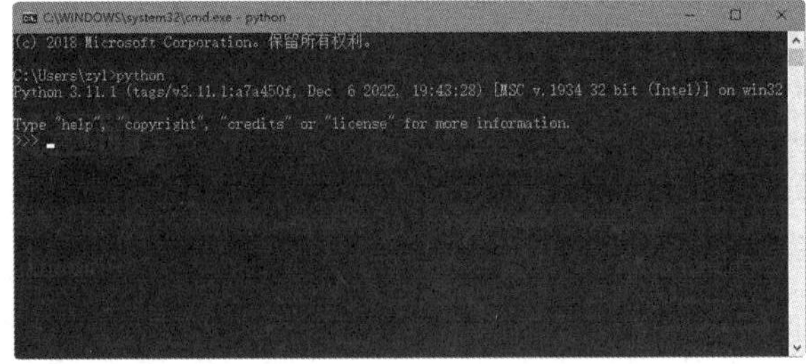

图 1-10 输入 Python 指令并查看版本号

评价单

<table>
<tr><td>任务编号</td><td>1-1</td><td>任务名称</td><td>搭建 Python 开发环境</td></tr>
<tr><td colspan="2">评价项目</td><td>自评</td><td>教师评价</td></tr>
<tr><td rowspan="3">课堂表现</td><td>学习态度（20 分）</td><td></td><td></td></tr>
<tr><td>课堂参与（10 分）</td><td></td><td></td></tr>
<tr><td>团队合作（10 分）</td><td></td><td></td></tr>
<tr><td rowspan="3">技能操作</td><td>下载 Python 安装包（20 分）</td><td></td><td></td></tr>
<tr><td>安装 Python（20 分）</td><td></td><td></td></tr>
<tr><td>检测是否安装成功（20 分）</td><td></td><td></td></tr>
<tr><td>评价时间</td><td>年　月　日</td><td>教师签字</td><td></td></tr>
</table>

<table>
<tr><td colspan="7">评价等级划分</td></tr>
<tr><td colspan="2">项目</td><td>A</td><td>B</td><td>C</td><td>D</td><td>E</td></tr>
<tr><td rowspan="3">课堂表现</td><td>学习态度</td><td>在积极主动、虚心求教、自主学习、细致严谨上表现优秀</td><td>在积极主动、虚心求教、自主学习、细致严谨上表现良好</td><td>在积极主动、虚心求教、自主学习、细致严谨上表现较好</td><td>在积极主动、虚心求教、自主学习、细致严谨上表现尚可</td><td>在积极主动、虚心求教、自主学习、细致严谨上表现不佳</td></tr>
<tr><td>课堂参与</td><td>积极参与课堂活动，参与内容完成得很好</td><td>积极参与课堂活动，参与内容完成得好</td><td>积极参与课堂活动，参与内容完成得较好</td><td>能参与课堂活动，参与内容完成得一般</td><td>能参与课堂活动，参与内容完成得欠佳</td></tr>
<tr><td>团队合作</td><td>具有很强的团队合作能力、能与老师和同学进行沟通交流</td><td>具有良好的团队合作能力、能与老师和同学进行沟通交流</td><td>具有较好的团队合作能力、尚能与老师和同学进行沟通交流</td><td>能与团队进行合作、与老师和同学进行沟通交流的能力一般</td><td>不能与团队进行合作、不能与老师和同学进行沟通交流</td></tr>
<tr><td rowspan="3">技能操作</td><td>下载</td><td>能独立并熟练地完成</td><td>能独立并较熟练地完成</td><td>能在他人提示下顺利完成</td><td>能在他人帮助下完成</td><td>未能完成</td></tr>
<tr><td>安装</td><td>能独立并熟练地完成</td><td>能独立并较熟练地完成</td><td>能在他人提示下顺利完成</td><td>能在他人帮助下完成</td><td>未能完成</td></tr>
<tr><td>检测</td><td>能独立并熟练地完成</td><td>能独立并较熟练地完成</td><td>能在他人提示下顺利完成</td><td>能在他人帮助下完成</td><td>未能完成</td></tr>
</table>

任务2 使用集成开发工具PyCharm

任务单

任务编号	1-2	任务名称	使用集成开发工具 PyCharm
任务简介	PyCharm 是一种 Python 集成开发工具，具有智能代码编辑、智能提示、自动导入等功能，从而大大提高了程序调试的效率，是广大 Python 开发人员和初学者广泛使用的 Python 开发工具。本任务是完成 PyCharm 的下载、安装、配置和使用		
设备环境	台式机或笔记本电脑，建议使用 Windows 10 以上操作系统、Python 3.11 等		
所在班级		小组成员	
任务难度	初级	指导教师	
实施地点		实施日期	年　　月　　日
任务要求	（1）下载 PyCharm 安装包。进入 jetbrains 官网的下载 PyCharm 工具的页面。单击相应版本下的【下载】按钮下载 PyCharm 安装包，这里选择 Community 版本 （2）安装 PyCharm。按照 PyCharm 安装向导的提示完成安装 （3）配置 PyCharm。正确设置 PyCharm 解释器		

信息单

一、下载并安装 PyCharm 集成开发工具

PyCharm 是由 JetBrains 公司推出的一款功能强大的 Python 编辑软件，由于其具有智能代码编辑、智能提示、自动导入等功能，目前已经成为 Python 专业开发人员和初学者广泛使用的 Python 开发工具。

本任务将通过搭建 PyCharm 集成开发工具为起点，学习 PyCharm 的操作界面和功能，养成良好的编程习惯，为以后进行 Python 项目开发打好坚实的基础。PyCharm 的官网首页如图 1-11 所示。

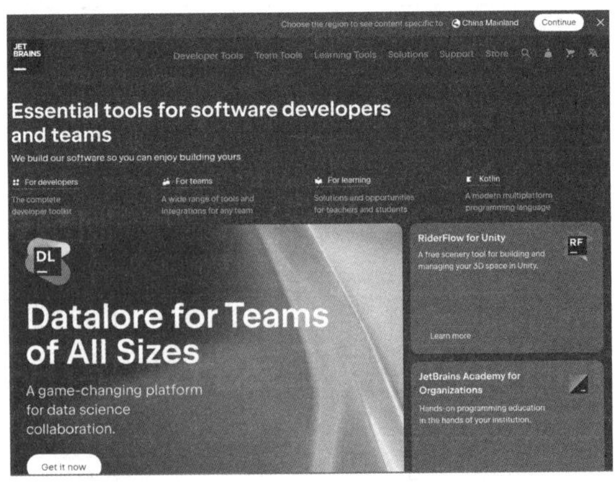

图 1-11　PyCharm 的官网首页

（1）下载 PyCharm 安装包。PyCharm 分为专业版和社区版，其中，Professional 代表专业版，Community 代表社区版。专业版提供 Python IDE 的所有功能，支持 Django、Flask、JavaScript、CoffeeScript 等，支持远程开发、Python 分析器、数据库和 SQL 语句，但这些都需要付费。而社区版是轻量级的 Python IDE，只支持 Python 开发，免费、开源、集成 Apache2 的许可证，包含智能编辑器、调试器，支持重构和错误检查，集成 VCS 版本控制，可以免费使用，推荐下载安装社区版。PyCharm 下载页面如图 1-12 所示。

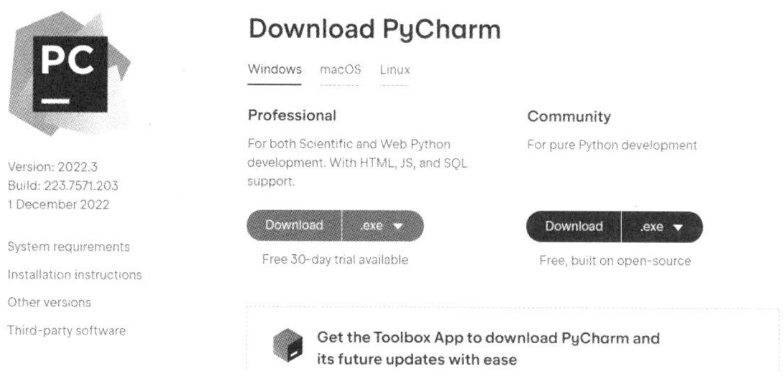

图 1-12　PyCharm 下载页面

专家点睛

PyCharm 分为专业版（Professional）和社区版（Community），两者存在一定的区别。专业版的功能最全，需要付费购买软件激活码才可以使用，适用于互联网公司；社区版提供给开发者和编程爱好者免费使用，功能比专业版少，且不支持远程开发。

（2）下载完成后，运行 pycharm-community-2020.3.1.exe 文件进行安装。PyCharm 安装对话框如图 1-13 所示。

（3）单击“Next”按钮，弹出如图 1-14 所示的对话框，用户可以在“Destination Folder”文本框中选择当前 PyCharm 的安装路径。

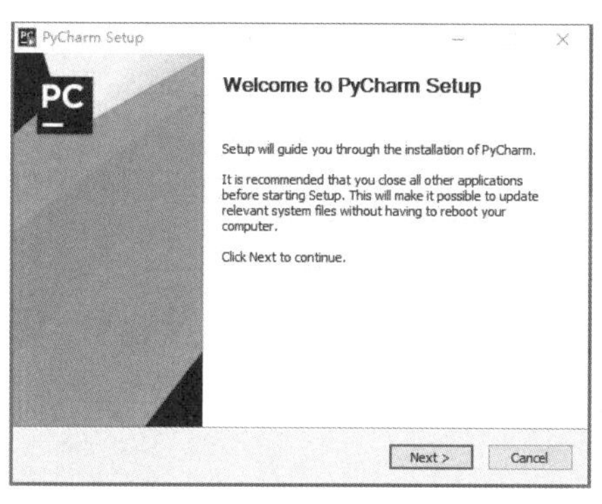

图 1-13　PyCharm 安装对话框

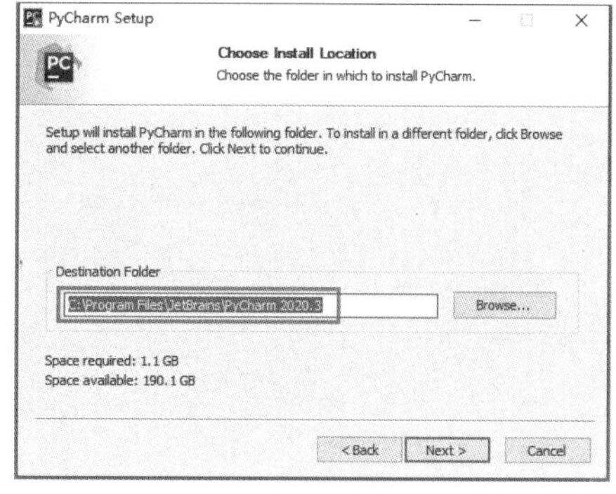

图 1-14　PyCharm 的安装路径

（4）单击“Next”按钮，弹出如图 1-15 所示的对话框，其中包含有 4 个选项，“Create Desktop Shortcut”选项表示创建桌面快捷方式，“Update context menu”选项表示更新上下文菜单（右键菜单），“Create Associations”选项表示关联拓展名，“Update PATH variable (restart needed)”选项表示更新路径变量。建议勾选全部复选框。

（5）单击“Next”按钮，弹出如图 1-16 所示的对话框，PyCharm 正在进行安装。

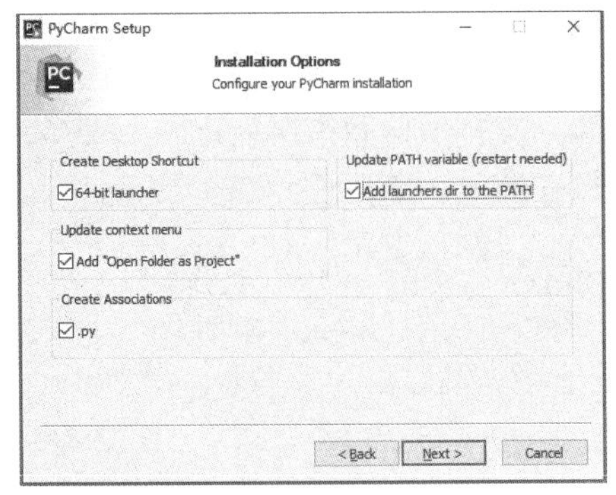

图 1-15　PyCharm 安装选项

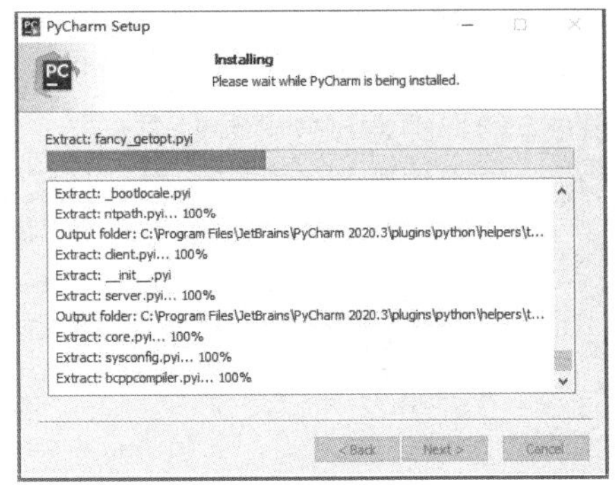

图 1-16　PyCharm 正在安装

专家点睛

Python IDE 集成开发工具不仅有 PyCharm，还有 Sublime Text、Visual Studio Code、Atom、JuPyter Notebook、PyScripter、Spyder、Geany 等。另外，Python 自带一个 IDE 工具——IDLE，但功能有限、界面单一、用户体验不佳，不适合进行 Python 的项目开发。

二、配置 PyCharm 解释器运行程序

当 PyCharm 安装完成后，会自动在开始菜单中生成软件链接，并在桌面上生成快捷方式。在编写程序前首先要配置 PyCharm 解释器，具体操作如下。

（1）双击桌面上 PyCharm 的快捷方式图标，打开 PyCharm，如果是初次打开 PyCharm，会弹出“JetBrains Privacy Policy”窗口，勾选同意用户协议复选框后进入 PyCharm 的主题选择窗口，然后选择 PyCharm 的主题并启动 PyCharm，进入 PyCharm 欢迎窗口，选择“Create New Project”选项，如图 1-17 所示。

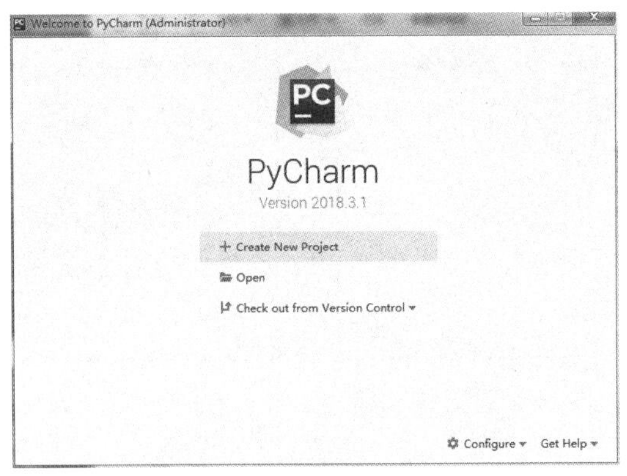

图 1-17　PyCharm 欢迎窗口

（2）打开“Create Project”对话框，在路径 E:\python_study\untitled 下创建项目

first_proj，选中“Existing interpreter”单选按钮并配置 Python 解释器，如图 1-18 所示。

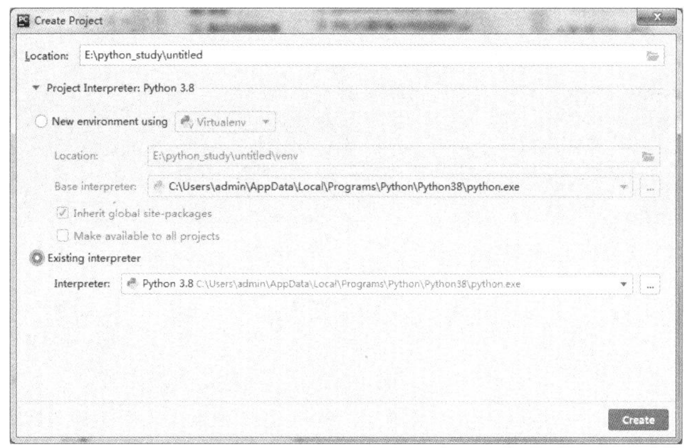

图 1-18 “Create Project”对话框

（3）单击“Create”按钮，完成项目创建并进入项目管理界面，如图 1-19 所示。

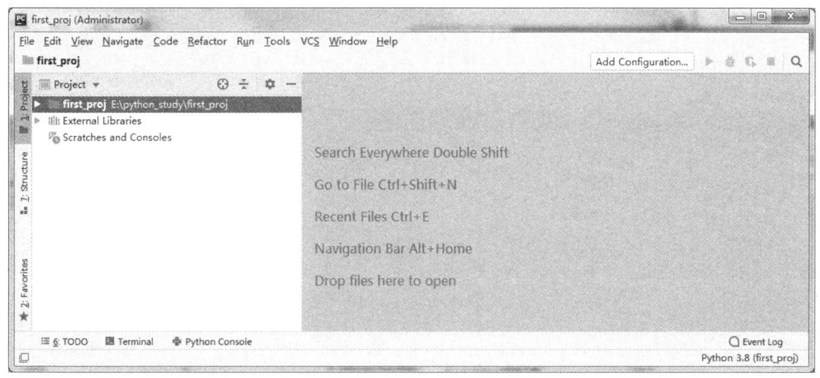

图 1-19 项目管理界面

（4）首先创建一个 Python 项目，然后在该项目中添加 Python 文件。右击项目名称，在弹出的快捷菜单中选择“New”→“Python File”选项，如图 1-20 所示。

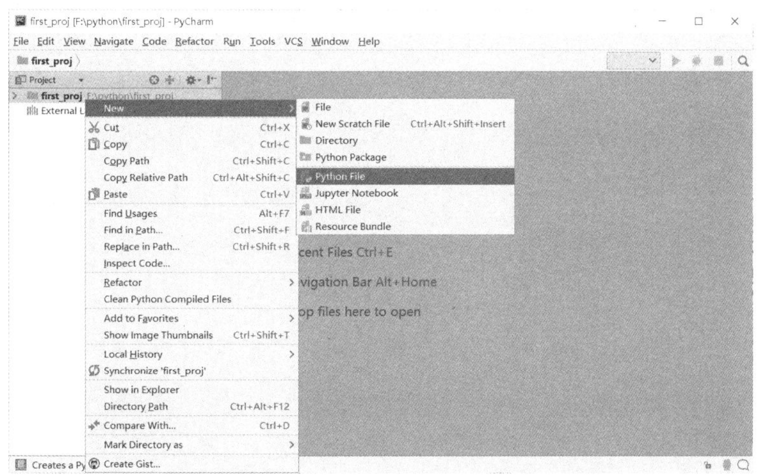

图 1-20 “New”→“Python File”选项

（5）在弹出的“New Python file”窗口中添加名称为“first.py”的文件，单击“OK”按钮，打开“first.py”文件编辑窗口，如图 1-21 所示。

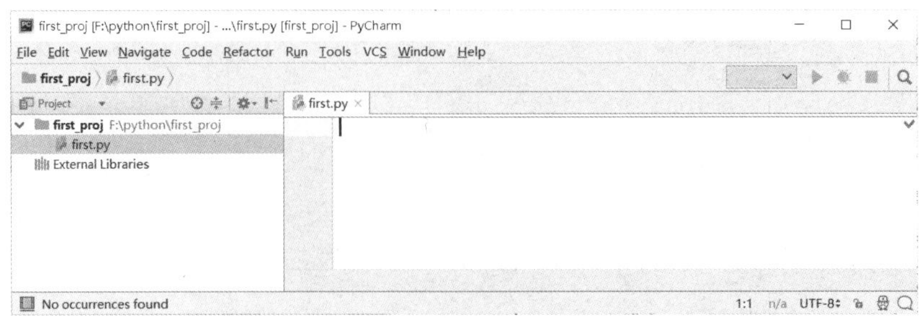

图 1-21 “first.py”文件编辑窗口

（6）在“first.py”文件编辑窗口中输入代码“print("Hello World!")”，选中要运行的文件 first.py 并右击，在弹出的快捷菜单中选择“Run ‘first’”命令运行该文件。文件的运行结果将显示在窗口下方，如图 1-22 所示。

图 1-22 文件的运行结果

评价单

任务编号	1-2	任务名称	使用集成开发工具 PyCharm
评价项目		自评	教师评价
课堂表现	学习态度（20 分）		
	课堂参与（10 分）		
	团队合作（10 分）		
技能操作	安装 PyCharm（30 分）		
	配置 PyCharm（30 分）		
评价时间	年　月　日	教师签字	

评价等级划分						
项目		A	B	C	D	E
课堂表现	学习态度	在积极主动、虚心求教、自主学习、细致严谨上表现优秀	在积极主动、虚心求教、自主学习、细致严谨上表现良好	在积极主动、虚心求教、自主学习、细致严谨上表现较好	在积极主动、虚心求教、自主学习、细致严谨上表现尚可	在积极主动、虚心求教、自主学习、细致严谨上表现不佳
	课堂参与	积极参与课堂活动，参与内容完成得很好	积极参与课堂活动，参与内容完成得好	积极参与课堂活动，参与内容完成得较好	能参与课堂活动，参与内容完成得一般	能参与课堂活动，参与内容完成得欠佳
	团队合作	具有很强的团队合作能力、能与老师和同学进行沟通交流	具有良好的团队合作能力、能与老师和同学进行沟通交流	具有较好的团队合作能力、尚能与老师和同学进行沟通交流	能与团队进行合作、与老师和同学进行沟通交流的能力一般	不能与团队进行合作、不能与老师和同学进行沟通交流
技能操作	安装	能独立并熟练地完成	能独立并较熟练地完成	能在他人提示下顺利完成	能在他人帮助下完成	未能完成
	配置	能独立并熟练地完成	能独立并较熟练地完成	能在他人提示下顺利完成	能在他人帮助下完成	未能完成

任务3　编写第一个 Python 程序

任务单

任务编号	1-3	任务名称	编写第一个 Python 程序
任务简介	通过前面两个任务已经搭建了 Python 程序的开发环境，一个是 Python 自带的 IDLE 集成开发工具，另一个是 PyCharm 程序开发工具，它们均可以用来编辑调试程序。本任务是编写第一个 Python 程序		
设备环境	台式机或笔记本电脑，建议使用 Windows 10 以上操作系统、Python3.11 等		
所在班级		小组成员	
任务难度	初级	指导教师	
实施地点		实施日期	年　月　日
任务要求	"Hello, World"程序是非常著名的演示程序，无论是学习 C 语言，还是 Java 语言，都会在第一课的内容中讲到，编写第一个 Python 程序也不例外。 本任务是创建一个 Python 源文件，命名为 hello.py，在屏幕上输出"Hello, World！"。 （1）编写 Python 源文件。使用 Python 自带的 IDLE 集成开发工具创建 Python 源文件 hello.py （2）运行 Python 脚本文件。使用 IDLE 集成开发工具运行脚本文件 （3）运行 Python 脚本文件。使用 PyCharm 程序开发工具运行脚本文件		

信息单

一、第一个 Python 程序

根据前面所讲的知识，读者已经具备了搭建 Python 开发环境的能力。下面正式开始编写几个简单的 Python 程序，有助于初学者快速认识 Python，学习实际操作中的编码风格和注释方式。

使用 Python 自带的开发工具运行程序，其运行方式有两种，即交互式运行方式和脚本式运行方式。由于交互式运行方式主要用于简单的 Python 程序的运行和命令的测试，因此，脚本式运行方式是运行 Python 程序的主要方式。

（一）交互式运行

在命令行中输入"python"，进入交互式环境，在提示符">>>"后输入代码，按回车键运行代码，就可以立刻得到运行结果。

课堂检验 1　你好，世界！

具体操作

```
>>> print ("Hello, world!")
Hello, world!
```

课堂检验 2 计算 10 与 30 的和

具体操作

```
>>> 10+30
40
```

课堂检验 3 声明一个变量 x，其值为 7

具体操作

```
>>> x=7
>>> print(x)
7
```

课堂检验 4 声明一个变量 x，其值为 15，求变量 x 与 40 的和

具体操作

```
>>> x=15
>>> y=x+40
>>> y
55
```

最后，输入“exit()”或者按【Crtl+D】组合键便可以退出交互式环境。

（二）脚本式运行

首先创建一个 Python 源文件，将所有代码放在源文件中。然后通过解释器逐行读取并执行源文件中的代码，即批量读取并执行代码，直到显示运行结果。脚本式运行方式主要分为两个步骤：一是创建 Python 源文件，二是运行 Python 脚本文件。

1. 创建 Python 源文件

对于 Python 源文件即扩展名为.py 的纯文本文件，可以使用任何文本编辑器进行编辑，如常用的记事本、Notepad++、EditPlus 等，或将 Python 源文件集成到 Eclipse、PyCharm 等面向较大规模项目开发的集成开发工具中。

（1）在 IDLE 中创建 Python 源文件

使用 Python 自带的 IDLE 集成开发工具来创建 Python 源文件是最常见的和最佳的编辑方法。具体操作是：打开 Python 自带的 IDLE 集成开发工具，选择“File”→“New File”选项，创建 Python 源文件，在弹出的“untitled”（未命名）脚本窗口中输入 Python 代码，进行 Python 源文件的编辑，“untitled”脚本窗口如图 1-23 所示。

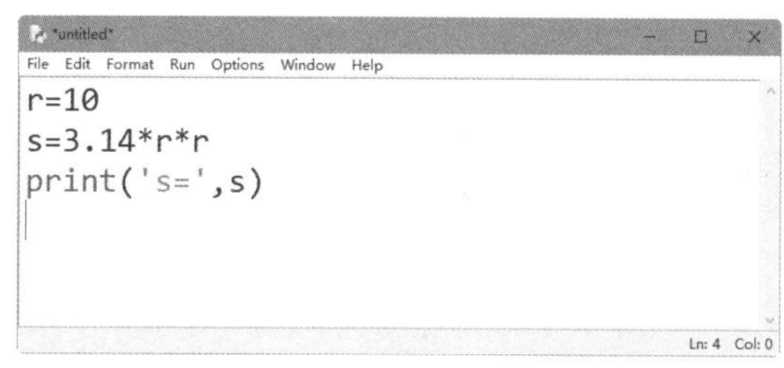

图 1-23 “untitled”脚本窗口

选择“File”→“Save”选项或按【Ctrl+S】组合键保存源文件，在弹出的“另存为”对话框中确定文件保存的位置及文件名，单击“保存”按钮，完成 Python 源文件的创建。

（2）在 PyCharm 中创建 Python 源文件

双击 PyCharm 快捷方式图标进入 PyCharm 欢迎界面，如图 1-24 所示。

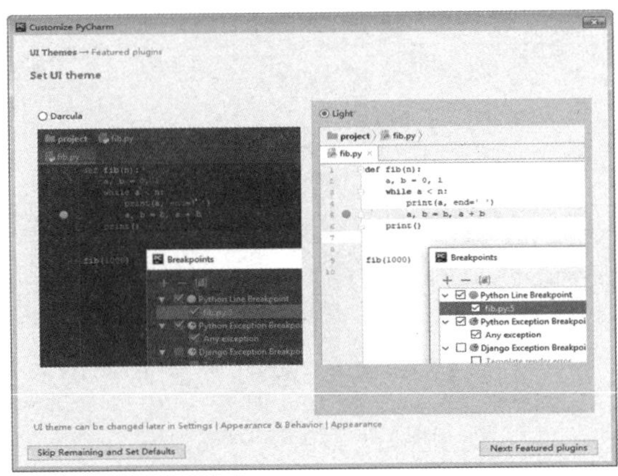

图 1-24　PyCharm 欢迎界面

单击“Next Featured plugins”按钮，在弹出的“Welcome to PyCharm”窗口中选择“Create New Project”选项，如图 1-25 所示，创建一个 Python 项目 chapter01，以便可以在后续项目中创建一个.py 文件。

选中项目名称 chapter01 并右击，在弹出的快捷菜单中选择“New”→“Python File”选项，如图 1-26 所示。

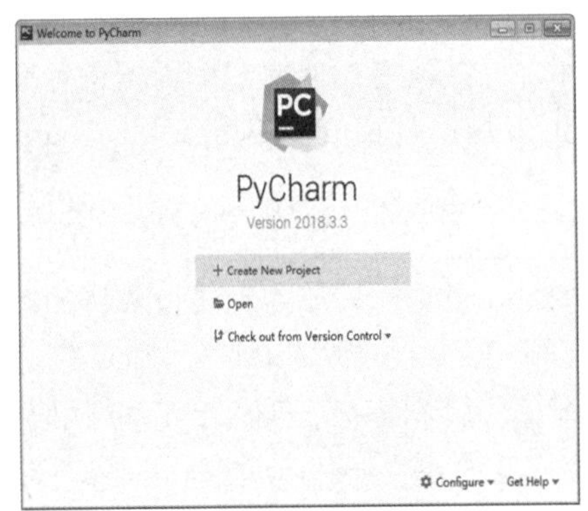

图 1-25　“Welcome to PyCharm”窗口

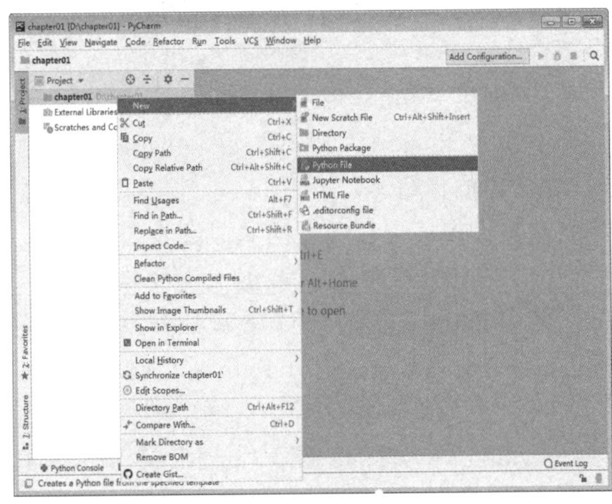

图 1-26　“Python File”选项

在弹出的“New Python file”对话框中，将新建的 Python 文件命名为“hello_world”，选择默认文件类型“Python file”，如图 1-27 所示。

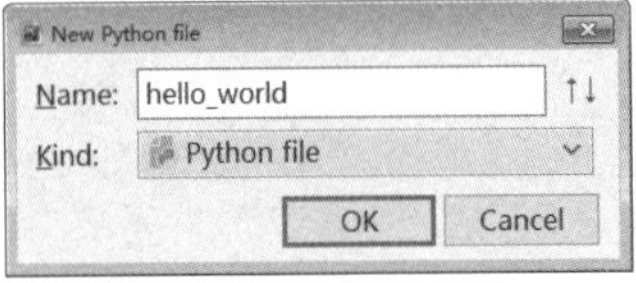

图 1-27　“New Python file”对话框

在创建好的“hello_world.py”文件中编写如下代码“print("hello world")”，如图 1-28 所示。

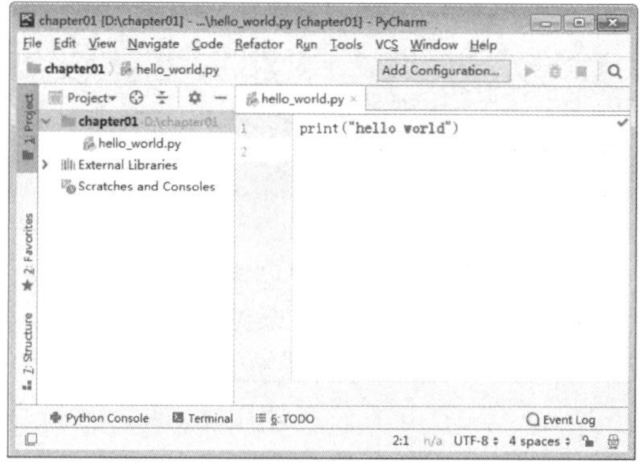

图 1-28　在编辑窗口编写代码

选择“File”→“Save”选项或按【Ctrl+S】组合键保存源文件，在弹出的“另存为”对话框中确定文件保存的位置及文件名，单击“保存”按钮，Python 源文件创建完成。

2. 运行 Python 脚本文件

（1）使用 IDLE 集成开发工具运行脚本文件

在 IDLE 集成开发工具中打开要运行的 Python 脚本文件，选择“Run”→“Run Module”选项或按【F5】键运行 Python 脚本文件，在弹出的“IDLE Shell 3.11.1”集成开发工具窗口中显示脚本文件的运行结果，如图 1-29 所示。

```
Python 3.11.1 (tags/v3.11.1:a7a450f, Dec  6 2022, 19:43:28) [MSC v.1934 32 bit (
Intel)] on win32
Type "help", "copyright", "credits" or "license()" for more information.
>>>
===================== RESTART: C:/Users/zyl/Desktop/1.py =====================
s= 314.0
>>>
```

图 1-29　脚本文件的运行结果

（2）使用 PyCharm 开发工具运行脚本文件

选择“Run”→“Run ‘hello_world’”选项运行“hello_world.py”脚本文件（也可以在编辑区中右击，在弹出的快捷菜单中选择“Run ‘hello_world’”选项来运行脚本文件），如图 1-30 所示。

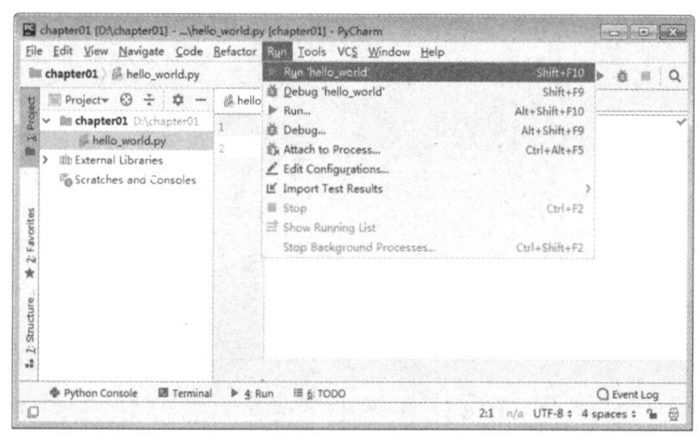

图 1-30　运行脚本文件

程序的运行结果会在 PyCharm 下方的结果输出区中进行显示。

二、Python 程序的风格

众多的 Python 第三方库由许多社区分别开发和维护，比 Matlab 所采用的脚本语言应用范围更广泛，因此 Python 是一种真正的通用程序设计语言。为了统一 Python 程序的编写规范，官方编写了 Python 代码的 PEP 8 标准，用来约束 Python 的程序风格。

1. 缩进

在 Python PEP 8 文档规范中，建议使用 4 个空格作为悬挂式缩进。相同逻辑层代码块缩进的空格数必须一致，在 PyCharm 中，缩进是自动添加的。逻辑行的首行不要缩进，即顶格输入，否则会导致运行错误。每行代码的最大长度限定在 79 个字符之内。不能使用【Tab】键进行缩进，Python 3.x 中也不允许使用【Tab】键和空格键组合来设置缩进样式。Python 中严格的代码缩进是语法的一大特色。

课堂检验 5　缩进

具体操作

```
>>> a=2
>>> b=6
>>> if a>b:
>>>     print(a)
    else:
>>>     print(b)
6
```

2. 换行

正常情况下，一条 Python 语句占一行，但超过 79 个字符就需要换行，Python 的续行符是反斜杠“\”。在行结尾添加续行符“\”，表示下一行与当前行是一个语句。针对字符串和二元运算符换行的编写，可以使用一对圆括号“()”来实现。在中括号“[]”和花括号“{}”中的语句换行时，不需要额外添加一对圆括号“()”。一般来说，代码空一行的情况用于间隔类成员函数或区别不同逻辑块，代码空两行用于类与类、类与函数、函数与函数之间。

课堂检验 6　换行

具体操作

```
>>> m=4
>>> n=7
>>> m+\ # 续行符
    n
11
```

三、Python 注释语句

在 Python 程序中的重要位置批注注释是一个良好的编程习惯，注释语句是对代码的解释和说明，是不运行的语句，其目的是帮助程序员阅读与理解代码。在 Python 中，注释分为两种：单行注释（也称行注释）和多行注释（也称块注释）。

1. 单行注释

在 Python 中，单行注释以井号“#”开头，后接注释内容。

课堂检验 7　单行注释

具体操作

```
>>> # 这是单行注释
>>> print("Hello, Python!")
Hello, Python!

>>> print("Hi, Python!") # 这是单行注释
Hi, Python!
```

2. 多行注释

在 Python 中，多行注释使用成对的三个单引号“'''”或三个双引号“"""”括起注释内容。

课堂检验 8　多行注释

具体操作

```
>>> # 多行注释格式一
>>> '''
>>> 使用单引号进行多行注释
>>> 使用单引号进行多行注释
>>> '''

>>> # 多行注释格式二
>>> """
>>> 使用双引号进行多行注释
>>> 使用双引号进行多行注释
>>> """
```

专家点睛

什么是好注释？一套良好的 Python 程序代码，没有注释是不完美的，但是注释过多也不合适，源程序的有效注释量保持在 30%左右最佳。在写注释的过程中，要遵循详略得当的原则，且注释无二义性，从而提升代码的可读性。

任务实践

使用 IDLE 或 PyCharm 开发工具编辑和运行如下程序。

课堂检验 9　赋值传递

具体操作

```
a = '123'
b = a
a = 'xyz'
print('a='+ a)
print('b='+ b)
```

课堂检验 10　任意两个数的和

具体操作

```
x = float(input('x='))
y = float(input('y='))
z = x+y
print(x,'+',y,'=',z,sep='')
```

课堂检验 11　根据血糖浓度判断血糖高低

具体操作

```
bsug = eval(input('请输入血糖浓度：'))
if bsug < 3.9:
    print('低血糖')
elif bsug > 6.1:
    print('高血糖')
else:
    print('血糖正常')
```

课堂检验 12　输出 1～100 的偶数

具体操作

```
num = 0
while num<100:
    num = num + 1
    if num%2 != 0:
        continue
    print(num)
```

课堂检验 13　打印九九乘法表

具体操作

```
for i in range(1,10):
    for j in range(1,i+1):
        print("%d×%d=%-2d "%(j,i,i*j),end = '')
    print('')
```

课堂检验 14　将 3 个整数由小到大排序输出

具体操作

```
l = []
for i in range(3):
    x = int(input('请输入整数：'))
    l.append(x)
l.sort()
print(l)
```

课堂检验 15　计算机模拟扔硬币

具体操作

```
import random
up_n=0  #记录扔出正面的次数
total_n=10000  #代表实验总次数
cnt=1 #记录实验次数，初始为1
```

```
while cnt<=total_n:
    result=random.ranint(0,1)
    print(result)
    if result==1:
        up_n=up_n+1
    cnt=cnt+1
p=up_n/total_n
print('扔出正面的概率为：'+str(p))
```

课堂检验 16　绘制奥运五环

具体操作

```
from turtle import *
coordA=(-110,0,110,-55,55)
coordB=(-25,-25,-25,-75,-75)
color=("red","blue","green","yellow","black")
pensize(3)
for i in range(5):
    penup()
    goto(coordA[i],coordB[i])
    pendown()
    pencolor(color[i])
    circle(50)
hideturtle()
done()
```

课堂检验 17　认识全局变量与局部变量

具体操作

```
import turtle
def drawLine(x,y,a):
    tina.penup()
    tina.goto(x,y)
    tina.pendown()
    tina.forward(a)
tina=turtle.Turtle()
tina.pencolor('blue')
drawLine(30,20,100)
```

课堂检验 18　校验身份证号

具体操作

```
ls = (7,9,10,5,8,4,2,1,6,3,7,9,10,5,8,4,2,1)
id = input()
sum = 0
for i in range(17):
    sum = sum + ls[i]*int(id[i])
if  str(id[17]) == 'X':
    if sum%11 == 2:
        print('身份证号码校验为合格号码！')
    else:
        print('身份证校验位错误！')
elif  (sum%11+int(id[17]))%11 == 1:
    print('身份证号码校验为合格号码！')
else:
    print('身份证校验位错误！')
```

评价单

<table>
<tr><td>任务编号</td><td>1-3</td><td>任务名称</td><td>编写第一个 Python 程序</td></tr>
<tr><td colspan="2">评价项目</td><td>自评</td><td>教师评价</td></tr>
<tr><td rowspan="3">课堂表现</td><td>学习态度（20 分）</td><td></td><td></td></tr>
<tr><td>课堂参与（10 分）</td><td></td><td></td></tr>
<tr><td>团队合作（10 分）</td><td></td><td></td></tr>
<tr><td rowspan="2">技能操作</td><td>编写 Python 源程序（30 分）</td><td></td><td></td></tr>
<tr><td>运行 Python 脚本程序（30 分）</td><td></td><td></td></tr>
<tr><td>评价时间</td><td>年　月　日</td><td>教师签字</td><td></td></tr>
</table>

<table>
<tr><td colspan="7">评价等级划分</td></tr>
<tr><td colspan="2">项目</td><td>A</td><td>B</td><td>C</td><td>D</td><td>E</td></tr>
<tr><td rowspan="3">课堂表现</td><td>学习态度</td><td>在积极主动、虚心求教、自主学习、细致严谨上表现优秀</td><td>在积极主动、虚心求教、自主学习、细致严谨上表现良好</td><td>在积极主动、虚心求教、自主学习、细致严谨上表现较好</td><td>在积极主动、虚心求教、自主学习、细致严谨上表现尚可</td><td>在积极主动、虚心求教、自主学习、细致严谨上表现不佳</td></tr>
<tr><td>课堂参与</td><td>积极参与课堂活动，参与内容完成得很好</td><td>积极参与课堂活动，参与内容完成得好</td><td>积极参与课堂活动，参与内容完成得较好</td><td>能参与课堂活动，参与内容完成得一般</td><td>能参与课堂活动，参与内容完成得欠佳</td></tr>
<tr><td>团队合作</td><td>具有很强的团队合作能力、能与老师和同学进行沟通交流</td><td>具有良好的团队合作能力、能与老师和同学进行沟通交流</td><td>具有较好的团队合作能力、尚能与老师和同学进行沟通交流</td><td>能与团队进行合作、与老师和同学进行沟通交流的能力一般</td><td>不能与团队进行合作、不能与老师和同学进行沟通交流</td></tr>
<tr><td rowspan="2">技能操作</td><td>编写</td><td>能独立并熟练地完成</td><td>能独立并较熟练地完成</td><td>能在他人提示下顺利完成</td><td>能在他人帮助下完成</td><td>未能完成</td></tr>
<tr><td>运行</td><td>能独立并熟练地完成</td><td>能独立并较熟练地完成</td><td>能在他人提示下顺利完成</td><td>能在他人帮助下完成</td><td>未能完成</td></tr>
</table>

任务 4 安装并使用 Python 模块

任务单

任务编号	1-4	任务名称	安装并使用 Python 模块
任务简介	运用 Python 模块可以有效地维护程序中的代码。本任务是完成模块的安装、导入及使用		
设备环境	台式机或笔记本电脑，建议使用 Windows 10 以上操作系统、Python3.11 等		
所在班级		小组成员	
任务难度	初级	指导教师	
实施地点		实施日期	年　月　日
任务要求	Python 作为一种功能强大、使用便捷的编程语言，支持以模块的形式组织代码 本任务以游戏开发模块 pygame 为例，完成模块的安装、导入及使用		

信息单

一、模块及其功能

前面所编写的 Python 程序只有极少的代码，实现的功能非常简单。随着程序复杂度的提高，代码量会同步增长，如果还是在一个文件中编写代码，代码的维护就会越来越困难。为了保证代码的可维护性，通常将一些功能性代码放在其他文件中。用于存放功能性代码的文件称为模块。

作为一种功能强大、使用便捷的编程语言，Python 支持以模块的形式组织代码。Python 中的模块包括 3 种类型，即系统内置的标准模块、Python 使用者贡献的第三方模块和 Python 开发者自行定义的自定义模块。通过这些丰富且强大的模块可以极大地提高开发者的开发效率。在这些模块中，标准模块先导入再使用，第三方模块需要安装后再导入和使用，而自定义模块则直接使用。

模块的功能主要体现在以下 3 个方面。

（1）代码的可重用性。模块可以在文件中永久保存代码。当编写好一个模块后，只要编程过程中需要用到该模块中的某个功能，无须做重复性的编写工作，直接在程序中导入该模块即可使用该功能。

（2）实现共享的服务和数据。从操作层面看，模块对实现跨系统共享组件很方便，只需存在一份单独的副本即可。

（3）系统命名空间的划分。模块可以被认为是变量名的软件包。模块将变量名封装进自包含的软件包中，避免了变量名的冲突。要使用这些变量，不精确定位是看不到这些变量的。

二、模块的安装

利用 Python 内置的 pip 工具（安装 Python 3.11 时会自动安装该工具）可以非常方便地安装 Python 第三方模块，该工具可在命令行中使用，语法格式如下。

```
pip install 模块名
```

例如，安装用于开发游戏的 pygame 模块，具体命令如下。

```
pip install pygame
```

专家点睛

pip 是在线工具，pip 命令执行后需要联网获取模块资源，若没有网络或网络状况不佳，pip 将无法顺利安装第三方模块。

三、模块的导入和使用

在使用模块中定义的内容前需要首先将模块导入当前程序中。Python 使用 import 关键字导入模块，语法格式如下。

```
import 模块1,模块2,...
```

例如，在程序中导入 pygame 模块，代码如下。

```
import pygame
```

模块导入后，可以通过点字符“.”调用模块中的内容，语法格式如下。

```
模块.函数
模块.变量
```

例如，使用 import 语句导入 pygame 模块后要调用其中的 init()函数，代码如下。

```
pygame.init()
```

通过点字符“.”调用模块中的内容可避免多个模块中存在同名函数时代码产生歧义，如果不存在同名函数，可使用“from...import...”语句直接将模块的指定内容导入程序中，并在程序中直接使用模块中的内容。

例如，将 pygame 模块中 init()函数导入程序中，并直接使用该函数，代码如下。

```
from pygame import init
init()
```

使用 from...import...语句也可以将指定模块中的全部内容导入当前程序中，此时用星号“*”代表模块中的全部内容。

例如，将 pygame 模块中的全部内容导入程序中，代码如下。

```
from pygame import *
```

专家点睛

虽然 from...import * 可以方便地导入一个模块中的所有内容，但考虑到代码的可维护性，此种方式不宜被过多地使用。

项目拓展

代码的组织方式：模块、包与库

模块（module）、包（package）和库（lib）是 Python 组织代码的 3 种方式。

模块是最基础的代码组织方式，每个包含有组织的代码片段的.py 文件都是一个模块，文件名就是模块名。

包以类似目录的结构组织模块文件或子包，简单地说，一个包含_init_.py 文件的目录就是一个包。包中必有_init_.py 文件，且可以有多个模块或子包。

库是一个抽象概念，是指具有相关功能的模块的集合。

评价单

任务编号	1-4	任务名称	安装并使用 Python 模块
评价项目		自评	教师评价
课堂表现	学习态度（20 分）		
	课堂参与（10 分）		
	团队合作（10 分）		
技能操作	安装模块（30 分）		
	导入及使用模块（30 分）		
评价时间	年　月　日	教师签字	

评价等级划分						
项目		A	B	C	D	E
课堂表现	学习态度	在积极主动、虚心求教、自主学习、细致严谨上表现优秀	在积极主动、虚心求教、自主学习、细致严谨上表现良好	在积极主动、虚心求教、自主学习、细致严谨上表现较好	在积极主动、虚心求教、自主学习、细致严谨上表现尚可	在积极主动、虚心求教、自主学习、细致严谨上表现不佳
	课堂参与	积极参与课堂活动，参与内容完成得很好	积极参与课堂活动，参与内容完成得好	积极参与课堂活动，参与内容完成得较好	能参与课堂活动，参与内容完成得一般	能参与课堂活动，参与内容完成得欠佳
	团队合作	具有很强的团队合作能力、能与老师和同学进行沟通交流	具有良好的团队合作能力、能与老师和同学进行沟通交流	具有较好的团队合作能力、尚能与老师和同学进行沟通交流	能与团队进行合作、与老师和同学进行沟通交流的能力一般	不能与团队进行合作、不能与老师和同学进行沟通交流
技能操作	安装	能独立并熟练地完成	能独立并较熟练地完成	能在他人提示下顺利完成	能在他人帮助下完成	未能完成
	导入及使用	能独立并熟练地完成	能独立并较熟练地完成	能在他人提示下顺利完成	能在他人帮助下完成	未能完成

项目小结

本项目首先通过 Python 的发展、特点及应用领域对 Python 进行了简单介绍，然后对安装 Python 解释器、PyCharm、Jupyter Notebook 等常用的 Python 编辑器，以及如何编写 Python 程序进行了详细介绍，最后简单介绍了 Python 模块的安装、导入与使用方法。

通过本章的学习，能对 Python 有简单的认识，能熟练搭建 Python 开发环境，了解 Python 编辑器的使用方式及模块的安装与使用。

巩固练习

一、判断题

1. Python 是一种跨平台、免费开源、面向对象的编程语言。 (　　)
2. 在 Windows 系统上编写的 Python 程序能够在 Linux 系统上运行。 (　　)
3. Python 3.x 可以完全兼容 Python 2.x。 (　　)
4. Python 源程序文件的扩展名为.py。 (　　)

二、选择题

1. Python 之父是（　　）。
   A. 吉多・范罗苏姆　　B. 布兰登・艾奇
   C. 丹尼斯・里奇　　D. 詹姆斯・高斯林
2. Python 可以在哪些操作系统上执行？（　　）
   A. Windows　　B. Linux
   C. Mac OS X　　D. 以上都可以
3. （　　）不是 Python 的特点。
   A. 免费开源　　B. 可解释性
   C. 面向过程　　D. 可嵌入性
4. Python 官方安装包自带的小型集成开发环境是（　　）。
   A. Anaconda　　B. PyCharm
   C. IDLE　　D. Sublime
5. Python 的主要应用领域不包括（　　）。
   A. 人工智能　　B. 操作系统开发
   C. 网络爬虫　　D. 金融量化分析
6. 关于 Python 程序注释描述错误的是（　　）。
   A. Python 编程语言的单行注释常以“//”开头
   B. Python 编程语言的单行注释常以“#”开头
   C. Python 编程语言的多行注释常以“'''”开头和结尾
   D. Python 编程语言的注释包括单行注释和多行注释

三、编程题

1. 编写一个 Python 程序，输出“我爱 Python！”。
2. 编写一个 Python 程序，第一行输出“Hello World！”，换行输出“Hi, everyone!”。

项目 2
编写简单的 Python 程序

项目目标

知识目标

了解 Python 中的标识符和关键字
熟悉 Python 中的常量和变量
熟悉 Python 中简单的数据类型

技能目标

会使用运算符和表达式进行运算
会进行数据的输入和输出
会编写简单的 Python 程序

情感目标

激发使命担当、科技报国的爱国情怀

职业目标

养成科学严谨的工作态度
培养精益求精的工匠精神

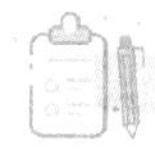

项目引导

完成任务

打印超市购物小票

获取身体质量指数

学习路径

通过信息单学习相关的预备知识

通过任务单进行实践操作掌握相关技能

通过评价单获知学习中的不足和改进方法

通过巩固练习完成课后再学习再提高

配套资源

理实一体化教室

视频、PPT、习题答案等

项目实施

若要精通 Python，首先需要学习基本的语法和语义规范，这样才能编写出满足语法规则要求的 Python 程序。另外，数据是程序的操作对象，只有了解了数据的类型和特点才能使用 Python 程序来解决实际问题。

本项目将通过两个任务的讲解，介绍 Python 的语法知识，包括标识符与关键字、常量与变量、简单数据类型、运算符与优先级，Python 中数据的输入输出，简单的 Python 程序的编写，为今后使用 Python 进行程序设计打下基础。

任务 1　打印超市购物小票

任务单

任务编号	2-1	任务名称	打印超市购物小票
任务简介	运用 Python 中的标识符命名规范创建带有注释信息的 Python 文件，并定义表示商品信息的变量，使用 print()函数输出超市购物小票		
设备环境	台式机或笔记本电脑，建议使用 Windows 10 以上操作系统		
所在班级		小组成员	
任务难度	初级	指导教师	
实施地点		实施日期	年　　月　　日
任务要求	创建 Python 文件，完成以下操作。 （1）在程序开头加入注释信息，说明程序的功能 （2）小票中的商品名称、数量、单价、总金额等商品信息以字符串类型表示 （3）直接使用 print()函数打印购物小票内容 （4）运行 Python 程序，显示正确的运行结果		

信息单

一、标识符与关键字

（一）基本字符

一个 Python 程序可以看成是由 Python 的基本字符按一定规则组成的一个序列。Python 中的基本字符如下。

- 数字字符：0～9。
- 大小写英文字母：a～z，A～Z。
- 其他可打印（可显示）字符：！ # % ^ & * _（下画线） - + = ~ < >/\ |.,: ; ? ‘ “ ( )[ ]{ }。
- 空白字符：空格符、换行符、制表符等。

（二）标识符

标识符就是给程序中的变量、函数、列表、元组、字典等所起的名字。Python 中的标识符的命名规则如下。

- 以英文字母（大写或小写）或下画线开头，由字母、数字和下画线组成。
- 不能与 Python 中的关键字同名。
- 标识符的长度可以任意，但应该简洁，不宜过长。

专家点睛

在 Python 中，标识符中的英文字母是区分大小写的，即大写字母与小写字母表示不同的字符。例如，tm、Tm 表示的是不同的标识符。

常用的命名规则如下。

- 小驼峰式命名法：第一个单词以小写字母开始，第二个单词的首字母大写，如 myName、aDog。
- 大驼峰式命名法：每一个单字的首字母都采用大写字母，如 FirstName，LastName。
- 下画线连接法：使用下画线“_”来连接所有的单词，如 send_buf。
- 匈牙利命名法：通过在变量名前面加上相应的小写字母的符号标识作为前缀，标识出变量的作用域、类型等，如 iUserId 中的 i 表示整数。

专家点睛

在 Python 中，尽量避免使用易认错的字母作为标识符，如 0（数字）、O（大写字母）、o（小写字母）；1（数字）、I（I 的大写字母）、l（L 的小写字母）；2（数字）、Z（大写字母）、z（小写字母）。

（三）关键字

关键字，也称保留字，是指被编程语言内部定义并保留使用的标识符。使用关键字的注意事项如下。

- 编写程序时不能定义与关键字相同的标识符。
- 每种程序的设计语言都有一套关键字。关键字一般用来构成程序的整体框架、表达关键值和具有结构性的复杂语义等。
- 掌握一门编程语言首先要熟记其所对应的关键字。

用户可以使用以下命令查看 Python 中的关键字。

课堂检验 1　使用命令查看 Python 中的关键字

具体操作

```
>>> import keyword
>>> keyword.kwlist
```

运行结果如图 2-1 所示。

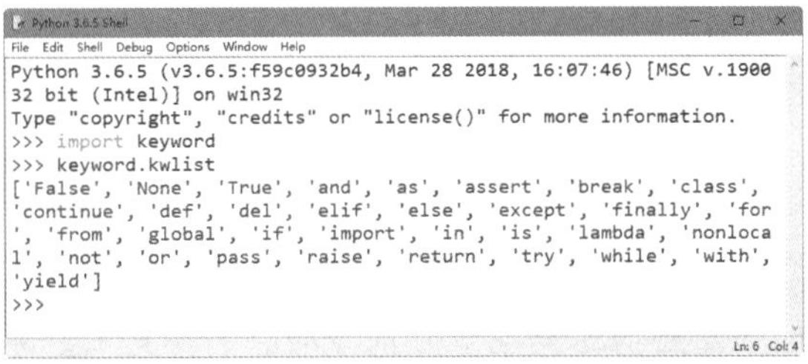

```
Python 3.6.5 Shell
File Edit Shell Debug Options Window Help
Python 3.6.5 (v3.6.5:f59c0932b4, Mar 28 2018, 16:07:46) [MSC v.1900
32 bit (Intel)] on win32
Type "copyright", "credits" or "license()" for more information.
>>> import keyword
>>> keyword.kwlist
['False', 'None', 'True', 'and', 'as', 'assert', 'break', 'class',
'continue', 'def', 'del', 'elif', 'else', 'except', 'finally', 'for
', 'from', 'global', 'if', 'import', 'in', 'is', 'lambda', 'nonloca
l', 'not', 'or', 'pass', 'raise', 'return', 'try', 'while', 'with',
'yield']
>>>
Ln: 6 Col: 4
```

图 2-1　Python 中的关键字

二、常量与变量

（一）常量

在程序运行过程中，其值保持不变的量称为常量。

1. 整型常量

可用以下 3 种形式表示。

- 十进制整数，如 16、300、-78。
- 八进制整数，以 0o 开头的数是八进制整数，如 0o23、0o716。
- 十六进制整数，以 0x 开头的数是 16 进制整数，如 0x56、0xa3f。

2. 实型常量

有以下两种表示形式。

- 小数形式：由数字和小数点组成，如 3.26。
- 指数形式：以指数形式表示（指数应为整数），其中，e 之前必须有数字，否则数字结果不正确。例如，3.26e302 表示 3.26×10^{302}。

3. 字符串常量

字符串常量使用单引号、双引号、三引号作为定界符，或以字母 r 或 R 进行引导，如"Python 程序"、'swfu'、"I'm student"、'''Python'''、r'abc'、R'bcd'等。

字节串以字母引导，可以使用单引号、双引号、三引号作为定界符，如 b'hello world'。字节串是字节序列，它可以直接存储在硬盘。它和字符串之间的映射被称为编码/解码。

4. 转义字符

Python 允许对某些字符进行转义操作，以实现一些难以单纯用字符来描述的效果。

常见的转义字符如表 2-1 所示。

表 2-1　常见的转义字符

转义字符	描述	转义字符	描述
\（在行尾时）	续行符	\n	换行
\\	反斜杠符号	\v	纵向制表符
\’	单引号	\t	横向制表符
\”	双引号	\r	回车
\a	响铃	\f	换页
\b	退格（Backspace）	\oyy	八进制数 yy 代表的字符
\e	转义	\xyy	十进制数 yy 代表的字符
\000	空	\other	其他的字符以普通格式输出

（二）变量

变量的使用是程序设计的重要环节之一，那么，什么是变量呢？在程序运行过程中，其值可以改变的量称为变量。变量在某一时刻值是确定的，不同时刻可能取不同的值，其改变是不连续的。

在 Python 解释器内可以直接声明变量的名称，不必声明变量的类型，Python 会自动判断变量的类型。例如，在赋值语句中，根据赋值号右边数据的类型来决定左边变量的类型，再分配内存单元给变量。

专家点睛

在程序运行过程中，变量的类型也可以灵活动态地改变。

课堂检验 2　声明一个变量 x，其值为 100

具体操作

```
>>> x=100
>>> x
100
```

课堂检验 3　声明一个变量 y，其值为 16

具体操作

```
>>> y=16
>>> print(y)
16
```

用户也可以在解释器中直接做数值计算。

课堂检验 4　计算 100 与 200 的和

具体操作

```
>>> 100+200
300
```

当用户输入一个变量的值后，Python 会记住这个变量的值。

课堂检验 5　声明一个变量 x，其值为 20，求变量 x 与 30 的和

具体操作

```
>>> x=20
>>> y=x+30
>>> y
50
```

每一个变量在使用前必须赋值，这样变量才会被创建。如果创建变量时没有赋值，Python 会提示错误，如图 2-2 所示。

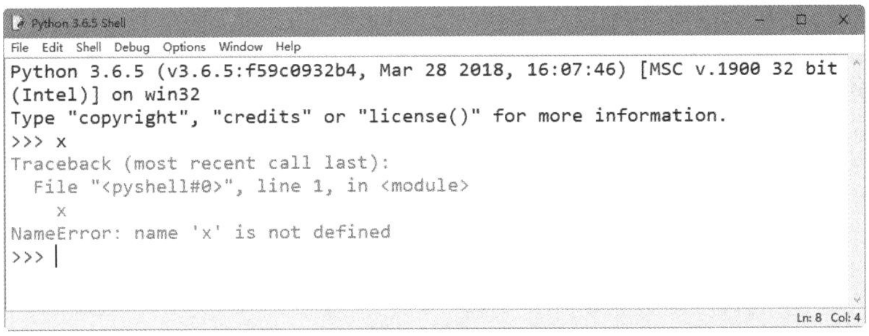

```
Python 3.6.5 Shell
File Edit Shell Debug Options Window Help
Python 3.6.5 (v3.6.5:f59c0932b4, Mar 28 2018, 16:07:46) [MSC v.1900 32 bit
(Intel)] on win32
Type "copyright", "credits" or "license()" for more information.
>>> x
Traceback (most recent call last):
  File "<pyshell#0>", line 1, in <module>
    x
NameError: name 'x' is not defined
>>> |
Ln: 8 Col: 4
```

图 2-2　未赋值变量时的错误提示

Python 允许用户同时给多个变量赋值。

课堂检验 6　声明变量 x、y、z，其值均为 100

具体操作

```
>>> x=y=z=100
>>> print(x,y,z)
100 100 100
```

另外，Python 也可以同时给多个变量指定不同的值。

课堂检验 7　声明变量 x、y、z，其值分别为 100、200、“Hello!”

具体操作

```
>>> x,y,z=100,200,"Hello!"
>>> print(x,y,z)
100 200 Hello!
```

Python 中的两个变量还可以相互赋值。

课堂检验 8　声明变量 x、y，并交换变量 x、y 的值

具体操作

```
>>> x,y=100,200
>>> x,y=y,x
>>> print(x,y)
200 100
```

任务实践

打印超市购物小票。购物小票又称购物收据，是消费者购买商品时由商场或其他商业机构给用户留存的销售凭据。购物小票一般包含用户购买的商品名称、数量、单价，以及总金额等信息。本任务要求编写代码，实现打印购物小票的功能。

购物小票中的数据均为字符串类型，因此，可以使用 print()函数直接打印购物小票中的内容。

其代码如下。

```
# 打印购物小票
print("单号： DH20230923001")
print("时间：2023-09-23 08：56:14")
print("...................................")
print("名称          数量    单价    金额")
print("金士顿U盘32G   1     70.00 70.00 ")
print("摄像头         1     50.00 50.00 ")
print("USB转接器      1      8.00  8.00 ")
print("网线2米        1      5.00  5.00 ")
print("...................................")
print("总数：4            总额：133.00")
print("折后总额：133.00")
print("实收：133.00      找零：0.00")
print("收银：管理员")
```

运行结果如图 2-3 所示。

```
单号:  DH20230923001
时间: 2023-09-23 08: 56:14
................................
名称            数量    单价    金额
金士顿U盘32G     1      70.00 70.00
摄像头           1      50.00 50.00
USB转接器        1      8.00  8.00
网线2米          1      5.00  5.00
................................
总数: 4            总额: 133.00
折后总额: 133.00
实收: 133.00       找零: 0.00
收银: 管理员
```

图 2-3 运行结果 1

评价单

任务编号	2-1	任务名称	打印超市购物小票
评价项目		自评	教师评价
课堂表现	学习态度（20 分）		
	课堂参与（10 分）		
	团队合作（10 分）		
技能操作	创建 Python 文件（10 分）		
	编写 Python 代码（40 分）		
	运行并调试 Python 程序（10 分）		
评价时间	年　　月　　日	教师签字	

评价等级划分						
项目		A	B	C	D	E
课堂表现	学习态度	在积极主动、虚心求教、自主学习、细致严谨上表现优秀	在积极主动、虚心求教、自主学习、细致严谨上表现良好	在积极主动、虚心求教、自主学习、细致严谨上表现较好	在积极主动、虚心求教、自主学习、细致严谨上表现尚可	在积极主动、虚心求教、自主学习、细致严谨上表现不佳
	课堂参与	积极参与课堂活动，参与内容完成得很好	积极参与课堂活动，参与内容完成得好	积极参与课堂活动，参与内容完成得较好	能参与课堂活动，参与内容完成得一般	能参与课堂活动，参与内容完成得欠佳
	团队合作	具有很强的团队合作能力、能与老师和同学进行沟通交流	具有良好的团队合作能力、能与老师和同学进行沟通交流	具有较好的团队合作能力、尚能与老师和同学进行沟通交流	能与团队进行合作、与老师和同学进行沟通交流的能力一般	不能与团队进行合作、不能与老师和同学进行沟通交流
技能操作	创建	能独立并熟练地完成	能独立并较熟练地完成	能在他人提示下顺利完成	能在他人帮助下完成	未能完成
	编写	能独立并熟练地完成	能独立并较熟练地完成	能在他人提示下顺利完成	能在他人帮助下完成	未能完成
	运行并调试	能独立并熟练地完成	能独立并较熟练地完成	能在他人提示下顺利完成	能在他人帮助下完成	未能完成

任务 2 获取身体质量指数

任务单

任务编号	2-2	任务名称	获取身体质量指数
任务简介	运用 Python 中的 input()函数和 print()函数，并结合运算符及格式化输出创建 Python 文件，实现获取身体质量指数的功能		
设备环境	台式机或笔记本电脑，建议使用 Windows 10 以上操作系统		
所在班级		小组成员	
任务难度	中级	指导教师	
实施地点		实施日期	年 月 日
任务要求	创建 Python 文件，完成以下操作。 （1）在程序开头加入注释信息，说明程序功能 （2）利用 input()函数输入身高和体重 （3）根据体质指数计算公式计算 BMI 值 （4）利用 print()函数输出 BMI 值 （5）运行 Python 程序，显示正确的运行结果		

信息单

一、简单数据类型

（一）数字类型

Python 中的数字类型分为整型（int）、浮点型（float）、复数类型（complex）。例如：整型可以表示为 0102、67、-356、0x80 等；浮点型可以表示为 3.14159、4.3E-10、-2.3E-19 等；复数类型可以表示为 3.12+1.24j、-1.23-98j 等。

1. 整型

整型就是整数类型。在 Python 3 中，无论输入的整数为多大都是整型，即整数位数的长度不再受到限制（只受计算机内存的限制）。在 32 位计算机上，整数的位数为 32 位；在 64 位计算机上，整数的位数为 64 位。

2. 浮点型

浮点型用于表示实数，声明浮点型的两种方式如下。

- 小数方式：变量=3.14159，如 a=3.14159。
- 科学计数法：变量=3.141e5（相当于 3.141×10^5），如 b=3.141e5。

3. 复数类型

复数类型用于表示数学中的复数，包括实数和虚数两个部分。Python 中复数类型的两个特点如下。

- 复数由实数部分和虚数部分共同构成，可以表示为 real+imagj 或 real+imagJ。

- 复数中的实数部分和虚数部分都是浮点型。

专家点睛

一个复数中的虚数部分不能省略，并且表示虚数部分的实数即使是 1 也不能省略。

声明复数有以下两种方式。

- 表达式方式：变量=实数＋虚数，如 c=5+7j。
- 特定功能：变量=complex(5,7)，如 c=complex(5,7)。

专家点睛

Python 支持 4 种不同的数字类型，分别是 int（有符号整型）、long（长整型）、float（浮点型）、complex（复数）。

（二）字符串类型

Python 中的字符串类型是一个有序的字符集合。字符串类型的 3 种定义方式如下。

- 单引号（' '）。变量='内容'，如 string_one='Python'。
- 双引号（" "）。变量="内容"，如 string_two="Python"。
- 三引号（''' '''）。变量='''内容'''。如 string_three='''Python'''。

字符串具有索引顺序，第一个字符的索引值为 0，第二个字符的索引值为 1，以此类推。

专家点睛

Python 的字符串列表有两种取值顺序：① 从左到右索引值默认从 0 开始，最大范围是字符串长度减 1；② 从右到左索引值默认从-1 开始，最大范围是字符串开头。

（三）布尔类型

布尔类型是计算机专用的数据类型，它的值只有两个，分别为 True 和 False。若将布尔类型进行数值运算，True 对应二进制中的 1，False 对应二进制中的 0。例如，可以写为 b1=True; b2=False。

（四）列表和元组类型

列表和元组类型都可以保存任意数量的任意类型的值，这些值称为元素。列表是由一系列顺序排列的特定元素组成的，其元素可以随意修改，使用一对中括号“[ ]”包含。元组是一系列数据的顺序组合，但其元素不能被修改，使用一对圆括号“( )”包含。

- list_name=[1, 2, ‘hello’]　　#这是一个列表
- tuple_name=(1, 2, ‘hello’)　　#这是一个元组

（五）字典类型

字典是 Python 中的映射数据类型，由一系列键-值对的无序数据组合而成，其中值

可以存储任意数据类型，而键必须是不变的，如字符串、数字或元组。字典的标志符号为花括号“{ }”。字典的格式如下。

- 变量={key1:val1, key2:val2, key3:val3…}，如 dict_name={“name” : “zhangsan”, “age” : 18}

（六）数据类型转换

有时候需要对数据内置类型进行转换。在 Python 中，不同的数据类型之间可以进行相互转换，只不过在转换过程中需要借助一些函数。如表 2-2 所示的几个内置的函数可以执行数据类型之间的转换，这些函数返回一个新的对象，表示转换的值。

表 2-2 内置函数的数据类型转换

函数	描述
int(x [,base])	将 x 转换为一个整数
float(x)	将 x 转换为一个浮点数
Complex(real [,imag])	创建一个复数
str(x)	将 x 转换为字符串
list(s)	将序列 s 转换为一个列表
tuple(s)	将序列 s 转换为一个元组
dict(d)	创建一个字典类型。d 必须是一个(key, value)元组序列

课堂检验 9 定义一个整型变量 x，其值为 5，再定义一个浮点型变量，其值为 6.5，计算它们的和

具体操作

```
>>> x=5
>>> y=6.5
>>> z=x+y
>>> print(z)
11.5
```

课堂检验 10 定义一个字符串变量 y，其值输入为“hello world”

具体操作

```
>>> y=hello world
>>> print(y)
hello world
```

课堂检验 11 定义一个布尔类型变量 b，其值输入为 False

具体操作

```
>>> b=False
>>> print(b)
False
```

课堂检验 12 定义一个浮点型变量 a，值为 3.2，将其转为整型

具体操作

```
>>> a=3.2
```

```
>>> int(a)
3
```

二、运算符与优先级

（一）算术运算符

算术运算符包含+、-、*、**、/、//和%，主要用于数据之间的计算。下面以 a=10，b=5 为例来进行计算，具体结果如表 2-3 所示。

表 2-3 算术运算符及计算结果

运算符	描述	实例
+	加法运算	a + b 输出结果 15
-	减法运算	a - b 输出结果 5
*	乘法运算	a * b 输出结果 50
/	除法运算	a / b 输出结果 2
%	取余运算	a % b 输出结果 0
**	幂运算	a ** b 为 10 的 5 次方，输出结果 100000
//	取商运算（向下取整）	a // b 输出结果 2

课堂检验 13 算术运算符的应用

具体操作

```
>>> a = 10
>>> b = 5
>>> print('a+b:', a+b)
>>> print('a-b:', a-b)
>>> print('a*b:', a*b)
>>> print('a/b:', a/b)
>>> print('a%b:', a%b)
>>> print('a**b:', a**b)
>>> print('a//b:', a//b)
```

运行结果如下。

```
a+b:15
a-b:5
a*b:50
a/b:2
a%b:0
a**b:100000
a//b:2
```

专家点睛

因为求余运算的本质是除法运算，所以第二个数字也不能是 0，否则会出现 ZeroDivisionError 错误。

（二）赋值运算符

赋值运算符包含=、+=、-=、*=、/=、%=、**=、//=。如表 2-4 所示列举了 Python 中的赋值运算符。

表 2-4 赋值运算符

运算符	描述	实例
=	赋值运算	a=10
+=	加法赋值运算	a+=b 相当于 a=a+b
-=	减法赋值运算	a-=b 相当于 a=a-b
*=	乘法赋值运算	a*=b 相当于 a=a*b
/=	除法赋值运算	a/=b 相当于 a=a/b
%=	取余赋值运算	a%=b 相当于 a=a%b
**=	幂赋值运算	a**=b 相当于 a=a**b
//=	取商赋值运算	a//=b 相当于 a=a//b

课堂检验 14 赋值运算符的应用

具体操作

```
>>> a = 10
>>> b = 5
>>> print('a+=b:', a+=b)
>>> print('a-=b:', a-=b)
>>> print('a*=b:', a*=b)
>>> print('a/=b:', a/=b)
>>> print('a%=b:', a%=b)
>>> print('a**=b:', a**=b)
>>> print('a//=b:', a//=b)
```

运行结果如下。

```
a+=b:15
a-=b:5
a*=b:50
a/=b:2
a%=b:0
a**=b:100000
a//=b:2
```

专家点睛

Python 中最基本的赋值运算符是等号“=”。结合其他运算符，“=”还能扩展出更强大的赋值运算符。

（三）比较运算符

比较运算符用于比较两个操作数，返回结果为布尔值，即 True 或 False。如表 2-5 所示列举了 Python 中的比较运算符。

表 2-5　比较运算符

运算符	描述	实例
==	检查两个操作数的值是否相等	若 a=5,b=5，则 a==b 为 True
!=	检查两个操作数是否不相等	若 a=1,b=2，则 a!=2 为 True
>	检查左操作数的值是否大于右操作数的值	若 a=3,b=1，则 a>b 为 True
<	检查左操作数的值是否小于右操作数的值	若 a=3,b=1，则 a<b 为 False
>=	检查左操作数的值是否大于或等于右操作数的值	若 a=2,b=2，则 a>=b 为 True
<=	检查左操作数的值是否小于或等于右操作数的值	若 a=2,b=2，则 a<=b 为 True

（四）逻辑运算符

Python 中的逻辑运算符包含 and、or 和 not，用来表示日常交流中的“并且”“或者”“除非”等。逻辑运算符如表 2-6 所示。

表 2-6　逻辑运算符

运算符	逻辑表达式	描述
and	与运算　a and b	当 a 和 b 都为 True 时，返回 True
or	或运算　a or b	当 a 和 b 中一个条件为 True 时，返回 True
not	非运算　not a	当 a 为 True 时返回 False，当 a 为 False 时返回 True

课堂检验 15　逻辑运算符的应用

具体操作

```
>>> a=True
>>> b=False
>>> print('a and b is:', a and b)
>>> print('a or b is:', a or b)
>>> print('not a is:', not a)
```

运行结果如下。

```
a and b is:False
a or b is:True
not a is:False
```

专家点睛

Python 中的逻辑运算符可以用来操作任何类型的表达式，不管表达式是不是 boolean 类型；同时，逻辑运算的结果也不一定是 boolean 类型，也可以是任意类型。

（五）成员运算符

Python 中的成员运算符由“in”和“not in”来表示，in 用来判断指定序列中是否包含某个值，如果包含则返回 True，否则返回 False，而 not in 的作用与 in 相反。Python 中的成员运算符如表 2-7 所示。

表 2-7 成员运算符

运算符	描述	实例
in	若在指定序列中找到值则返回 True，否则返回 False	如果 x 在 y 序列中则返回 True
not in	若在指定序列中没有找到值则返回 True，否则返回 False	如果 x 不在 y 序列中则返回 True

课堂检验 16　成员运算符的应用

具体操作

```
>>> str= 'Hello World'
>>> 'llo' in str
True
>>> 't' in str
False
>>> 'llo' not in str
False
>>> 't' not in str
True
```

（六）身份运算符

Python 中的身份运算符由“is”和“not is”表示，is 用来判断两个标识符是否引用自同一个对象，如果是则返回 True，否则返回 False，而 not is 的作用与 is 相反。Python 中的身份运算符如表 2-8 所示。

表 2-8 身份运算符

运算符	描述	实例
is	若两个标识符引用自同一个对象则返回 True，否则返回 False	x is y，类似 id(x) == id(y)，如果引用的是同一个对象则返回 True
not is	若两个标识符引用自不同对象则返回 True，否则返回 False	x not is y，类似 id(x) != id(y)，如果引用的不是同一个对象则返回 True

课堂检验 17　身份运算符的应用

具体操作

```
>>> x=10
>>> y=x
>>> print('id(x):', id(x))
>>> print('id(y):', id(y))
>>> print(x is y)    #内存地址相同，指向同一对象
>>> print(x not is y)
>>> print('##################################')
>>> x=20
>>> print('id(x):', id(x))
>>> print('id(y):', id(y))
>>> print(x is y)
>>> print(x not is y)
```

运行结果如下。

```
id(x):1437822304
```

```
id(y):1437822304
True
False
##################################
id(x):1437822624
id(y):1437822304
False
True
```

（七）运算符的优先级

前面依次介绍了不同类型的运算符，若某个表达式中同时出现了多类运算符，那这些运算符的优先级是不同的。运算符优先级按从高到低的顺序如表 2-9 所示。

表 2-9　运算符优先级

运算符	描述
**	指数（最高优先级）
~	按位取反
+、-	一元加号和减号
*、/、%、//	乘、除、取模和取整除
+、-	加法、减法
>>、<<	右移、左移运算符
&	按位与
^	按位异或
|	按位或
<=、<、>、>=、==、!=	关系运算符
=、%=、/=、//=、-=、+=、*=、**=	赋值运算符
is、not is	身份运算符
in、not in	成员运算符
not	逻辑非
and	逻辑与
or	逻辑或

从表 2-9 中可以看出，Python 中的算数运算符的优先级是高于关系运算符的，而关系运算符的优先级又高于赋值运算符。若想改变执行顺序，则可以通过在表达式中添加括号来实现。

专家点睛

虽然 Python 中的运算符存在优先级的关系，但是不推荐过度依赖运算符的优先级。过度依赖运算符的优先级会导致程序的可读性降低。

课堂检验 18　定义两个变量 x、y，其值分别为 10 和 20，计算它们的乘积

具体操作

```
>>> x=10
```

```
>>> y=20
>>> z=x*y
>>> print(z)
200
```

课堂检验 19　定义两个变量 x、y，其值分别为 30 和 6，计算它们的商

具体操作

```
>>> x=30
>>> y=6
>>> z=x/y
>>> print(z)
5
```

课堂检验 20　定义两个变量 x、y，其值分别为 20 和 8，计算它们的余数

具体操作

```
>>> x=20
>>> y=8
>>> z=x%y
>>> print(z)
4
```

课堂检验 21　定义三个变量 x、y、z，其值分别为 15、20、25，比较它们的大小

具体操作

```
>>> x=15
>>> y=20
>>> z=25
>>> print(x>y)
>>> print(y<z)
False
True
```

课堂检验 22　定义两个变量 x、y，其值分别为 3 和 5，比较它们是否不相等

具体操作

```
>>> x=3
>>> y=5
>>> pring(x!=y)
True
```

三、数据的输入和输出

（一）input()函数

Python 提供了 input()内置函数，从标准输入读入一行文本，默认的标准输入是键盘。例如，编写一个让计算机存储用户姓名的程序，就可以使用 input()函数提示用户输入姓名，并把它存放在变量中。

```
>>> name=input("请输入您的姓名：")    #张三
>>> print(name)
张三
```

在执行 input()函数时，提示信息会打印在屏幕上，此时程序会暂停，等待用户输入。若用户输入完成并按下回车键，程序才会继续运行，input()函数会获取用户输入的信息并通过赋值符号将其存放到变量 name 中。

专家点睛

输入的数据以字符串类型进行储存，如果输入的是数字，后续需要转换类型才能进行操作。

课堂检验 23

具体操作

```
>>> a=input("请输入第一个数字：")    #10
>>> b=input("请输入第二个数字：")    #20
>>> print(a, b)
>>> print(a+b)
>>> print(int(a)+int(b))
10 20
1020
30
```

专家点睛

Python 2.x 中 input()函数要求用户在输入字符串时必须使用引号包围，Python 3.x 则取消了这种输入要求。

（二）print()函数

与 input()函数相似，Python 提供了 print()内置函数完成输出，可以打印出数字和字符串。

```
>>> name=input("请输入您的名字：")    #张三
>>> print("你好 "+name)
你好 张三
```

这段代码的作用是将字符串“你好”和变量 name 中的值连接在一起，通过 print()函数将连接后的字符串输出在屏幕上。

专家点睛

使用逗号连接两个变量输出时会有空格，使用加号“+”连接输出时则没有空格。

课堂检验 24

具体操作

```
>>> a= "hello,"
>>> b= "world!"
```

```
>>> print(a, b)
>>> print(a+b)
hello, world!
hello,world!
```

专家点睛

在默认情况下，print()函数输出之后总会换行，这是因为print()函数的end参数的默认值是“\n”，表示换行。

另外，Python还可通过占位符、f-strings方法和format()方法3种方式实现格式化输出。

1. 占位符

Python将一个带有占位符的字符串作为模板，使用该占位符为真实值预留位置，并说明真实值应该呈现的格式。

一个字符串中可以同时包含多个占位符。

课堂检验25

具体操作

```
>>>  name = "李强"
>>>  "你好，我叫%s" % name。
你好，我叫李强。
>>>  name = "李强"
>>>  age = 12
>>>  "你好，我叫%s，今年我%d岁了。" % (name, age)
你好！我叫李强，今年我12岁了。
```

不同的占位符为不同类型的变量预留位置，常见的占位符如表2-10所示。

表2-10　常见的占位符

符号	说明
%s	字符串
%d	十进制整数
%o	八进制整数
%x	十六进制整数（a～f为小写）
%X	十六进制整数（A～F为大写）
%e	指数（底为e）
%f	浮点数

使用占位符“%”时需要注意变量的类型，若变量类型与占位符不匹配，程序会产生异常。

```
>>> name = "李强"                    # 变量name是字符串类型
>>> age = "12"                       # 变量age是字符串类型
>>> "你好，我叫%s，今年我%d岁了。" % (name, age)
TypeError: %d format: a number is required, not str
```

2. f-strings方法

f-strings方法在格式上以f或F引领字符串，字符串中使用“{}”标明被格式化的变量。

课堂检验 26

具体操作

```
>>> address ='北京'
>>> f'{address}欢迎你!'
北京欢迎你!

>>> name = '张天'
>>> age = 20
>>> gender = '男'
>>> f'我的名字是{name},今年{age}岁了,我的性别是:{gender}。'
我的名字是张天,今年20岁了,我的性别是:男。
```

3. format()方法

format()方法常用于格式化字符串。在 Python 中处理各种数据时，有时会把一系列数据组合到一个包含各种信息的字符串中，此时需要用到 format()方法。format()方法不仅可以将各类型数据组合到字符串中，还可以对需要处理的数据格式化。使用该方法无须关注变量的类型。

format()方法的基本使用格式如下。

```
<字符串>.format(<参数列表>)
```

若字符串中包含多个没有指定序号（默认从 0 开始）的“{}”，则按“{}”出现的顺序分别用 format ()方法中的参数进行替换，否则按照序号对应的 format()方法的参数进行替换。

format()方法还可以对数字进行格式化，包括保留 *n* 位小数、数字补齐和显示百分比。

课堂检验 27

具体操作

```
>>> age=18
>>> name= 'Jack'
>>> print('Today {0} was {1} years old'.format(name, age))
>>> print('{0} is a boy'.format(name))
Today Jack was 18 years old
Jack is a boy
>>> pi = 3.1415
>>> "{:.2f}".format(pi)
3.14
>>> num = 1
>>> "{:0>3d}".format(num)
001
>>> num = 0.1
>>> "{:.0%}".format(num)
10%
```

需要注意的是，在 Python 中使用索引值 0、1 表示后面对应的变量，所以此处的“{0}”对应的是 name，它是 format()方法中的第一个参数。同样，此处的“{1}”对应的是 age，它是 format()方法中的第二个参数。

任务实践

获取身体质量指数。BMI 即身体质量指数，它与人的体重和身高相关，是目前国际常用的衡量人体胖瘦程度及是否健康的一个标准。已知 BMI 值的计算公式如下。

体质指数（BMI）= 体重（kg）÷身高^2（m）

本任务要求编写代码，实现根据用户输入的身高、体重计算 BMI 值的功能。

在本任务中，计算某个人的 BMI 值之前需要使用 input()函数接收输入的数据。因为体重、身高数据多使用小数表示，所以在 Python 中需要使用浮点类型表示体重、身高。当接收用户输入的身高、体重数据后，可以根据体质指数计算公式计算 BMI 值。例如，身高为 1.75m，体重为 65kg，BMI = 65/(1.75*1.75)。

其代码如下。

```
# 获取身体质量指数BMI
height = float(input('请输入您的身高(m):'))
weight = float(input('请输入您的体重(kg):'))
bmi = weight/(height * height)
print('您的BMI值为:',bmi)
```

运行结果如图 2-4 所示。

```
请输入您的身高(m):1.82
请输入您的体重(kg):150
您的BMI值为: 45.2843859437266
请输入您的身高(m):1.78
请输入您的体重(kg):130
您的BMI值为: 41.03017295795985
```

图 2-4　运行结果 2

评价单

任务编号	2-2	任务名称	获取身体质量指数
评价项目		自评	教师评价
课堂表现	学习态度（20 分）		
	课堂参与（10 分）		
	团队合作（10 分）		
技能操作	创建 Python 文件（10 分）		
	编写 Python 代码（40 分）		
	运行并调试 Python 程序（10 分）		
评价时间	年　　月　　日	教师签字	

评价等级划分						
项目		A	B	C	D	E
课堂表现	学习态度	在积极主动、虚心求教、自主学习、细致严谨上表现优秀	在积极主动、虚心求教、自主学习、细致严谨上表现良好	在积极主动、虚心求教、自主学习、细致严谨上表现较好	在积极主动、虚心求教、自主学习、细致严谨上表现尚可	在积极主动、虚心求教、自主学习、细致严谨上表现不佳
	课堂参与	积极参与课堂活动，参与内容完成得很好	积极参与课堂活动，参与内容完成得好	积极参与课堂活动，参与内容完成得较好	能参与课堂活动，参与内容完成得一般	能参与课堂活动，参与内容完成得欠佳
	团队合作	具有很强的团队合作能力、能与老师和同学进行沟通交流	具有良好的团队合作能力、能与老师和同学进行沟通交流	具有较好的团队合作能力、尚能与老师和同学进行沟通交流	能与团队进行合作、与老师和同学进行沟通交流的能力一般	不能与团队进行合作、不能与老师和同学进行沟通交流
技能操作	创建	能独立并熟练地完成	能独立并较熟练地完成	能在他人提示下顺利完成	能在他人帮助下完成	未能完成
	编写	能独立并熟练地完成	能独立并较熟练地完成	能在他人提示下顺利完成	能在他人帮助下完成	未能完成
	运行并调试	能独立并熟练地完成	能独立并较熟练地完成	能在他人提示下顺利完成	能在他人帮助下完成	未能完成

项目小结

本项目通过两个任务分别介绍了 Python 的基础知识，包括标识符与关键字、常量与变量、数据类型、运算符，以及数据的输入和输出等。本项目内容简单易学，希望读者在初学 Python 时，结合实训案例对该部分内容多加练习，为后续深入学习 Python 打好基础。

巩固练习

一、判断题

1．表达式 3.6%2 符合 Python 语法。（ ）
2．在 Python 程序中，用 False 表示逻辑值“假”。（ ）
3．0o8 是正确的八进制整型常量。（ ）
4．若定义变量为 a=b=c=5，则变量 a、b、c 的值都是 5。（ ）
5．表达式 x=10/4 执行后，x 的值是 2.5。（ ）
6．若有变量 x、y，则表达式 x=(y=1)符合 Python 语法。（ ）
7．表达式 not(x>0 or y>0)等价于 not(x>0) and not(y>0)。（ ）
8．表达式(0x19 <<1) & 0x7 的值是 3。（ ）
9．在 Python 中，名字为 NUM 和 num 的标识符表示的是同一个变量。（ ）
10．在 Python 程序中，“==”运算符和“is”运算符完全相同。（ ）

二、选择题

1．Python 是（ ）。

A．高级语言　B．低级语言　C．智能语言　D．编译型语言

2．在 Python 中，合法的标识符是（ ）。

A．_pi　B．3pi　C．it's　D．for

3．以下选项中不合法的用户标识符是（ ）。

A．abc.c　B．file　C．Main　D．PRINTF

4．不合法的 Python 赋值语句为（ ）。

A．a=2+b=58　B．i+=5
C．a=50+(b==50)　D．a=b=5

5．下述程序的运行结果是（ ）。

```
x=0o23
x+=5
print(x)
```

A．28　B．23　C．24　D．5

6．为表示“a 和 b 都不等于 0”，应使用的 Python 表达式是（ ）。

A．(a!=0) and (b!=0)　B．a or b
C．!(a=0) and (b!=0)　D．a 并且 b

7. 若希望当变量 x 的值为奇数时，表达式的值为“真”，变量 x 的值为偶数时，表达式的值为“假”，则以下不能满足要求的表达式是（　　）。

A. x%2==1　　B. not(x%2==0)　　C. not(x%2)　　D. x%2==0

8. 表达式 0x13^0x17 的值是（　　）。

A. 0x04　　B. 0x13　　C. 0xE8　　D. 0x17

9. 设有以下语句

```
x=3,y=6,z
z=x^y<<2
```

则 z 的二进制值是（　　）。

A. 00010100　　B. 00011011　　C. 00011100　　D. 00011000

10. 已知 x=2；y=3，复合赋值语句 x*=y+5 执行后，变量 x 中的值是（　　）。

A. 11　　B. 16　　C. 13　　D. 26

三、填空题

1. Python 中如果语句太长，可以使用________作为续行符。
2. Python 中在一行书写两条语句时，语句之间可以使用________作为分隔符。
3. Python 使用________符号标示注释。
4. Python 表达式 7.5/2 的值为________。
5. Python 表达式 7.5//2 的值为________。
6. Python 表达式 7.5%2 的值为________。
7. Python 表达式 12/4-2+5*8/4%5/2 的值为________。
8. Python 语句 a,b=3,4，a,b=b,a;print(a,b)的结果是________。
9. 已知 x=5，y=6，复合赋值语句 x*=y+10 执行后，变量 x 中的值是________。
10. 下面程序的执行结果是________。

```
x=345
a=x//100
print(x,a)
```

11. 保留字是指________的标识符。

四、程序设计题

1. 求 123.56879 和 36587.36 两数的和。
2. 如第 2 题图所示，高为 6.2cm，底半径为 2.3cm，求圆锥体积。
3. 如第 3 题图所示，梯形中阴影部分的面积是 150cm^2，已知梯形上、下底长各为 15cm 和 25cm，求梯形面积。

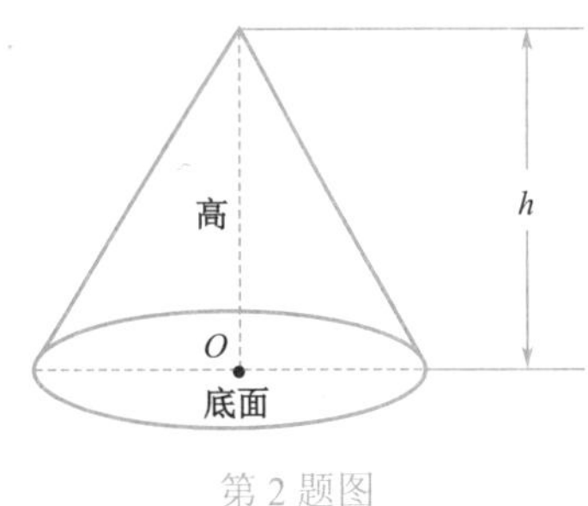

第 2 题图

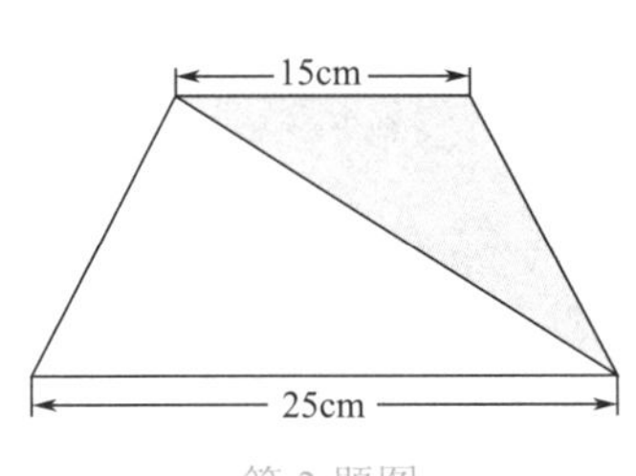

第 3 题图

项目 3
活学活用流程控制

项目目标

知识目标

熟悉顺序结构的语法格式及功能
熟悉选择结构的语法格式及功能
熟悉循环结构的语法格式及功能
了解跳转语句的语法格式及功能

技能目标

会使用顺序结构解决实际问题
会使用选择结构解决实际问题
会使用循环结构解决实际问题
会灵活使用跳转语句解决实际问题

情感目标

激发使命担当、科技报国的爱国情怀

职业目标

养成科学严谨的工作态度
培养遵纪守法、诚实守信的优良品质

项目引导

完成任务

换算体重

根据 BMI 值确定健康状况

设计逢 7 拍手游戏

设计猜数游戏

学习路径

通过信息单学习相关的预备知识

通过任务单进行实践操作掌握相关技能

通过评价单获知学习中的不足和改进方法

通过巩固练习完成课后再学习再提高

配套资源

理实一体化教室

视频、PPT、习题答案等

项目实施

编写的计算机程序都是由一系列语句组成的，当程序被执行时，会按照语句的内容从上往下一条一条地执行，这些语句的执行顺序就构成了计算机程序的 3 种基本结构：顺序结构、选择结构和循环结构。另外，为了提高程序的灵活性，Python 提供了 break 语句和 continue 语句，灵活使用这两个跳转语句将会优化程序的执行。

本项目将通过 4 个任务的讲解介绍 Python 的流程控制，涉及顺序结构、选择结构、循环结构及跳转语句。

任务 1 换算体重

任务单

任务编号	3-1	任务名称	换算体重
任务简介	程序中的语句默认自上而下顺序执行，即顺序结构，它是程序设计中最基本的结构。本任务利用顺序结构对人在月球上的体重和人在地球上的体重进行换算		
设备环境	台式机或笔记本电脑，建议使用 Windows 10 以上操作系统		
所在班级		小组成员	
任务难度	初级	指导教师	
实施地点		实施日期	年 月 日
任务要求	创建 Python 文件，完成以下操作。 （1）在程序开头加入注释信息，说明程序功能 （2）利用 input()函数输入物体在地球上的重量 （3）根据重量换算公式求物体在月球上的重量 （4）利用 print()函数输出换算值 （5）运行 Python 程序，显示正确的运行结果		

信息单

一、IPO 程序控制

（一）什么是流程控制

程序中的语句默认自上而下顺序执行，即顺序结构。流程控制就是指在程序执行过程中，通过一些特定的指令更改程序中语句的执行顺序，使程序产生跳跃（分支结构）、回溯（循环结构）等现象。

（二）IPO 程序处理

IPO 是一种程序的编写方法。在编写程序时，无论程序的规模如何，每个程序都有统一的运算模式，即输入数据（Input）、处理数据（Process）、输出数据（Output），这种朴素的运算模式就是 IPO。

1. 输入数据

输入数据（Input）是一个程序的开始。程序要处理的数据有多种来源，形成了多种输入方式，包括文件输入、网络输入、控制台输入、交互界面输入、随机数据输入、内部参数输入等。

2. 处理数据

处理数据（Process）是程序对输入的数据进行计算产生输出结果的过程。计算问题的处理方法统称为“算法”，是程序最重要的组成部分，可以说，算法是一个程序的灵魂。

3. 输出数据

输出数据（Output）是程序展示运算成果的方式。程序的输出方式包括控制台输出、图形输出、文件输出、网络输出、操作系统内部变量输出等。

二、顺序结构

顺序结构是计算机程序中最简单、最基本的结构。在顺序结构中，编译/解释系统要求顺序地执行且必须执行有先后顺序排列的每一个最基本的处理单位，常用的顺序排列就是 IPO 程序控制流程。

程序举例：求三角形面积。

已知三角形三边长度分别为 a、b、c，其半周长为 l，根据海伦公式计算三角形面积 s。三角形半周长和三角形面积公式分别如下所示。

三角形半周长 $l=(a+b+c)/2$

三角形面积 $s=(l*(l-a)*(l-b)*(l-c))**0.5$

本实例要求编写程序，实现接收用户输入的三角形边长，计算三角形面积的功能。

本实例是典型的顺序结构实例，通过使用 Python 的常用运算符，按照顺序结构的要求进行语句书写来编写程序。根据海伦公式计算三角形面积时，需要首先获取三角形各边的边长，然后计算三角形的半周长，通过三角形的半周长与边长计算三角形的面积。

例如，某三角形三边长分别为3、4、5，首先根据海伦公式计算其半周长为 l=(3+4+5)/2，此时半周长 l 的值为 6，然后再根据海伦公式计算三角形面积 s=(6*(6−3)*(6−4)*(6−5))**0.5，此时三角形面积 s 的值为 6。

其代码如下。

```
a = eval(input('边长a= '))
b = eval(input('边长b= '))
c = eval(input('边长c= '))
# 计算半周长
l = (a + b + c) / 2
# 计算面积
s = (l * (l - a) * (l - b) * (l - c)) ** 0.5
print('三角形面积s=%0.1f' % s)
```

在以上代码中，首先使用 input()函数来接收用户输入的三角形边长。然后将用户输入的数据通过 eval()函数转换成数字型数据，并分别赋值给变量 a、b、c，根据海伦公式计算三角形的半周长并赋值给变量 l。当计算出半周长的结果后，再使用边长与半周长的数值计算三角形的面积并赋值给变量 s。最后使用 print()函数输出计算的三角形面积 s 的值。

运行结果如图 3-1 所示。

```
边长a= 3
边长b= 4
边长c= 5
三角形面积s=6.0
```

图 3-1　运行结果 1

任务实践

换算体重。众所周知，人在月球上的体重是在地球上的 16.5%，假设人在地球上的体重是 65kg，试编写程序输出人在月球上的体重，并判断是否会发生失重现象。

在本任务中，计算在月球上的体重前需要使用 input()函数接收在地球上的体重。因为体重多使用数字类型表示，所以在 Python 中需要使用数字类型表示体重。当接收用户输入的体重后，根据人在月球上的体重是在地球上的 16.5%来计算月球上的体重。例如，如果人在地球上的体重是 65kg，那么在月球上的体重将是 65*16.5/100。

程序如下。

```
# 获取月球上的体重mw
ew=eval(input("请输入你的体重(kg): "))
mw=ew*16.5/100
print('如果在地球上的体重是{}kg，那么在月球上的体重将是{:.1f}'.format(ew,mw))
```

运行结果如图 3-2 所示。

```
请输入你的体重(kg): 65
如果人在地球上的体重是65kg, 那么在月球上的体重将是10.7kg
```

图 3-2　运行结果 2

评价单

任务编号	3-1	任务名称	换算体重
评价项目		自评	教师评价
课堂表现	学习态度（20分）		
	课堂参与（10分）		
	团队合作（10分）		
技能操作	创建 Python 文件（10分）		
	编写 Python 代码（40分）		
	运行并调试 Python 程序（10分）		
评价时间	年　月　日	教师签字	

评价等级划分						
项目		A	B	C	D	E
课堂表现	学习态度	在积极主动、虚心求教、自主学习、细致严谨上表现优秀	在积极主动、虚心求教、自主学习、细致严谨上表现良好	在积极主动、虚心求教、自主学习、细致严谨上表现较好	在积极主动、虚心求教、自主学习、细致严谨上表现尚可	在积极主动、虚心求教、自主学习、细致严谨上表现不佳
	课堂参与	积极参与课堂活动，参与内容完成得很好	积极参与课堂活动，参与内容完成得好	积极参与课堂活动，参与内容完成得较好	能参与课堂活动，参与内容完成得一般	能参与课堂活动，参与内容完成得欠佳
	团队合作	具有很强的团队合作能力、能与老师和同学进行沟通交流	具有良好的团队合作能力、能与老师和同学进行沟通交流	具有较好的团队合作能力、尚能与老师和同学进行沟通交流	能与团队进行合作、与老师和同学进行沟通交流的能力一般	不能与团队进行合作、不能与老师和同学进行沟通交流
技能操作	创建	能独立并熟练地完成	能独立并较熟练地完成	能在他人提示下顺利完成	能在他人帮助下完成	未能完成
	编写	能独立并熟练地完成	能独立并较熟练地完成	能在他人提示下顺利完成	能在他人帮助下完成	未能完成
	运行并调试	能独立并熟练地完成	能独立并较熟练地完成	能在他人提示下顺利完成	能在他人帮助下完成	未能完成

任务 2 根据 BMI 值确定健康状况

任务单

任务编号	3-2	任务名称	根据 BMI 值确定健康状况
任务简介	流程控制是指在程序执行过程中通过一些特定的指令更改程序中语句的执行顺序，使程序产生跳跃、回溯等现象。本任务利用选择结构来解决根据 BMI 值确定身体健康状况问题		
设备环境	台式机或笔记本电脑，建议使用 Windows 10 以上操作系统		
所在班级		小组成员	
任务难度	初级	指导教师	
实施地点		实施日期	年 月 日
任务要求	创建 Python 文件，完成以下操作。 （1）在程序开头加入注释信息，说明程序功能 （2）利用 input()函数输入体重和身高 （3）根据计算公式获得 BMI 值 （4）根据 BMI 值输出对应的分类 （5）运行 Python 程序，显示正确的运行结果		

信息单

一、单分支 if 语句

if 语句是最简单的条件判断语句，可以控制程序执行的流程，语法结构如下。

```
if 判断条件:
    满足条件要做的事情1
    满足条件要做的事情2
    满足条件要做的事情3
    ......
```

其中，判断条件的值为布尔值，若满足条件，则判断条件的结果为 True。if 语句的特征如下。

- if 判断条件结果若为真，则执行 if 之后所控制的代码组，若为假，则不执行后面的代码组。
- “:”之后下一行的内容必须缩进，否则语法错误。
- if 之后的代码中若缩进不一致，则不再是 if 语句的一部分，而是顺序结构的一部分。

课堂检验 1

具体操作

```
>>> age=20
>>> if age>=18:
```

```
>>>     print("我成年了！")
>>> print("if语句结束")
```

运行结果如下。

```
我成年了！
if语句结束
```

课堂检验 2

具体操作

```
>>> age=15
>>> if age>=18:
>>>     print("我成年了！")
>>> print("if语句结束")
```

运行结果如下。

```
if语句结束
```

在课堂检验 1 中，由于变量 age 满足 if 语句的判断条件“age>=18”，所以程序就会输出“我成年了！”这句话，而在课堂检验 2 中，由于变量 age 不满足判断条件，所以程序就不会输出 if 语句所控制的内容。由此可以看出，在 if 语句中，只有当判断条件被满足时才会执行指定代码，否则就不执行。

程序举例：判断 4 位回文数。

所谓回文数，就是各位数字从高位到低位正序排列和从低位到高位逆序排列都是同一数值的数。例如，数字 1221 按正序和逆序排列都是 1221，因此 1221 就是一个回文数；而数字 1234 的各位数字按逆序排列是 4321，4321 与 1234 不是同一个数， 因此 1234 就不是一个回文数。

本实例要求编写程序，判断输入的 4 位整数是否是回文数。

首先判断一个 4 位数是否是回文数，如果想使用单分支 if 语句解决，那么可以假设该数不是回文数。然后利用取整运算和取余运算将这个 4 位数进行拆分，并进行重新组合。最后比较重新组合后的数字大小与原数大小是否相等，如果相等则该数为回文数。

例如，假设 abcd 是一个 4 位数的每一位，先假设它不是回文数，设定 flag="不是回文数"。利用（abcd//1000）方式获取千位上的数字、利用（abcd//100%10）方式获取百位上的数字、利用（abcd//10%10）方式获取十位上的数字、利用（abcd%10）方式获取个位上的数字，根据回文数规则可以使用 d*1000+c*100+b*10+a 表示重新组合的数字，如果 abcd 与 dcba 相等，那么设定 flag=‘是回文数’，输出 flag 的值。

其代码如下。

```
number = int(input("请输入一个4位数："))
flag = "不是回文数"
sig = int(number // 1000)
ten = int(number // 100 % 10)
hud = int(number // 10 % 10)
ths = int(number % 10)
order = ths * 1000 + hud * 100 + ten * 10 + sig
if number == order:
    flag = "是回文数"
print(flag)
```

在以上代码中，首先利用 input()函数接收输入的四位数，利用 int()函数将接收的数据转换为 int 类型并赋值给变量 number，并设定 flag=“不是回文数”。然后对输入的四位数进行拆分，分别将个位数字、十位数字、百位数字、千位数字赋给变量 sig、ten、hud、ths，接着将获取到的数字按照回文数的特点重新组合成一个新的 4 位数并赋值给变量 order。最后利用 if 语句判断变量 number 的值与变量 order 的值是否相等，若相等，则为回文数，设定 flag=“是回文数”。最后输出 flag 的值。

运行结果如图 3-3 所示。

```
请输入一个4位数：1661
是回文数
>>>
======================
请输入一个4位数：3662
不是回文数
```

图 3-3　运行结果 3

二、双分支 if-else 语句

if 语句只能做到满足判断条件时需要做什么事，如果不满足判断条件同样需要做另一些事，这时使用 if 语句是不行的，可以使用双分支 if-else 语句来解决这样的问题，语法结构如下。

```
if 判断条件:
    满足条件要做的事情1
    满足条件要做的事情2
    满足条件要做的事情3
    ......
else:
    不满足条件要做的事情1
    不满足条件要做的事情2
    不满足条件要做的事情3
    ......
```

因为双分支 if-else 语句比 if 语句多了一个分支，所以可以根据判断条件的结果对两种情况进行选择。双分支 if-else 语句的特征如下。

- 双分支 if-else 语句有 2 个区间，分别是 True 控制的 if 区间和 False 控制的 else 区间（假区间）。
- if 区间或 else 区间的内容在双分支中必须都缩进，否则语法错误。

课堂检验 3

具体操作

```
>>> ticket=1
>>> if ticket>0:
>>>     print("我可以看电影啦")
>>>     print("电影真好看")
>>> else:
>>>     print("没票了看不了！")
```

运行结果如下。

```
我可以看电影啦
电影真好看
```

课堂检验 4

具体操作

```
>>> ticket=0
>>> if ticket>0:
>>>     print("我可以看电影啦")
>>>     print("电影真好看")
>>> else:
>>>     print("没票了看不了！")
```

运行结果如下。

```
没票了看不了！
```

在课堂检验 3 中，由于变量 ticket 满足 if-else 语句的判断条件“ticket>=0”，所以程序就执行 if 区间的内容。在课堂检验 4 中，由于变量 ticket 不满足判断条件，所以程序就执行 else 区间的内容。所以在 if-else 语句中，当判断条件被满足时执行 if 区间的内容，不满足时就执行 else 区间的内容。

专家点睛

if 和 else 后面的代码块一定要缩进，而且缩进量要大于 if 和 else 本身。

程序举例：确定水仙花数。

所谓水仙花数是指一个 3 位整数，它的每位数字的 3 次幂之和等于它本身。例如，153、370 就是水仙花数。

本实例要求编写程序，判断输入的 3 位整数是否是水仙花数。

判断一个 3 位整数是否是水仙花数，如果想利用双分支 if-else 语句来解决，那么可以利用取整运算和取余运算将这个 3 位整数进行拆分，并进行每位数字的 3 次幂求和，然后比较求和后数字的大小与原数大小是否相等，若相等，则该数为水仙花数，否则该数不是水仙花数。

例如，假设 xyz 是一个 3 位整数的每一位，利用（xyz//100）方式获取百位上的数字、利用（xyz//10%10）方式获取十位上的数字、利用（xyz%10）方式获取个位上的数字。根据水仙花数的规则可以利用 x**3+y**3+z**3 表示重新组合的数字 w，如果 w 与 xyz 相等，那么该数是水仙花数，否则该数不是水仙花数。

其代码如下。

```
num = int(input("请输入一个3位整数："))
hund = int(num // 100)                  # 百位
ten = int(num // 10 % 10)               # 十位
single = int(num % 10)                  # 个位
if hund ** 3 + ten ** 3 + single ** 3 == num:
    print(f"{num}是水仙花数")
else:
    print(f"{num}不是水仙花数")
```

在以上代码中，首先利用 input()函数接收输入的 3 位整数，利用 int()函数将接收的数据转换为 int 类型并赋值给变量 num。然后对输入的 3 位数进行拆分，分别将个位数字、十位数字、百位数字赋给变量 single、ten、hund，接着将获取到的数字按照水仙花数的特点进行立方求和，利用 if 语句判断和值与原值是否相等，若相等，则是水仙花数，否则不是水仙花数。

运行结果如图 3-4 所示。

```
请输入一个 3 位整数：153
153是水仙花数
>>>
======================
请输入一个 3 位整数：370
370是水仙花数
>>>
======================
请输入一个 3 位整数：683
683不是水仙花数
```

图 3-4 运行结果 4

三、多分支 if-elif 语句

双分支 if-else 语句可以判断两种情况，但如果需要判断的情况多于两种，那么单分支 if 语句和双分支 if-else 语句都是无法应对的，这时可以使用多分支 if-elif 语句来判断两种以上的情况，语法结构如下。

```
if 判断条件1:
    满足条件1要做的事情1
    满足条件1要做的事情2
    ......
elif 判断条件2:
    满足条件2要做的事情1
    满足条件2要做的事情2
    ......
elif 判断条件3:
    满足条件3要做的事情1
    满足条件3要做的事情2
    ......
elif 判断条件n:
    满足条件n要做的事情1
    满足条件n要做的事情2
    ......
else:
    以上条件都不满足时要做的事情1
    以上条件都不满足时要做的事情2
    ......
```

在多分支 if-elif 语句中，if 必须和 elif 配合使用，但 if-elif 语句可以不和 else 语句一起使用。多分支 if-elif 语句具有如下特征。

- 多分支可以添加无限个 elif 分支，但根据判断条件，最终只会执行一个分支。
- 当某一个分支的判断条件被满足时，就会执行这个分支区间的语句，然后整个 if-elif 语句就会结束，后面的分支不会判断也不会执行。
- 多分支的判断顺序是自上而下逐个分支进行判断的。
- if-elif 语句与 else 语句一起使用时，如果各个分支的判断条件都不满足，那么就会执行 else 区间的语句。

课堂检验 5

具体操作

```
>>> socre=85
>>> if socre>=90 and socre<=100:
>>>     print("成绩为优秀")
>>> if socre>=80 and socre<90:
>>>     print("成绩为良好")
>>> if socre>=60 and socre<80:
>>>     print("成绩为中等")
>>> if socre>=0 and socre<60:
>>>     print("成绩为差")
```

运行结果如下。

```
成绩为良好
```

课堂检验 6

具体操作

```
>>> socre=120
>>> if socre>=90 and socre<=100:
>>>     print("成绩为优秀")
>>> if socre>=80 and socre<90:
>>>     print("成绩为良好")
>>> if socre>=60 and socre<80:
>>>     print("成绩为中等")
>>> if socre>=0 and socre<60:
>>>     print("成绩为差")
>>> else:
>>>     print("成绩无效！")
```

运行结果如下。

```
成绩无效!
```

专家点睛

elif 和 else 都不能单独使用，必须和 if 一起出现，并且要正确配对。

程序举例：奖金发放。

假设某销售公司为激发员工的工作积极性，年终会根据员工为公司创造的利润发放销售奖金，奖金发放规则如表 3-1 所示。

表 3-1 奖金发放规则

利润（万元）	奖金提成（%）
p≤10	1%
10<p≤20	1.5%
20<p≤40	3%
40<p≤60	5%

续表

利润（万元）	奖金提成（%）
60<p≤100	7.5%
p>100	10%

本实例要求编写程序，实现快速计算员工应得奖金的功能。

奖金的薪酬与员工为公司创造的利润有直接关系，根据表 3-1 可知，该销售公司将利润分为 6 个档次，不同的档次奖金提成不同，鼓励多劳多得的社会主义分配制度。因此，可使用 Python 中的多分支结构来实现该案例。

例如，甲员工的利润为 21 万元，乙员工的利润为 78 万元，奖金计算规则为 100000 * 1% + 100000 * 1.5% + 30000 * 3%。

其代码如下。

```
profit = float(input("请输入本年度利润，单位为元："))
bonus = 0
if profit <= 100000:
    bonus = 10 * 0.01
elif 100000 < profit <= 200000:
    bonus = 100000 * 0.01 + (profit - 100000) * 0.015
elif 200000 < profit <= 400000:
    bonus = round(100000 * 0.01 + 100000 * 0.015 +
                  (profit - 200000) * 0.03)
elif 400000 < profit <= 600000:
    bonus = 100000 * 0.01 + 100000 * 0.015 + 200000 * 0.03 + \
            (profit - 400000) * 0.05
elif 600000 < profit <= 1000000:
    bonus = 100000 * 0.01 + 100000 * 0.015 + 200000 * 0.03 + \
            200000 * 0.05 + (profit - 600000) * 0.075
elif profit > 1000000:
    bonus = 100000 * 0.01 + 100000 * 0.015 + \
            200000 * 0.03 + 200000 * 0.05 + \
            400000 * 0.075 + (profit - 1000000) * 0.1
print('应发放奖金总数为%d元' % bonus)
```

在以上代码中，首先利用 input()函数将接收输入的利润金额转换为 float 类型，并赋值给变量 profit。然后根据变量 profit 的值按照表 3-1 中奖金发放规则进行不同地计算。最后将计算结果利用 print()函数进行输出。

运行结果如图 3-5 所示。

```
请输入本年度利润，单位为元：210000
应发放奖金总数为2800元
>>>
====================== RESTART:
请输入本年度利润，单位为元：780000
应发放奖金总数为32000元
```

图 3-5　运行结果 5

四、if 嵌套

当我们乘坐飞机时，必须要先买票，只有买到票，才能进入机场进行安检，只有通过安检才能登机。在这个过程中，前面的条件是后面条件的基础，即只有当前面的判断条件成立了才能进行后面条件的判断，若条件再次成立，则再次进行后面条件的判断。针对这种情况，可以利用 if 嵌套来实现。

if 嵌套是指 if 或 if-else 语句中包含 if 或 if-else 语句，语法格式如下。

```
if 判断条件1:
    满足条件1要做的事情1
    满足条件1要做的事情2
    ......
    if 判断条件2:
        满足条件2要做的事情1
        满足条件2要做的事情2
        ......
    else:
        不满足条件2要做的事情1
        不满足条件2要做的事情2
        ......
else:
    不满足条件1要做的事情1
    不满足条件1要做的事情2
    ......
```

在 if 嵌套中，外层的 if 判断或内层的 if 判断都可以使用 if 语句或 if-else 语句，可以根据实际开发的需要进行选择。

课堂检验 7

具体操作

```
>>> ticket=1
>>> weight=15
>>> if ticket>0:
>>>     print("有票，可以买")
>>>     if weight<=10:
>>>         print("带的行李不足10公斤，可以带上飞机")
>>>     else:
>>>         print("带的行李超过10公斤，要走托运")
>>> else:
>>>     print("没票了！")
```

运行结果如下。

```
有票，可以买
带的行李超过10公斤，要走托运
```

专家点睛

在 Python 中，if、if-else 和 if-elif-else 之间可以相互嵌套。需要注意的是，在相互嵌套时，一定要严格遵守不同级别代码块的缩进规范。

程序举例：快递计费系统。

随着互联网的飞速发展，电子商务的形式多种多样，除了原有的电商形式，还出现了直播带货、视频号带货、矩阵带货，这些都加速了物流快递行业的发展，使得人们的购买变得更加方便快捷。

假设某快递网点提供华东地区、华南地区、华北地区、西北地区的寄件服务，其中，华东地区编号为 01、华南地区编号为 02、华北地区编号为 03，西北地区编号为 04，该快递网点的寄件价目表如表 3-2 所示。

表 3-2　寄件价目表

地区编号	首重（<=2kg）	续重（元/kg）
华东地区（01）	10 元	2 元
华南地区（02）	12 元	3 元
华北地区（03）	14 元	2 元
西北地区（04）	16 元	3 元

本实例要求根据表 3-2 提供的数据编写程序，实现快递计费功能。

根据寄件价目表可知，在进行快递邮寄时需要首先选择所属地区，不同地区的快递邮寄价格不同。例如，在华东地区邮寄 3kg 商品，快递收费公式为首重+续重*2，即 10 + 1 *2，共计 12 元。

其代码如下。

```
weight = float(input("请输入快递重量："))
print('编号01：华东地区 编号02：华南地区 编号03：华北地区 编号04：西北地区')
place = input("请输入地区编号：")
if weight <= 2:
    if place == '01':
        print('快递费为10元')
    elif place == '02':
        print('快递费12元')
    elif place == '03':
        print('快递费14元')
elif place == '04':
        print('快递费16元')
else:
    excess_weight = weight - 2
    if place == '01':
        many = excess_weight * 2 + 10
        print('快递费为%.1f元' % many)
    elif place == '02':
        many = excess_weight * 3 + 12
        print('快递费为%.1f元' % many)
    elif place == '03':
        many = excess_weight * 2 + 14
        print('快递费为%.1f元' % many)
    elif place == '04':
        many = excess_weight * 3 + 16
        print('快递费为%.1f元' % many)
```

在以上代码中，首先利用 input()函数接收输入的快递重量，如果快递重量小于等于 2kg，执行外层 if 语句中的代码，并利用 print()函数输出快递所需的费用；如果快递重量大于 2kg，那么需要计算出续重的重量，然后再根据不同地区续重的价格计算快递总费用。

运行结果如图 3-6 所示。

```
请输入快递重量: 1.5
编号01: 华东地区 编号02: 华南地区 编号03: 华北地区 编号04: 西北地区
请输入地区编号: 01
快递费为10元
>>>
请输入快递重量: 9
编号01: 华东地区 编号02: 华南地区 编号03: 华北地区 编号04: 西北地区
请输入地区编号: 03
快递费为28.0元
```

图 3-6 运行结果 6

任务实践

根据 BMI 值确定健康状况。BMI 又称为身体质量指数，是国际上常用的衡量人体胖瘦程度及是否健康的一个标准。BMI 的分类如表 3-3 所示。

表 3-3 BMI 的分类

BMI	分类
<18.5	过轻
18.5 ≤ BMI ≤ 23.9	正常
24≤ BMI ≤ 27	过重
28 ≤ BMI ≤ 32	肥胖
>32	非常肥胖

BMI 的计算公式如下所示。

$$身体质量指数（BMI）= 体重（kg）÷ 身高^2（m^2）$$

本任务要求编写程序，根据用户输入的身高和体重计算 BMI 值，根据分类获知身体的健康状况。

在本任务中计算某个人的 BMI 值，首先利用 input()函数接收身高、体重数据，因为身高、体重数据一般使用浮点类型表示，所以需要将接收的数据转换为浮点类型，然后根据 BMI 的计算公式对 BMI 值进行计算。在表 3-3 中不同的 BMI 值对应着不同的分类，因此，可以利用 if-elif-else 语句判断 BMI 值对应的健康状况。

其代码如下。

```
#本题是根据BMI值确定健康状况
height = float(input('请输入您的身高(m):'))
weight = float(input('请输入您的体重(kg):'))
BMI = weight / (height * height)
print('您的BMI值为%.2f' % BMI)
if BMI < 18.5:
    print('体重过轻')
elif 18.5 <= BMI <= 23.9:
    print('体重正常')
elif 24 <= BMI <= 27:
    print('体重过重')
elif 28 <= BMI <= 32:
    print('体重肥胖')
```

```
    else:
        print('非常肥胖')
```

在以上代码中，首先利用 input()函数接收用户输入的身高、体重数据，并将用户输入的数据转换为 float 类型，同时赋值给变量 height 与 weight。然后根据 BMI 的计算公式来计算 BMI 值，利用 print()函数将变量 BMI 的值进行输出。最后利用 if-elif-else 语句判断 BMI 值所属的分类，通过 print()函数输出 BMI 值所属的分类。

运行结果如图 3-7 所示。

```
请输入您的身高(m):1.80
请输入您的体重(kg):72
您的BMI值为22.22
体重正常
>>>
======================
请输入您的身高(m):1.65
请输入您的体重(kg):80
您的BMI值为29.38
体重肥胖
```

图 3-7 运行结果 7

评价单

任务编号	3-2	任务名称	
评价项目		自评	教师评价
课堂表现	学习态度（20 分）		
	课堂参与（10 分）		
	团队合作（10 分）		
技能操作	创建 Python 文件（10 分）		
	编写 Python 代码（40 分）		
	运行并调试 Python 程序（10 分）		
评价时间	年　月　日	教师签字	

评价等级划分						
项目		A	B	C	D	E
课堂表现	学习态度	在积极主动、虚心求教、自主学习、细致严谨上表现优秀	在积极主动、虚心求教、自主学习、细致严谨上表现良好	在积极主动、虚心求教、自主学习、细致严谨上表现较好	在积极主动、虚心求教、自主学习、细致严谨上表现尚可	在积极主动、虚心求教、自主学习、细致严谨上表现不佳
	课堂参与	积极参与课堂活动，参与内容完成得很好	积极参与课堂活动，参与内容完成得好	积极参与课堂活动，参与内容完成得较好	能参与课堂活动，参与内容完成得一般	能参与课堂活动，参与内容完成得欠佳
	团队合作	具有很强的团队合作能力、能与老师和同学进行沟通交流	具有良好的团队合作能力、能与老师和同学进行沟通交流	具有较好的团队合作能力、尚能与老师和同学进行沟通交流	能与团队进行合作、与老师和同学进行沟通交流的能力一般	不能与团队进行合作、不能与老师和同学进行沟通交流
技能操作	创建	能独立并熟练地完成	能独立并较熟练地完成	能在他人提示下顺利完成	能在他人帮助下完成	未能完成
	编写	能独立并熟练地完成	能独立并较熟练地完成	能在他人提示下顺利完成	能在他人帮助下完成	未能完成
	运行并调试	能独立并熟练地完成	能独立并较熟练地完成	能在他人提示下顺利完成	能在他人帮助下完成	未能完成

任务 3 设计逢 7 拍手游戏

任务单

任务编号	3-3	任务名称	设计逢 7 拍手游戏
任务简介	在程序设计中经常会遇到计算非常简单但需要重复多次的问题，这时就需要通过 Python 的循环结构来解决。本任务就是利用循环结构来找出 100 以内包含 7 或者是 7 的倍数的数据		
设备环境	台式机或笔记本电脑，建议使用 Windows 10 以上操作系统		
所在班级		小组成员	
任务难度	初级	指导教师	
实施地点		实施日期	年 月 日
任务要求	创建 Python 文件，完成以下操作。 （1）在程序开头加入注释信息，说明程序功能 （2）利用 for 循环在 1～100 进行查找 （3）查找数据中是否包含 7 （4）判断数据是否是 7 的倍数 （5）利用 print()函数将满足上述条件的数据输出为“*” （6）运行 Python 程序，显示正确的运行结果		

信息单

Python 中的循环结构可以实现重复执行某个计算的功能，它包含 while 循环结构和 for 循环结构两种类型。

一、while 循环结构

while 循环会在条件表达式为 True 的情况下执行循环语句块，语法格式如下。

```
while 条件表达式:
    循环语句块
```

与 if 语句中的判断条件一样，while 循环中的条件表达式的值也是布尔值。需要注意的是，在 while 循环中同样需要注意冒号和缩进。

课堂检验 8

具体操作

```
>>> count=0
>>> while cont<3:
>>>     print("Hello world!")
>>>     count=count+1
>>> print("while循环结束")
```

运行结果如下。

```
Hello world!
```

```
Hello world!
Hello world!
While循环结束
```

在课堂检验 8 中，因为循环语句块每执行一次，变量 count 都会增加 1，所以该语句执行 3 次后，条件表达式 count<3 不满足，循环就会结束。

while 循环有一种特殊情况，若设置条件表达式永远为 True，则循环是无限的，即 while 循环变成了死循环。

课堂检验 9

具体操作

```
>>> count=0
>>> while cont==0:
>>>     print("Hello world!")
>>>     count=count+1
>>> print("while循环结束")
```

运行结果如下。

```
Hello world!
Hello world!
Hello world!
Hello world!
......
```

在课堂检验 9 中，由于 count 为 0，条件表达式 count = = 0 会永远满足，所以此时就进入了死循环，程序会一直打印"Hello world!"，while 循环下面的语句"while 循环结束"不会被打印。

专家点睛

只要是位于 while 循环中的代码，必须使用相同的缩进格式，否则 Python 解释器会报 SyntaxError 错误（语法错误）。

程序举例：登录系统账号检测。

登录系统一般具有账号和密码的检测功能，即检测用户输入的账号和密码是否正确。若用户输入的账号或密码不正确，则系统就会提示“用户名或密码错误”和“您还有*次机会”；若用户输入的账号和密码正确，则系统就会提示“登录成功”；若用户输入的账号和密码错误次数超过 3 次，则系统就会提示“输入错误次数过多，请稍后再试”。

本实例要求编写程序，模拟登录系统账号和密码的检测功能，并限制账号或密码输错的次数最多为 3 次。

根据实例描述可知，当输入 3 次错误的账号或密码后，程序将自动结束；而对于控制输入的次数，count 可以通过 while count<3 来实现。在 while 循环中利用 input()函数接收用户输入的账号和密码，利用 if 语句分别判断输入的账号和密码与设定的账号和密码是否一致，若一致，则通过 print()函数输出“登录成功”，并通过 break 语句跳出 while 循环。对于记录输入的次数的变量 count，可以在 while 循环外设置其初值为 0，当用户每输错一次时，变量 count 值自动增加 1，该变量不仅可以提示用户剩余的输入次数，而且当输入错误的次数达到 3 次时会提示“输入错误次数过多，请稍后再试”。

其代码如下。

```
count = 0      # 用于记录用户输入错误的次数
while count < 3:
    user = input("请输入您的账号：")
    pwd = input("请输入您的密码：")
    if user == 'admin' and pwd == '123':      # 进行账号、密码比对
        print('登录成功')
        break
    else:
        print("用户名或密码错误")
        count += 1                # 初始变量值自动增加1
        if count == 3:            # 如果输入错误次数达到3次，则提示信息并退出
            print("输入错误次数过多，请稍后再试")
        else:
            print(f"您还有{3-count}次机会")        # 显示剩余次数
```

在以上代码中，首先设定变量 count 的初始值为 0，其作用是记录用户输入错误的次数。然后利用 while 循环设置循环的次数，在循环内利用 input()函数接收用户输入的账号和密码。若账号和密码与设定的账号和密码相同，则利用 print()函数输出“登录成功”，并通过 break 语句跳出循环。若输入的账号或密码不正确，则变量 count 的值累加 1，若变量 count 的值小于 3，则利用 print()函数输出“您还有 x 次机会”；当 count 的值等于 3 时，利用 print()函数输出“输入错误次数过多，请稍后再试”。

运行结果如图 3-8 所示。

```
请输入您的账号：admin
请输入您的密码：123456
用户名或密码错误
您还有2次机会
请输入您的账号：adm
请输入您的密码：123
用户名或密码错误
您还有1次机会
请输入您的账号：admine
请输入您的密码：123
用户名或密码错误
输入错误次数过多，请稍后再试
>>>
====================== RESTART
请输入您的账号：admin
请输入您的密码：123
登录成功
```

图 3-8 运行结果 8

二、for 循环结构

与 while 循环不同，for 循环是另一种循环结构。Python 中的 for 循环可以遍历序列中的每一个项目，如一个列表或一个字符串，语法格式如下。

```
for 循环变量 in 序列:
    循环语句块
```

需要注意的是，在 for 循环中遍历的序列必须是以下几种格式。

- 字符串、列表、元组、字典、集合。
- [(), (), ()]列表中有元组。
- [[], [], []]列表中有列表。
- ((), (), ())元组中有元组。

- {(), (), ()}集合中有元组。

课堂检验 10

具体操作

```
>>> languages=["C", "C++", "C#", "Python"]
>>> for x in languages:
>>>     print(x)
>>> print("for循环结束")
```

运行结果如下。

```
C
C++
C#
Python
for循环结束
```

专家点睛

在使用 for 循环时，最基本的应用就是进行数值循环。

程序举例：数据加密。

数据加密是保存数据的一种方法，通过加密算法和密钥将数据从明文转换为密文。

假设在当前开发的程序中需要对用户的密码进行加密处理，已知用户的密码为 6 位数字，其加密规则如下。

- 获取每个数字的 ASCII 值。
- 将所有数字的 ASCII 值进行累加求和。
- 将每个数字对应的 ASCII 值按从前往后的顺序进行拼接，并将拼接后的结果进行反转。
- 将反转的结果与前面累加的结果相加，所得的结果即为加密后的密码。

本实例要求编写程序，按照上述加密规则将用户输入的密码进行加密，并输出加密后的密码。

其代码如下。

```
pwd = input('请输入密码: ')
num_asc = 0                             # ASCII累加值初值为0
str_pwd = ''                            # ASCII拼接值初值为空
for w in pwd:
    asc_val = ord(w)                    # 获取每个元素的ASCII值
    num_asc += asc_val                  # 对遍历的ASCII值进行累加操作
    str_pwd += str(asc_val)             # 对获取的码值进行拼接操作
reversal_num = str_pwd[::-1]            # 将拼接的ASCII值进行倒序排列
encryption_num = int(reversal_num) + num_asc  #倒序结果与累加值相加
print(f"加密后的密码为: {encryption_num}")
```

在以上代码中，首先利用 input()函数接收用户输入的密码，并设定变量 num_asc 与变量 str_pwd 分别表示 ASCII 码累加值与 ASCII 码拼接值。然后在 for 循环中遍历用户输入的密码，利用 ord()函数获取每个元素的 ASCII 值并赋值给变量 ascii_val，累加所有的 ASCII 值并赋值给变量 num_asc，对每个 ASCII 值进行拼接并赋值给变量 str_pwd，通过字符串切片将拼接后的结果进行倒序排列。最后将变量 num_asc 和变量 reversal_num 进行相加并赋值给变量 encryption_num 以获取加密后的密码。

运行结果如图 3-9 所示。

```
请输入密码：123456
加密后的密码为：453525150903
```

图 3-9 运行结果 9

三、range()函数

考虑到在程序中使用的数值范围经常变化，Python 提供了一个内置函数，即 range()函数，它可以生成一个数字序列。range()函数在 for 循环中的语法格式如下。

```
for i in range(strat,end,scan):
    循环语句块
```

这里，start 代表计数初值，默认值为 0。例如，range(3)等价于 range(0,3)。

end 代表计数终值，但不包括 end 值。例如，range(0,3)是指[0,1,2]，不包括 3。

scan 代表计数步长，即计数增量，默认值为 1。例如，range(0,3,1)等价于 range(3)。

课堂检验 11

具体操作

```
>>> for i in range(3):
>>>     print(i)
```

运行结果如下。

```
0
1
2
```

课堂检验 12

具体操作

```
>>> for i in range(2, 6):
>>>     print(i)
```

运行结果如下。

```
2
3
4
5
```

从课堂检验 11、课堂检验 12 可以看出，当 range()函数中只有一个值时，循环变量 i 默认从 0 开始，直到 i 等于 range()函数中的 end 前面的值时，循环结束。当 rang()函数中有两个值时，第一个值为 start，第二个值为 end。循环变量 i 会从 start 开始，直到 end-1 结束。for 循环常与 range()函数搭配使用，可以控制循环中代码段的执行次数。

专家点睛

Python 2.x 中除了提供 range()函数，还提供了一个 xrange()函数，它可以解决 range()函数不经意间消耗掉所有可用内存的问题。但在 Python 3.x 中，已经将 xrange()函数更名为 range()函数，并删除了老的 xrange()函数。

程序举例：登录系统账号检测。

对于前面的登录系统账号和密码的检测，如果使用 for 循环会更容易一些。本实例要求利用 for 循环编写程序，在 3 次机会中模拟登录系统账号和密码的检测功能。

根据案例描述可知，输入登录系统账号和密码只有 3 次机会，可以通过 for count in range(3)来实现输入次数的控制。在有效输入次数中使用 input()函数接收用户输入的账号和密码，利用 if 语句分别判断输入的账号和密码与设定的账号和密码是否一致，若一致，则通过 print()函数输出“登录成功”，并通过 break 语句跳出 for 循环。对于记录输入次数的变量 count，每判断一次会自动增加 1，该变量不仅可以提示用户剩余的输入次数，而且当输入错误的次数达到 3 次时会提示“输入错误次数过多，请稍后再试”。

其代码如下。

```
for count in range(3):
    user = input("请输入您的账号：")
    pwd = input("请输入您的密码：")
    if user == 'admin' and pwd == '123':      # 进行账号密码比对
        print('登录成功')
        break
    else:
        print("用户名或密码错误")
        if 3-count-1!=0:
            print(f"您还有{3-count-1}次机会")    # 显示剩余次数
        else:
            print("输入错误次数过多，请稍后再试")
```

在以上代码中，首先利用 for 循环设置循环的次数，在循环内利用 input()函数接收用户输入的账号和密码。若账号和密码与设定的账号和密码相同，则利用 print()函数输出“登录成功”，并通过 break 语句跳出循环，若输入的账号或密码不正确，则利用 print()函数输出“您还有 x 次机会”；当 count=3 时，利用 print()函数输出“输入错误次数过多，请稍后再试”。

运行结果如图 3-10 所示。

```
请输入您的账号：admin
请输入您的密码：123456
用户名或密码错误
您还有2次机会
请输入您的账号：admine
请输入您的密码：123
用户名或密码错误
您还有1次机会
请输入您的账号：admine
请输入您的密码：123456
用户名或密码错误
输入错误次数过多，请稍后再试
>>>
====================== RESTART:
请输入您的账号：admin
请输入您的密码：123
登录成功
>>>
```

图 3-10　运行结果 10

四、循环嵌套

在 Python 中，循环是可以嵌套的，即在一个循环中再写一个循环。循环嵌套后，外层的循环每执行一次，内层的循环都会运行一遍。

例如，编写程序如果用 for 循环嵌套实现 1！+2！+3！+4！的和，就可以利用外层循环使循环变量 i 遍历 1、2、3、4，再通过内层循环计算出对应阶乘的值，最终求解 i!的和。

课堂检验 13

具体操作

```
>>> sum=0
>>> for i in range(1, 5):
>>>    term=1
>>>    for j in range(1, i+1):
>>>        term=term*j
>>>    print("{0}!={1}".format(i, term))
>>>    sum=sum+term
>>> print("sum=", sum)
```

运行结果如下。

```
1！=1
2！=2
3！=6
4！=24
sum=33
```

同样的，while 循环也支持循环嵌套，课堂检验 13 也可以利用 while 循环嵌套来实现。

课堂检验 14

具体操作

```
>>> sum=0
>>> i=1
>>> while i<=4:
>>>    term=1
>>>    j=1
>>>    while j<=i:
>>>        term=term*j
>>>        j=j+1
>>>    print("{0}!={1}".format(i, term))
>>>    sum=sum+term
>>>    i=i+1
>>> print("sum=", sum)
```

运行结果如下。

```
1！=1
2！=2
3！=6
4！=24
sum=33
```

除此之外，while 循环和 for 循环也可以相互嵌套，可以根据开发需要适当选择。

专家点睛

当两个（甚至多个）循环结构相互嵌套时，位于外层的循环结构常简称为外层循环或外循环，位于内层的循环结构常简称为内层循环或内循环。

程序举例：打印九九乘法口诀表。

乘法口诀是中国古代算筹中进行乘法、除法、开方等运算的基本计算规则，沿用至今已有两千多年。古代的乘法口诀与现在使用的乘法口诀顺序相反，自上而下从“九九得八十一”开始到“一一得一”为止，因此，古人用乘法口诀的前两个字“九九”作为此口诀的名称。

本实例要求编写程序，通过 for 循环嵌套完成输出如下格式的九九乘法口诀表的功能。

```
1*1=1
1*2=2  2*2=4
1*3=3  2*3=6   3*3=9
1*4=4  2*4=8   3*4=12  4*4=16
1*5=5  2*5=10  3*5=15  4*5=20   5*5=25
1*6=6  2*6=12  3*6=18  4*6=24   5*6=30   6*6=36
1*7=7  2*7=14  3*7=21  4*7=28   5*7=35   6*7=42   7*7=49
1*8=8  2*8=16  3*8=24  4*8=32   5*8=40   6*8=48   7*8=56   8*8=64
1*9=9  2*9=18  3*9=27  4*9=36   5*9=45   6*9=54   7*9=63   8*9=72   9*9=81
```

九九乘法口诀表一共有九行，每行等式的变量和行号相等。例如，第二行包含 2 个等式，第六行包含 6 个等式，以此类推，第九行包含 9 个等式。根据其特点得知，可利用 for 循环嵌套来解决此问题。

首先，定义变量 i 控制乘法口诀表的行数，定义变量 j 控制乘法口诀表等式数量（即列数的输出）。然后，第一个 for 循环中的变量 i 用来控制乘法口诀表中每行的第一个因子和表的行数；第二个 for 循环中的变量 j 取值范围的确定建立在第一个 for 循环变量 i 的基础之上，它的取值是第一个 for 循环中变量的值，换言之，变量 j 的取值根据行数变化，运行到第几行，变量 j 的最大值就是几。为了控制格式，将乘法口诀表分行，需要在每行的末尾输出一个换行。

其代码如下。

```
for i in range(1, 10):
    for j in range(1, i + 1):
        print(str(j) + "*" + str(i) + "=" + str(i * j), end="\t")
    print()  # 换行输出
```

在以上代码中，第 1 个 for 循环中的变量 i 通过 range()函数设置，其取值范围为 1～9。因为等式的数量与行号相等，所以在第 2 个 for 循环中的变量 j 的最大取值范围为等式数量。行数与等式数量控制好以后，便可以对乘法口诀表中的乘法口诀进行拼接，拼接完成后进行换行输出。

运行结果如图 3-11 所示。

```
1*1=1
1*2=2   2*2=4
1*3=3   2*3=6   3*3=9
1*4=4   2*4=8   3*4=12  4*4=16
1*5=5   2*5=10  3*5=15  4*5=20  5*5=25
1*6=6   2*6=12  3*6=18  4*6=24  5*6=30  6*6=36
1*7=7   2*7=14  3*7=21  4*7=28  5*7=35  6*7=42  7*7=49
1*8=8   2*8=16  3*8=24  4*8=32  5*8=40  6*8=48  7*8=56  8*8=64
1*9=9   2*9=18  3*9=27  4*9=36  5*9=45  6*9=54  7*9=63  8*9=72  9*9=81
```

图 3-11　运行结果 11

五、循环中的 else 语句

Python 中的 while 循环和 for 循环也可以使用 else 语句，且 else 语句只在循环完成后执行。在 while 循环中，else 语句的语法格式如下。

```
while 条件表达式:
    循环语句块1
else:
    语句块2
```

在 for 循环中，else 语句的语法格式如下。

```
for 循环变量 in 序列:
    循环语句块1
else:
    语句块2
```

课堂检验 15

具体操作

```
>>> count=0
>>> while count<4
>>>     print(count, "比4小")
>>>     count=count+1
>>> else:
>>>     print(count, "不比4小")
```

运行结果如下。

```
0比4小
1比4小
2比4小
3比4小
4不比4小
```

专家点睛

在 Python 中，无论 while 循环还是 for 循环，其后都可以紧跟着一个 else 代码块，它的作用是当循环条件为 False 跳出循环时，程序会最先执行 else 代码块中的代码。

任务实践

设计逢 7 拍手游戏。逢 7 拍手游戏的规则是从 1 开始顺序数数，数到有 7 或者包含

7 的倍数的时候拍手。

本任务要求编写程序，实现“逢七拍手”游戏的功能，输出 100 以内需要拍手的数字。

判断一个数字是否与 7 相关，可分为以下两种情况。

- 是否为 7 的倍数，即一个数取模值为 0。
- 是否包含 7，利用 find()方法判断，当返回值为-1 时表示不包含 7。

其代码如下。

```
#本题是模拟逢7拍手游戏
for i in range(1, 101):
    # 把i转换成字符串，利用find()方法（字符串中不包含时，返回-1）
    include = str(i).find("7")
    # 判断条件：既不包含7，也不是7的倍数
    if include == -1 and int(i) % 7 != 0:
        # 输出，换行符改为顿号
        print(i, end="、")
        # 如果包含7 输出拍手符号星号*
    elif include != -1 or int(i) % 7 == 0:
        print("*", end='、')
```

在以上代码中，首先利用 for 循环与 range()函数生成 1～100 的整数序列，之后通过字符串中的 find()方法判断 1～100 中每个数字是否包含 7，并将返回值赋值给变量 include。然后利用 if-elif 语句判断每个数字是否与 7 相关，如果 include 的值为-1，并且该数与 7 取模的值不为 0，则该数与 7 无关；如果 include 的值不为-1 或者与 7 取模的值为 0，那么该数与 7 相关，利用 print()函数打印星号“*”。

运行结果如图 3-12 所示。

```
1、2、3、4、5、6、*、8、9、10、11、12、13、*、15、16、*、18、19、20、*、22、23、24
、25、26、*、*、29、30、31、32、33、34、*、36、*、38、39、40、41、*、43、44、45、4
6、*、48、*、50、51、52、53、54、55、*、*、58、59、60、61、62、*、64、65、66、*、6
8、69、*、*、*、*、*、*、*、*、*、*、80、81、82、83、*、85、86、*、88、89、90、*、9
2、93、94、95、96、*、*、99、100、
```

图 3-12　运行结果 12

评价单

任务编号	3-3	任务名称	设计逢 7 拍手游戏
评价项目		自评	教师评价
课堂表现	学习态度（20 分）		
	课堂参与（10 分）		
	团队合作（10 分）		
技能操作	创建 Python 文件（10 分）		
	编写 Python 代码（40 分）		
	运行并调试 Python 程序（10 分）		
评价时间	年　月　日	教师签字	

评价等级划分						
项目		A	B	C	D	E
课堂表现	学习态度	在积极主动、虚心求教、自主学习、细致严谨上表现优秀	在积极主动、虚心求教、自主学习、细致严谨上表现良好	在积极主动、虚心求教、自主学习、细致严谨上表现较好	在积极主动、虚心求教、自主学习、细致严谨上表现尚可	在积极主动、虚心求教、自主学习、细致严谨上表现不佳
	课堂参与	积极参与课堂活动，参与内容完成得很好	积极参与课堂活动，参与内容完成得好	积极参与课堂活动，参与内容完成得较好	能参与课堂活动，参与内容完成得一般	能参与课堂活动，参与内容完成得欠佳
	团队合作	具有很强的团队合作能力、能与老师和同学进行沟通交流	具有良好的团队合作能力、能与老师和同学进行沟通交流	具有较好的团队合作能力、尚能与老师和同学进行沟通交流	能与团队进行合作、与老师和同学进行沟通交流的能力一般	不能与团队进行合作、不能与老师和同学进行沟通交流
技能操作	创建	能独立并熟练地完成	能独立并较熟练地完成	能在他人提示下顺利完成	能在他人帮助下完成	未能完成
	编写	能独立并熟练地完成	能独立并较熟练地完成	能在他人提示下顺利完成	能在他人帮助下完成	未能完成
	运行并调试	能独立并熟练地完成	能独立并较熟练地完成	能在他人提示下顺利完成	能在他人帮助下完成	未能完成

任务4 设计猜数游戏

任务单

任务编号	3-4	任务名称	设计猜数游戏
任务简介	循环语句一般会一直执行完所有的情况后自然结束，但是在有些情况下需要停止当前正在执行的循环，也就是跳出循环，这就需要使用 Python 的跳转语句。本任务就是利用跳转语句配合循环结构和选择结构来设计猜数游戏		
设备环境	台式机或笔记本电脑，建议使用 Windows 10 以上操作系统		
所在班级		小组成员	
任务难度	初级	指导教师	
实施地点		实施日期	年 月 日
任务要求	创建 Python 文件，完成以下操作。 （1）在程序开头加入注释信息，说明程序功能 （2）导入 random 模块并使用 randint()函数生成 100 以内的随机整数 （3）利用 for 循环控制玩家猜数的次数为 3 （4）利用 input ()函数接收玩家输入的数据 （5）判断输入的数据是否在指定范围内 （6）判断玩家输入的数据是否与随机生成的数一致，若一致，则利用 break 语句跳出循环，若不一致，则给出相应提示 （7）运行 Python 程序，显示正确的运行结果		

信息单

循环语句一般会一直执行完所有的情况后自动结束，但是在有些情况下需要停止当前正在执行的循环，也就是跳出循环，这就需要使用跳转语句。Python 的跳转语句有两种，一种是 break 语句，用于跳出离它最近一级的循环，通常与 if 语句结合使用，放在 if 语句代码块中。另一种是 continue 语句，用于跳出当前循环，继续执行下一次循环。break 语句和 continue 语句都可以改变循环结构的执行流程。

一、break 语句

break 语句可用于结束当前整个循环，如下面的 for 循环。

```
>>> for i in range(5):
>>>     print(i)
```

当 for 循环执行后，程序会输出 0～4，然后程序结束。这时，若希望程序只输出 0～2，则需要在程序执行完第 3 次循环语句后结束循环，此时就可以使用 break 语句。

课堂检验 16

具体操作

```
>>> j=0
>>> for i in range(5)
>>>   j=j+1
>>>   if j==3
>>>      break
>>>   print(i)
```

运行结果如下。

```
0
1
2
```

专家点睛

对于嵌套的循环结构来说，break 语句只会终止所在循环体的执行，而不会作用于所有的循环体。

程序举例：统计晚会参加人数。

班级举行元旦晚会，要求每位嘉宾在进门时按任意键一次（空格键除外），终止进场时输入空格键。晚会结束后，举办方希望查看晚会参加人数，试编程实现。

本实例要求编写程序，通过循环结构和选择结构配合 break 跳转语句实现统计参加晚会的人数的功能。

首先定义变量 n 用于统计人数，初值设置为 0，利用 input()函数输入一个字符代表按键一次。然后利用 while True 设定无限循环，判断输入的字符是否为空格。如果是，就通过 break 语句跳出循环，输出人数 n；如果不是，变量 n 就自动增加 1，继续输入一个字符。

其代码如下。

```
n=0
code = input('请输入一个字符')
while True:
     if code==' ':
        break
     else:
        n+=1
        code = input('请输入一个字符')
print(f'参加晚会的人数是{n}')
```

运行结果如图 3-13 所示。

```
请输入一个字符a
请输入一个字符6
请输入一个字符k
请输入一个字符b
请输入一个字符1
请输入一个字符
参加晚会的人数是5
```

图 3-13 运行结果 13

二、continue 语句

continue 语句可以用来结束本次循环，紧接着执行下一次循环。

课堂检验 17

具体操作

```
>>> j=0
>>> for i in range(5)
>>>    j=j+1
>>>    if j==3
>>>       continue
>>>    print(i)
```

运行结果如下。

```
0
1
2
4
```

在课堂检验 17 中，当程序执行第 4 次循环时，变量 i 的值为 3，所以程序会结束本次循环，不输出变量 i 的值，继续执行下一次循环。

专家点睛

和 break 语句相比，continue 语句的作用则没有那么强大，它只会终止执行本次循环中剩下的代码，直接继续执行一次循环。

程序举例：统计被 3 整除的数。

本实例是统计 10～20 的整数中能被 3 整除的数有几个？并输出其中每个整数是否被 3 整除。

首先定义变量 sum 用于统计被 3 整除的个数，初值设置为 0。然后利用 for 循环设定数据在 10～20，判断当前数据 i 是否被 3 整除，如果不是，就不能输出，并通过 continue 语句结束本次循环，继续执行下一次循环，否则就输出能，并统计个数，循环结束后输出个数 sum。

其代码如下。

```
sum=0
for i in range(10,21):
      if i%3!=0:
          print(f'{i}不能被3整除')
          continue
      print(f'{i}能被3整除')
      sum+=1
print(f'10-20之间的整数能被3整除的数共有{sum}个')
```

运行结果如图 3-14 所示。

```
10不能被3整除
11不能被3整除
12能被3整除
13不能被3整除
14不能被3整除
15能被3整除
16不能被3整除
17不能被3整除
18能被3整除
19不能被3整除
20不能被3整除
10-20之间的整数能被3整除的数共有3个
```

图 3-14　运行结果 14

三、pass 语句

Python 中的 pass 语句是空语句，是为了保持程序结构的完整性的。pass 语句不做任何事情，一般用作占位语句。

 课堂检验 18

具体操作

```
>>> for i in 'jack'
>>>     if i=='c'
>>>         pass
>>>         print("执行pass语句")
>>>     print("当前字母:", i)
```

运行结果如下。

```
当前字母:j
当前字母:a
执行pass语句
当前字母:c
当前字母:k
```

任务实践

设计猜数游戏。猜数游戏是一个古老的密码破译类、益智类小游戏，通常由两个人参与，一个人设置一个数字，一个人猜数字，当猜数字的人说出一个数字时，由出数字的人告知是否猜中。当猜测的数字大于设置的数字时，出数字的人提示“很遗憾，你猜大了”；当猜测的数字小于设置的数字时，出数字的人提示“很遗憾，你猜小了”；当猜数的人在规定的次数内猜中设置的数字时，出数字的人提示“恭喜，猜数成功”。

本任务要求编写程序，实现遵循上述规则的猜数游戏，并限制只有 3 次猜数机会。

本任务的猜数游戏是针对 1～100 以内的整数数字进行猜测的，猜测的数字由 Python 中 random 模块中的 randint()方法随机产生。因为规定玩家有 3 次猜测机会，所以可以利用 for 循环与 range()函数控制循环次数。在猜数的过程中还需要对玩家输入的内容进行判断，这里可以利用 if-elif 语句判断，利用 isdigit()方法判断玩家输入的内容是不是数字；利用比较运算符判断玩家输入的数字是否在规定范围内；判断玩家输入的数字是否与随机生成的数字相等，如果相等，就输出“恭喜你用了 x 次猜对了”。当输入次数达到 3 次时，就输出“很遗憾，x 次机会已用尽，游戏结束，答案为 y”。

根据以上分析可整理出以下实现思路。

- 利用 import 语句导入 random 模块。
- 利用 random 模块中的 randint()方法生成一个 100 以内的随机整数。
- 利用 for 循环控制玩家猜测的次数。
- 利用 input()函数接收玩家输入的数据。
- 判断玩家输入的数据是否为数字。
- 判断玩家输入的数据是否在指定范围内。
- 判断玩家输入的数据是否与随机生成的数字一致，如果一致，就利用 break 语句跳出循环。
- 如果玩家输入的数据与随机生成的数字不一致，就给出相应提示。
- 当玩家猜测 3 次后，仍没有猜对，结束程序。

其代码如下。

```
#本题是设计猜数游戏
import random
print("猜数字游戏,输入一个1～100的数字")
random_num = random.randint(1, 100)
# print(random_num)                    # 打开注释可查看随机生成的数字
for frequency in range(1,4):
    number = input("请输入一个数字:")
    if number.isdigit() is False:
        print('请输入一个正确的数字')
    elif int(number) < 0 or int(number) > 100:
        print("请输入1-100范围的数字")
    elif random_num == int(number):
        print("恭喜你用了%d次猜对了" % frequency)
        break
    elif random_num > int(number):
        print("很遗憾，你猜小了")
    else:
        print("很遗憾，你猜大了")
    if frequency == 3:
        print("很遗憾，%d次机会已用尽，游戏结束,答案为%d" % (frequency,
random_num))
```

在以上代码中，首先利用 random 模块中的 randint()方法随机生成一个整数并赋值给变量 random_num。然后利用 for 循环遍历 3 次判断用户猜测的数字是否正确，在 for 循环中将用户输入的内容赋值给变量 number，并对输入的内容进行判断。如果输入的内容不是数字或者输入的数字不在 1～100，利用 print()函数分别输出“请输入一个正确数字”或“请输入 1-100 范围的数字”。如果用户输入的数字符合要求，就判断输入的数字与随机生成的数字是否相等。如果猜测的数字与随机生成的数字相等，就利用 print()函数输出“恭喜你用了 x 次猜对了”，并利用 break 语句跳出 while 循环；如果输入的数字小于或大于随机生成的数字，就利用 print()函数输出“很遗憾，你猜小了”或“很遗憾，你猜大了”，当变量 frequency 的值为 3 时，利用 print()函数输出正确结果。

运行结果如图 3-15 所示。

```
猜数游戏,输入一个1-100以内的数字
请输入一个数字:50
很遗憾, 你猜大了
请输入一个数字:40
很遗憾, 你猜小了
请输入一个数字:46
很遗憾, 你猜小了
很遗憾, 3次机会已用尽, 游戏结束,答案为47
```

图 3-15 运行结果 15

评价单

任务编号	3-4	任务名称	设计猜数游戏
评价项目		自评	教师评价
课堂表现	学习态度（20分）		
	课堂参与（10分）		
	团队合作（10分）		
技能操作	创建 Python 文件（10分）		
	编写 Python 代码（40分）		
	运行并调试 Python 程序（10分）		
评价时间	年　月　日	教师签字	

评价等级划分						
项目		A	B	C	D	E
课堂表现	学习态度	在积极主动、虚心求教、自主学习、细致严谨上表现优秀	在积极主动、虚心求教、自主学习、细致严谨上表现良好	在积极主动、虚心求教、自主学习、细致严谨上表现较好	在积极主动、虚心求教、自主学习、细致严谨上表现尚可	在积极主动、虚心求教、自主学习、细致严谨上表现不佳
	课堂参与	积极参与课堂活动，参与内容完成得很好	积极参与课堂活动，参与内容完成得好	积极参与课堂活动，参与内容完成得较好	能参与课堂活动，参与内容完成得一般	能参与课堂活动，参与内容完成得欠佳
	团队合作	具有很强的团队合作能力、能与老师和同学进行沟通交流	具有良好的团队合作能力、能与老师和同学进行沟通交流	具有较好的团队合作能力、尚能与老师和同学进行沟通交流	能与团队进行合作、与老师和同学进行沟通交流的能力一般	不能与团队进行合作、不能与老师和同学进行沟通交流
技能操作	创建	能独立并熟练地完成	能独立并较熟练地完成	能在他人提示下顺利完成	能在他人帮助下完成	未能完成
	编写	能独立并熟练地完成	能独立并较熟练地完成	能在他人提示下顺利完成	能在他人帮助下完成	未能完成
	运行并调试	能独立并熟练地完成	能独立并较熟练地完成	能在他人提示下顺利完成	能在他人帮助下完成	未能完成

项目小结

本项目通过 4 个任务分别介绍了 Python 的 IPO 程序控制，流程控制语句，包括 if 语句、if 语句的嵌套、循环语句、循环嵌套，以及跳转语句。其中 if 语句主要介绍了 if 语句的格式，循环语句主要介绍了 for 循环和 while 循环，跳转语句主要介绍了 break 语句和 continue 语句。

通过本项目的学习，要求熟练掌握 Python 流程控制的语法，并灵活运用流程控制语句进行程序开发。

巩固练习

一、判断题

1. 在 Python 中没有 switch-case 语句。 （　　）
2. 在 while 循环中，条件表达式后面要使用冒号。 （　　）
3. if 语句不可以嵌套使用。 （　　）
4. pass 语句能够保证程序结构的完整性。 （　　）
5. else 语句后面可以不使用冒号。 （　　）
6. break 语句和 continue 语句都可以结束整个循环。 （　　）
7. for 循环和 while 循环可以嵌套使用。 （　　）

二、选择题

1. 可以结束一个循环的关键字是（　　）。

   A. exit　　B. if
   C. break　　D. continue

2. range(1, 5)的值是（　　）。

   A. [1,2,3,4,5]　　B. [1,2,3,4]
   C. [0,1,2,3,4]　　D. [0,1,2,3,4,5]

3. 下面程序输出的结果是（　　）。

```
x=10
y=15
if x>10:
   if y>20:
       print(y)
else:
   print(x)
```

   A. 没有输出　　B. 10　　C. 15　　D. 20

4. 下面程序输出的结果是（　　）。

```
x=10
if x%2==0:
    print("能被2整除")
elif x%5==0:
    print("能被5整除")
```

```
    else:
        print("既不能被2整除也不能被5整除")
```

A. 没有输出　　B. 既不能被 2 整除也不能被 5 整除

C. 能被 5 整除　　D. 能被 2 整除

5. 下面程序输出的结果是（　　）。

```
x=0
for i in range(3):
    x=x+i
print(x)
```

A. 1　　B. 2　　C. 3　　D. 4

6. 下面程序输出的结果是（　　）。

```
x=0
while x<5:
    x=x+1
    if x%2==0:
        continue
    if x==4:
        break
print(x)
```

A. 0　　B. 4　　C. 5　　D. 死循环

7. 下列选项中，会输出 1、2、3 三个数字的是（　　）。

A.

```
for i in range(3):
    pirnt(i)
```

B.

```
for i in range(2):
    print(i+1)
```

C.

```
i =1
while i<3:
    print(i)
    i=i+1
```

D.

```
a=[0,1,2]
for i in a:
    print(i+1)
```

8. 下面 while 循环执行的次数为（　　）。

```
y=8
while y>1:
    print(y)
    y=y/2
```

A. 3　　B. 2

C. 1　　D. 死循环

三、填空题

1. 在循环体中可以使用________语句跳过本次循环，进入下一次循环。
2. Python 中的________语句表示空语句。

3．在 while 循环中，如果希望循环是无限的，可以设置条件表达式为________来实现。

4．Python 中的关键字 elif 表示________和________两个单词的缩写。

5．对于带有 else 语句的 for 循环和 while 循环，当循环因循环条件不成立而结束时，________（会或不会）执行 else 中的代码。

6．在循环语句中，________语句的作用是提前结束本层循环。

7．若想生成一个 1～5 的数字序列，则可以利用 range()函数________。

8．若需要判断两种情况，则可以利用 if 语句中的________分支结构。

四、程序设计题

1．利用 while 循环输出 1～100 之间的偶数。

2．编写一个程序判断用户输入的是奇数还是偶数。

3．编程求 100 以内的素数。

项目 4
创建和使用字符串

项目目标

知识目标

熟悉字符串的创建
熟悉字符串的格式化
熟悉字符串的常用操作

技能目标

会创建字符串
会利用字符串的格式化方法完成输出
会利用字符串解决实际问题

情感目标

激发使命担当、科技报国的爱国情怀

职业目标

养成科学严谨的工作态度
培养热爱集体、吃苦耐劳的优良品质

项目引导

完成任务

判断密码强度

获取文本进度条

过滤敏感词

学习路径

通过信息单学习相关的预备知识

通过任务单进行实践操作掌握相关技能

通过评价单获知学习中的不足和改进方法

通过巩固练习完成课后再学习再提高

配套资源

理实一体化教室

视频、PPT、习题答案等

项目实施

字符串是一种用来表示文本的数据类型，是由符号或者数值组成的一个连续序列。例如，登录页面用的用户名、密码、验证码等都属于字符串。

本项目将通过 3 个任务的讲解，介绍 Python 中字符串的创建、字符串的格式化及字符串的常用操作。

任务1　判断密码强度

任务单

任务编号	4-1	任务名称	判断密码强度
任务简介	字符串是一种用来表示文本的数据类型，字符串的表示、解析和处理是 Python 的重要内容。本任务利用字符串的创建来判断所设定的密码的强弱等级		
设备环境	台式机或笔记本电脑，建议使用 Windows 10 以上操作系统		
所在班级		小组成员	
任务难度	初级	指导教师	
实施地点		实施日期	年　　月　　日
任务要求	创建 Python 文件，完成以下操作。 （1）在程序开头加入注释信息，说明程序功能 （2）创建密码字符串 （3）根据密码规则设定各种不同字符的标识 （4）利用多分支语句、根据标识和长度判断密码的强弱等级 （5）运行 Python 程序，显示正确的运行结果		

信息单

字符串是实际工作中使用最频繁的数据类型，也是 Python 中最常用的数据类型，它的创建和处理比较简单，只需分配一个值即可。掌握字符串的基础知识是学会后续组合类型的基础。

字符串的创建

（一）什么是字符串

字符串是一个由单引号、双引号或者三引号包裹的、有序的字符集合。

（二）字符串的创建

字符串是程序设计中经常用到的一种数据类型，是由零个或多个字符组成的有限不可变序列。早期的 Python 仅支持 ASCII 编码，后期加入了对 Unicode 的支持，但存储到磁盘中往往采用 UTF-8 编码形式。Python 支持使用单引号、双引号和三引号创建字符串，其中单引号和双引号通常用于定义单行字符串，三引号通常用于定义多行字符串。

课堂检验 1

具体操作

```
>>> print('hello itcast')
Hello itcast
```

```
>>> print("hello itcast")
Hello itcast
>>> print('''my name is itcast
my name is itcast''')
my name is itcast
my name is itcast
>>>
```

创建字符串时单引号与双引号可以嵌套使用，但同类引号是不允许嵌套使用的，也就是说，使用双引号表示的字符串中允许嵌套单引号，但不允许包含双引号。同样，使用单引号表示的字符串中不允许包含单引号。

课堂检验 2

具体操作

```
>>> print('He said "Hello! goodmorning."')
He said "Hello! goodmorning."
>>> print('He said 'Hello! goodmorning.'')
SyntaxError: invalid syntax
>>>
```

另外，在 Python 中还可以使用反斜杠“\”转义字符来表示某些普通字符。例如，在字符串中的引号前添加反斜杠“\”，此时 Python 解释器会将反斜杠“\”之后的引号解释为一个普通字符，而非特殊符号。

课堂检验 3

具体操作

```
>>> print( 'let\ ' s learn Python')
let's learn Python
>>>
```

专家点睛

一些普通字符与反斜杠“\”组合后将失去原有意义，产生新的含义。类似这样的由反斜杠“\”组合而成的、具有特殊意义的字符就是转义字符。转义字符通常用于表示一些无法显示的字符，如退格、回车等。

常用的转义字符如表 4-1 所示。

表 4-1 常用的转义字符

转义字符	功能说明
\b	退格（Backspace）
\n	换行
\v	纵向制表符
\t	横向制表符
\r	回车

在一段字符串中如果包含多个转义字符，但又不希望转义字符产生作用，此时可以使用原始字符串，即在字符串开始的引号之前添加 r 或 R，使它成为原始字符串。

课堂检验 4

具体操作

```
>>> print(r'转义字符中:\n表示换行;\r表示回车;\b表示退格')
转义字符中:\n表示换行;\r表示回车;\b表示退格
>>>
```

（三）字符串的编码

ASCII 码是美国信息交换标准代码，使用 1 字节进行编码，编码范围包括 10 个数字、26 个大写字母、26 个小写字母和其他符号，共计 128 个字符。由于其他国家语言的加入，就有了其他一些编码，如 GB2312 码、UTF-8 码、GBK 码、CP936 码等。而 Unicode 是不同编码格式之间相互转换的基础，是统一码。

UTF-8 码以 1 字节表示英文字符，以 3 字节表示中文及其他语言，是 Python 3.0 的字符默认编码。可以通过程序代码来查看自己的默认字符编码。

课堂检验 5

具体操作

```
>>> import sys
>>> print(sys.getdefaultencoding())
utf-8
>>>
```

Python 中内置的 ord()函数可以返回一个字符所对应的整数，内置的 chr()函数可以把整数编码转换为对应的字符。

课堂检验 6

具体操作

```
>>> print(ord('A'))
65
>>> print(chr(65))
A
>>>
```

程序举例：统计字符个数。

在键盘上创建任意一个字符串。本实例要求编写程序，求该字符串的长度。

本实例运用循环结构对迭代对象的遍历即可求解。

首先创建字符串，并设定字符串长度的初值为 0，然后遍历该字符串，通过其遍历次数来统计该字符串中字符的个数，即可得到长度。

其代码如下。

```
st=input('请输入字符串:')
len=0
for word in st:
    len+=1
```

```
print(f'字符串{st}中字符的个数是{len}')
```

在以上代码中，首先利用 input()函数来接收用户创建的字符串，然后通过遍历字符串来获取字符的个数，最后利用 print()函数输出计算结果。

运行结果如图 4-1 所示。

```
请输入字符串:Life is Wonderful.I study Python.
字符串Life is Wonderful.I study Python.中字符的个数是29
>>>
```

图 4-1 运行结果 1

任务实践

判断密码强度。用户输入一个字符串作为密码，判断密码强度。密码规则为：密码长度小于 8 为弱密码，密码长度大于等于 8 且包含至少两种字符为中等强度密码，密码包含 3 种字符为强密码，密码包含全部 4 种字符为极强密码。本任务要求编写程序，实现判断密码强度的功能。密码强度的判断结果分弱、中、强、极强 4 种。

在本任务中，可以将密码作为一个字符串来创建。根据密码规则，分别利用 4 种字符来设定标识，然后利用多分支语句对输入的密码进行强度判断。

根据以上分析可整理出以下实现思路。

(1) 创建密码字符串。

(2) 根据密码规则设定各种不同字符的标识。

(3) 利用多分支语句、根据标识和长度判断密码的强弱等级。

其代码如下。

```
# 判断密码强度
psw = input('请输入密码:')
upp,low,dig,oth = 0,0,0,0
for ch in psw:
    if 'A'<=ch<='Z':
        upp = 1
    elif 'a' <= ch <= 'z':
        low = 1
    elif '0' <= ch <= '9':
        dig = 1
    else:
        oth = 1
if len(psw) < 8:
    print('弱')
else:
    if upp+low+dig+oth == 4:
        print('极强')
    elif upp+low+dig+oth == 3:
        print('强')
    elif upp+low+dig+oth == 2:
        print('中')
```

```
        else:
            print('弱')
```

运行结果如图 4-2 所示。

```
请输入密码:123456
弱
>>>
======================
请输入密码:Aeft_5679
极强
>>>
请输入密码:Sdsd2345
强
>>>
======================
请输入密码:abcd1234
中
```

图 4-2　运行结果 2

评价单

任务编号	4-1	任务名称	判断密码强度
评价项目		自评	教师评价
课堂表现	学习态度（20 分）		
	课堂参与（10 分）		
	团队合作（10 分）		
技能操作	创建 Python 文件（10 分）		
	编写 Python 代码（40 分）		
	运行并调试 Python 程序（10 分）		
评价时间	年　月　日	教师签字	

评价等级划分						
项目		A	B	C	D	E
课堂表现	学习态度	在积极主动、虚心求教、自主学习、细致严谨上表现优秀	在积极主动、虚心求教、自主学习、细致严谨上表现良好	在积极主动、虚心求教、自主学习、细致严谨上表现较好	在积极主动、虚心求教、自主学习、细致严谨上表现尚可	在积极主动、虚心求教、自主学习、细致严谨上表现不佳
	课堂参与	积极参与课堂活动，参与内容完成得很好	积极参与课堂活动，参与内容完成得好	积极参与课堂活动，参与内容完成得较好	能参与课堂活动，参与内容完成得一般	能参与课堂活动，参与内容完成得欠佳
	团队合作	具有很强的团队合作能力、能与老师和同学进行沟通交流	具有良好的团队合作能力、能与老师和同学进行沟通交流	具有较好的团队合作能力、尚能与老师和同学进行沟通交流	能与团队进行合作、与老师和同学进行沟通交流的能力一般	不能与团队进行合作、不能与老师和同学进行沟通交流
技能操作	创建	能独立并熟练地完成	能独立并较熟练地完成	能在他人提示下顺利完成	能在他人帮助下完成	未能完成
	编写	能独立并熟练地完成	能独立并较熟练地完成	能在他人提示下顺利完成	能在他人帮助下完成	未能完成
	运行并调试	能独立并熟练地完成	能独立并较熟练地完成	能在他人提示下顺利完成	能在他人帮助下完成	未能完成

任务2　获取文本进度条

任务单

任务编号	4-2	任务名称	获取文本进度条
任务简介	字符串的格式化输出使得字符串的输出方式多种多样，字符串可以按照给定的格式完成输出，使输出内容变得整齐划一。本任务利用字符串的格式化输出来获取文本进度条的完成度		
设备环境	台式机或笔记本电脑，建议使用 Windows 10 以上操作系统		
所在班级		小组成员	
任务难度	初级	指导教师	
实施地点		实施日期	年　月　日
任务要求	创建 Python 文件，完成以下操作。 （1）在程序开头加入注释信息，说明程序功能 （2）导入 time 模块 （3）设定下载总量 （4）设定 for 循环的次数 （5）在 for 循环中分别计算已完成下载量、未完成下载量、百分比 （6）在 for 循环中对已完成下载量、未完成下载、百分比进行格式化输出 （7）设置进度条下载速度 （8）运行 Python 程序，显示正确的运行结果		

信息单

一、格式化字符串

程序要实现人机交互功能，不仅需要从输入设备接收用户输入的数据，也需要向显示设备输出数据，此时可以通过使用格式化字符串来实现字符串的格式化输出。

格式化字符串是指将指定的字符串转换为想要的格式。Python 中有 3 种格式化字符串的方式，即利用占位符%格式化、利用 format()方法格式化和利用 f-string 方法格式化。

课堂检验 7

具体操作

```
>>> name = '大自然'
>>> print('你好！ %s'%name)
你好！大自然
>>> print('你好！ {}'.format(name))
你好！大自然
>>> print(f'你好！ {name}')
你好！大自然
>>>
```

（一）利用占位符%格式化字符串

字符串具有一种特殊的内置操作，可以利用占位符%进行格式化。

Python 将一个带有占位符的字符串作为模板，利用该占位符为真实值预留位置，并说明真实值应该呈现的格式。另外，一个字符串中可以同时包含多个占位符。

课堂检验 8

具体操作

```
>>> name = '李强'
>>> age = 18
>>> "你好，我叫%s" % name
'你好，我叫李强'
>>> '你好，我叫%s，今年%d岁了。' % (name, age)
'你好，我叫李强，今年18岁了。'
>>>
```

不同的占位符为不同类型的变量预留位置。Python 常见的占位符如表 4-2 所示。

表 4-2 Python 常见的占位符

符号	说明
%c	将对应的数据格式化为字符
%s	将对应的数据格式化为字符串
%d	将对应的数据格式化为整数
%u	将对应的数据格式化为无符号整数
%o	将对应的数据格式化为无符号八进制数
%x	将对应的数据格式化为无符号十六进制数
%f	将对应的数据格式化为浮点数，可指定小数点后的位数，默认为 6

使用占位符%时需要注意变量的类型，若变量类型与占位符不匹配，程序会产生异常。

课堂检验 9

具体操作

```
>>> name = '李强'          # 变量name是字符串类型
>>> age = '18'             # 变量age是字符串类型
>>> '你好，我叫%s，今年%d岁了。' % (name, age)
TypeError: %d format: a number is required, not str
>>>
```

（二）利用 format()方法格式化字符串

format()方法也可以将字符串进行格式化输出，使用该方法无须再关注变量的类型。

format()方法的基本使用格式如下。

```
<字符串>.format(<参数列表>)
```

若字符串中包含多个没有指定序号（默认从 0 开始）的“{}”，则按 “{}”出现的顺序分别用 format ()方法中的参数进行替换，否则按照序号对应的 format ()方法的参数进行替换。

课堂检验 10

具体操作

```
>>> name = '张一鸣'
>>> age = 21
>>> "你好！我的名字是：{}，今年我{}岁了。".format(name, age)
你好！我的名字是：张一鸣，今年我21岁了。
>>>
```

使用 format()方法不需要考虑变量的数据类型，只需按顺序输出 format()方法中的变量即可。另外，format()方法还可以对数字进行格式化，包括保留指定位小数、数字补齐和显示百分比。

课堂检验 11

具体操作

```
>>> pi = 3.1415
>>> print("{:.2f}".format(pi))
3.14
>>> num = 1
>>> print("{:0>3d}".format(num))
001
>>> num = 0.1
>>> print("{:.0%}".format(num))
10%
>>>
```

（三）利用 f-strings 方法格式化字符串

利用 f-strings 方法可以将多个变量进行格式化输出。

课堂检验 12

具体操作

```
>>> address ='北京'
>>> print(f'{address}欢迎你!')
北京欢迎你!
>>> name='小美'
>>> addree='北京'
>>> f'世界那么大,{name}想去{addree}看看。'
'世界那么大,小美想去北京看看。'
>>>
```

程序举例：进制转换。

将任意十进制数转换为对应的二进制、八进制和十六进制。

本实例利用每一进制对应的函数轻松完成进制转换。

首先输入任意十进制整数，然后利用进制转换函数转换到对应进制，最后利用格式化输出转换的数据。

其代码如下。

```
x=int(input('输入十进制数:'))
b=bin(x)
```

```
o=oct(x)
h=hex(x)
print('二进制是%s,八进制是%s,十六进制是%s'%(str(b),str(o),str(h)))
print('二进制是{},八进制是{},十六进制是{}'.format(b,o,h))
print(f'二进制是{b},八进制是{o},十六进制是{h}')
```

在以上代码中，首先利用 input()函数来接收用户输入的十进制数并将其转换为整数，然后通过不同进制对应的函数获得所需进制，最后利用 print()函数输出计算结果。

运行结果如图 4-3 所示。

```
输入十进制数:123
二进制是0b1111011,八进制是0o173,十六进制是0x7b
二进制是0b1111011,八进制是0o173,十六进制是0x7b
二进制是0b1111011,八进制是0o173,十六进制是0x7b
>>> |
```

图 4-3　运行结果 3

任务实践

获取文本进度条。进度条以动态方式实时显示计算机处理任务时的进度，一般由已完成任务量与剩余未完成任务量的大小组成。本任务要求编写程序，实现如图 4-4 所示的进度条动态显示效果。

```
=======================开始下载========================
0%[..................................................]2%
[*.................................................]4%[*
*................................................]6%[***
..............................................]8%[****.
............................................]10%[*****.
...........................................]12%[******.
.........................................]14%[*******.
.......................................]16%[********.
.....................................]18%[*********.
.]98%[*************************************************.
]100%[**************************************************
]
=======================下载完成========================
```

图 4-4　进度条动态显示效果

在本任务中，可以将进度条拆分为百分比、已完成下载量、未完成下载量、显示输出 4 部分，其中百分比是利用已完成下载量除以下载总量乘 100%所得，已完成下载量利用星号“*”表示，未完成下载量利用点号“.”表示，显示输出通过 print()函数与 format()方法将计算结果根据指定格式输出。

进度条中的下载总量可以设定为 50。首先利用 for 循环遍历 range()函数生成显示下载总量的整数序列，利用 print()函数与 format()方法将它们进行格式化输出；进度条的实时刷新可以利用\r 来完成，\r 可以将输出的内容返回到第一个指针，后面的内容将会覆盖掉前面的内容，便可以完成实时刷新的效果；最后利用 time 模块中的 sleep()方法控制进度条的下载速度。根据以上分析可整理出以下实现思路。

（1）导入 time 模块。

（2）设定下载总量。

（3）设定 for 循环的次数。

（4）在 for 循环中分别计算已完成下载量、未完成下载量、百分比。

（5）在 for 循环中对已完成下载量、未完成下载、百分比进行格式化输出。

（6）设置进度条下载速度。

其代码如下。

```
# 获取文本进度条
import time                    # 导入time模块
incomplete_sign = 50           # 下载总量
print('='*23+'开始下载'+'='*25)
for i in range(incomplete_sign + 1):
    completed = "*" * i    # 已完成下载量
    incomplete = "." * (incomplete_sign - i)      # 未完成下载量
    percentage = (i / incomplete_sign) * 100      # 百分比
    print("\r{:.0f}%[{}{}]".format(percentage,completed,
incomplete),end="")
    time.sleep(0.5)
print("\n" + '='*23+'下载完成'+'='*25)
```

运行结果如图 4-5 所示。

```
=======================开始下载=========================
0%[..................................................]2%[*...
..............................................]4%[**.........
.......................................]6%[***...............
***..]98%[*************************************************.]
100%[**************************************************]
=======================下载完成=========================
```

图 4-5　运行结果

评价单

<table>
<tr><td colspan="2">任务编号</td><td colspan="2">4-2</td><td>任务名称</td><td colspan="2">获取文件进度条</td></tr>
<tr><td colspan="4">评价项目</td><td>自评</td><td colspan="2">教师评价</td></tr>
<tr><td colspan="2" rowspan="3">课堂表现</td><td colspan="2">学习态度（20 分）</td><td></td><td colspan="2"></td></tr>
<tr><td colspan="2">课堂参与（10 分）</td><td></td><td colspan="2"></td></tr>
<tr><td colspan="2">团队合作（10 分）</td><td></td><td colspan="2"></td></tr>
<tr><td colspan="2" rowspan="3">技能操作</td><td colspan="2">创建 Python 文件（10 分）</td><td></td><td colspan="2"></td></tr>
<tr><td colspan="2">编写 Python 代码（40 分）</td><td></td><td colspan="2"></td></tr>
<tr><td colspan="2">运行并调试 Python 程序（10 分）</td><td></td><td colspan="2"></td></tr>
<tr><td colspan="2">评价时间</td><td colspan="2">年 月 日</td><td>教师签字</td><td colspan="2"></td></tr>
<tr><td colspan="7">评价等级划分</td></tr>
<tr><td colspan="2">项目</td><td>A</td><td>B</td><td>C</td><td>D</td><td>E</td></tr>
<tr><td rowspan="3">课堂表现</td><td>学习态度</td><td>在积极主动、虚心求教、自主学习、细致严谨上表现优秀</td><td>在积极主动、虚心求教、自主学习、细致严谨上表现良好</td><td>在积极主动、虚心求教、自主学习、细致严谨上表现较好</td><td>在积极主动、虚心求教、自主学习、细致严谨上表现尚可</td><td>在积极主动、虚心求教、自主学习、细致严谨上表现不佳</td></tr>
<tr><td>课堂参与</td><td>积极参与课堂活动，参与内容完成得很好</td><td>积极参与课堂活动，参与内容完成得好</td><td>积极参与课堂活动，参与内容完成得较好</td><td>能参与课堂活动，参与内容完成得一般</td><td>能参与课堂活动，参与内容完成得欠佳</td></tr>
<tr><td>团队合作</td><td>具有很强的团队合作能力、能与老师和同学进行沟通交流</td><td>具有良好的团队合作能力、能与老师和同学进行沟通交流</td><td>具有较好的团队合作能力、尚能与老师和同学进行沟通交流</td><td>能与团队进行合作、与老师和同学进行沟通交流的能力一般</td><td>不能与团队进行合作、不能与老师和同学进行沟通交流</td></tr>
<tr><td rowspan="3">技能操作</td><td>创建</td><td>能独立并熟练地完成</td><td>能独立并较熟练地完成</td><td>能在他人提示下顺利完成</td><td>能在他人帮助下完成</td><td>未能完成</td></tr>
<tr><td>编写</td><td>能独立并熟练地完成</td><td>能独立并较熟练地完成</td><td>能在他人提示下顺利完成</td><td>能在他人帮助下完成</td><td>未能完成</td></tr>
<tr><td>运行并调试</td><td>能独立并熟练地完成</td><td>能独立并较熟练地完成</td><td>能在他人提示下顺利完成</td><td>能在他人帮助下完成</td><td>未能完成</td></tr>
</table>

任务3　过滤敏感词

任务单

任务编号	4-3	任务名称	过滤敏感词
任务简介	字符串常用的操作有多个方法，通过索引和切片可以获得字符串的一部分。本任务是利用字符串的查找替换方法来将网络的敏感词去除，给人们一个干净的网络环境		
设备环境	台式机或笔记本电脑，建议使用 Windows 10 以上操作系统		
所在班级		小组成员	
任务难度	初级	指导教师	
实施地点		实施日期	年　　月　　日
任务要求	创建 Python 文件，完成以下操作。 （1）在程序开头加入注释信息，说明程序功能 （2）设定一个字符串为敏感词库 （3）利用 for 循环遍历敏感词库 （4）在 for 循环中利用 if 语句判断用户输入的语句中是否含有敏感词，如果包含敏感词，就利用 replae()方法将其替换为“*” （5）在 for 循环中将替换后的语句赋值给变量 test_sentence （6）在 for 循环外利用 print()函数输出变量 test_sentence （7）运行 Python 程序，显示正确的运行结果		

信息单

一、字符串的常用操作

（一）字符串拼接

字符串的拼接可以直接利用加号“+”来实现。

课堂检验 13

具体操作

```
>>> str_one='世界那么大'
>>> str_two='我想出去看看'
>>> str_one+str_two
'世界那么大我想出去看看'
>>>
```

也可以通过 join()方法、利用指定的字符连接字符串并生成一个新的字符串。其语法格式如下。

```
str.join(iterable)
```

这里，iterable 表示连接字符串的字符。

课堂检验 14

具体操作

```
>>> str_one='*'
>>> str_two='世界那么大我想出去看看'
>>> str_one.join(str_two)
'世*界*那*么*大*我*想*出*去*看*看'
>>>
```

专家点睛

字符串的长度不超过 20 时，拼接使用加号“+”效率更高，如果字符串长度超过 20，就可以采用 join()函数，它与加号“+”的使用次数无关。

（二）字符串复制

利用星号“*”可以完成字符串的复制，希望复制几次就在星号“*”后面输入对应的阿拉伯数字。

课堂检验 15

具体操作

```
>>> str1='Hi'*6
>>> print(str1)
HiHiHiHiHiHi
```

（三）字符串查找

字符串的 find()方法可以实现字符串的查找操作，该方法可查找字符串中是否包含子串，若包含子串，则返回子串首次出现的索引位置，否则返回-1。

其语法格式如下。

```
str.find(sub[, start[, end]])
```

这里，sub 用于指定要查找的子串；start 开始索引，默认值为 0；end 结束索引，默认值为字符串的长度。

课堂检验 16

具体操作

```
>>> str1='goodmorning.'
>>>  word='o'
>>> str1.find(word)
1
>>>
```

（四）字符串替换

字符串的 replace()方法可以实现使用新的子串替换目标字符串中原有的子串的操作。

其语法格式如下。

```
str.replace(old, new, count=None)
```

这里，old 表示原有子串，new 表示新子串，count 用于设定替换次数

课堂检验 17

具体操作

```
>>> str_one='世界那么大'
>>> str_two='我想出去看看'
>>> str_two.replace('出去','去井冈山')
'我想去井冈山看看'
>>> str_one+','+str_two.replace('出去','去井冈山')
'世界那么大,我想去井冈山看看'
>>>
```

（五）字符串分割

字符串的 split()方法可以实现使用分隔符把字符串分割成序列的操作。

其语法格式如下。

```
str.split(sep=None, maxsplit=-1)
```

这里，sep 是分隔符，默认为空格；maxsplit 用于设定分割次数。

课堂检验 18

具体操作

```
>>> str1='We study Python.'
>>> str1.split(maxsplit=2)
['We','study','Python']
>>> str2='自力更生,艰苦奋斗,奋发图强'
>>> str2.split(sep=',',maxsplit=2)
['自力更生', '艰苦奋斗', '奋发图强']
>>>
```

（六）去除字符串两侧的字符

字符串的 strip()方法一般用于去除字符串两侧的无用字符，如空格。

其语法格式如下。

```
str.strip(chars=None)
```

这里，chars 为要去除的字符，默认为空格。

课堂检验 19

具体操作

```
>>> str1='  Serving the country through science and technology.  '
>>> str1.strip()
'Serving the country through science and technology.'
>>> str2='goodmorning'
>>> str2.strip('g')
'oodmornin'
>>>
```

（七）字符串大小写转换

有一些特殊情况需要对字符串的大小写形式有要求。例如，为了表示特殊，对全部

字母大写，如 CBA。表示月份、周日、节假日时每个单词的首字母大写，如 Monday。Python 中支持字符串的字母大小写转换的方法有 upper()方法、lower()方法、capitalize()方法和 title()方法，这些方法的功能说明如表 4-3 所示。

表 4-3　字符串大小写转换方法的功能说明

方法	功能说明
upper()	将字符串中的小写字母全部转换为大写字母
lower()	将字符串中的大写字母全部转换为小写字母
capitalize()	将字符串中第一个字母转换为大写字母
title()	将字符串中每个单词的首字母转换为大写字母

课堂检验 20

具体操作

```
>>> str_one='Serving the country through Science and Technology.'
>>> str_one.upper()
'SERVING THE COUNTRY THROUGH SCIENCE AND TECHNOLOGY.'
>>> str_one.lower()
'serving the country through science and technology.'
>>> str_one.capitalize()
'Serving the country through science and technology.'
>>> str_one.title()
'Serving The Country Through Science And Technology.'
>>>
```

二、字符串索引与切片

字符串是一个由元素组成的序列，每个元素所处的位置是固定的，并且对应着一个位置编号，位置编号从 0 开始，依次递增 1，这个位置编号被称为索引值或者下标。一般地，Python 中的索引包括正向索引和反向索引两种。

若索引值自 0 开始，从左至右依次递增，则这样的索引称为正向索引，如图 4-6 所示；若索引值自-1 开始，从右至左依次递减，则这样的索引称为反向索引，如图 4-7 所示。

图 4-6　正向索引

p y t h o n
-6 -5 -4 -3 -2 -1

图 4-7　反向索引

（一）获取一个字符

通过索引可以获取指定位置的字符。

其语法格式如下。

```
字符串[索引]
```

当通过索引访问字符串的值时，索引的范围不能越界，否则程序会报索引越界的异常。

课堂检验 21

具体操作

```
>>> str_one='The Life is wonderful,I study Python.'
>>> str_one[18]
'f'
>>> str_one[-7]
'p'
>>> str_one[33]
Traceback (most recent call last):
  File "<pyshell#11>", line 1, in <module>
    str_one[33]
IndexError: string index out of range
>>>
```

（二）获取子串

切片是截取目标对象中一部分的操作，即获取子串的操作，语法格式如下。

```
字符串[起始:结束:步长]
```

这里，切片的步长默认为 1。切片选取的区间属于左闭右开型，切下的子串包含起始位，但不包含结束位。

课堂检验 22

具体操作

```
>>> str_one='The Life is wonderful,I study Python.'
>>> str_one[4:8]
'Life'
>>> str_one[-7:-1]
'Python'
>>> str_one[:3]
'The'
>>> str_one[::-1]
'.nohtyp yduts I,lufrednow si efiL ehT'
>>>
```

程序举例：验证码校验。

用户登录网站经常需要输入验证码。验证码包含大小写英文字母和数字，随机出现。用户在输入验证码时不区分大小写，只要各字符出现的顺序正确即可通过验证。

本实例要求编写程序，完成验证码的匹配验证。

假设当前显示的验证码是 Zy6K，如果用户输入的验证码正确，就输出“验证码正确”；如果用户输入的验证码错误，就输出“验证码错误，请重新输入”。

其代码如下。

```
sc=input()
bb='Zy6K'
for i in range(4):
    if bb[i]==sc[i].upper() or bb[i]==sc[i].lower():
        f=1
else:
    print('验证码错误，请重新输入')
```

```
        break
if i==3:
print('验证码正确')
```

在以上代码中，首先利用 input()函数接收用户输入的验证码，将当前验证码放入变量 bb 中。由于验证码为 4 位，利用 for 循环重复 4 次依次判断验证码的每一位是否正确，在验证过程中不区分大小写。如果某一次验证不正确，就显示“验证码错误，请重新输入”并跳出循环。若循环正常结束，则说明验证码验证正确，输出“验证码正确”，结束程序。

运行结果如图 4-8 所示。

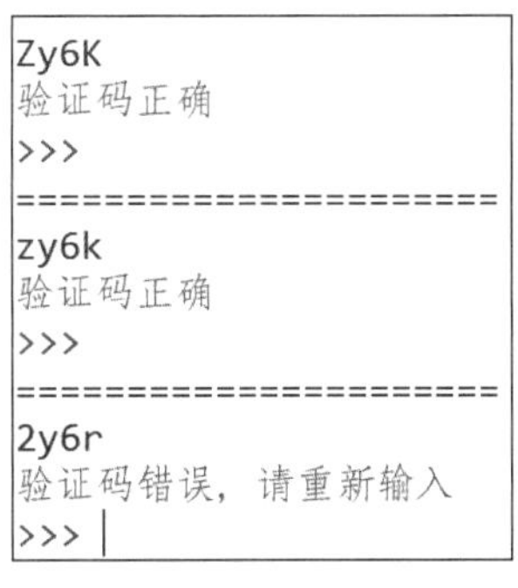

图 4-8　运行结果 6

任务实践

过滤敏感词。大部分网站、论坛、社交软件都会使用敏感词过滤系统，考虑到该系统的复杂性，这里利用字符串中的 replace()方法模拟敏感词过滤，将含有敏感词的语句利用星号“*”进行替换。

本任务要求编写程序，实现替换语句中敏感词的功能。

首先需要一个敏感词库，当用户输入的语句中含有敏感词库中的词语时，便利用 replace()方法替换敏感词。为了保证用户输入的每个词都进行检测，需要利用 for 循环来完成。最后利用 print()函数将检测后的语句输出。根据以上分析可整理出以下实现思路。

（1）设定一个敏感词库（本任务的敏感词库设定为一个字符串）。

（2）利用 for 循环遍历敏感词库。

（3）在遍历过程中，利用 if 语句来判断用户输入的语句中是否含有敏感词，如果包含敏感词，就利用 replae()方法将其替换为星号“*”。

（4）将替换后的语句赋值给变量 test_sentence。

（5）在 for 循环外利用 print()函数输出变量 test_sentence。

其代码如下。

```
#本题是过滤敏感词
words = '你好'                # 敏感词库
sentence = input('请输入一段话:')
for str1 in words:            # 遍历输入的字符是否在敏感词库中
    if str1 in sentence:                     # 判断是否包含敏感词
        sentence = sentence.replace(str1, '*')
print(sentence)
```

在以上代码中，首先利用变量 words 存储设定的敏感词。然后定义用于存储每次替换后过滤语句的变量 result，利用 input()函数接收用户输入的语句 sentence，利用 for 循环遍历敏感词库，利用 if 语句判断输入的语句中是否包含敏感词，如果包含敏感词，就利用字符串中的 replace()方法替换，将每次替换后的结果赋值给变量 sentence。最后利用 print()函数输入替换后的语句。

运行结果如图 4-9 所示。

```
请输入一段话:见面请说你好,我喜欢说你好,你好吗?
见面请说**,我喜欢说**,**吗?
>>> |
```

图 4-9　运行结果 7

评价单

<table>
<tr><td>任务编号</td><td>4-3</td><td>任务名称</td><td>过滤敏感词</td></tr>
<tr><td colspan="2">评价项目</td><td>自评</td><td>教师评价</td></tr>
<tr><td rowspan="3">课堂表现</td><td>学习态度（20 分）</td><td></td><td></td></tr>
<tr><td>课堂参与（10 分）</td><td></td><td></td></tr>
<tr><td>团队合作（10 分）</td><td></td><td></td></tr>
<tr><td rowspan="3">技能操作</td><td>创建 Python 文件（10 分）</td><td></td><td></td></tr>
<tr><td>编写 Python 代码（40 分）</td><td></td><td></td></tr>
<tr><td>运行并调试 Python 程序（10 分）</td><td></td><td></td></tr>
<tr><td>评价时间</td><td>年　　月　　日</td><td>教师签字</td><td></td></tr>
</table>

<table>
<tr><td colspan="7">评价等级划分</td></tr>
<tr><td colspan="2">项目</td><td>A</td><td>B</td><td>C</td><td>D</td><td>E</td></tr>
<tr><td rowspan="3">课堂表现</td><td>学习态度</td><td>在积极主动、虚心求教、自主学习、细致严谨上表现优秀</td><td>在积极主动、虚心求教、自主学习、细致严谨上表现良好</td><td>在积极主动、虚心求教、自主学习、细致严谨上表现较好</td><td>在积极主动、虚心求教、自主学习、细致严谨上表现尚可</td><td>在积极主动、虚心求教、自主学习、细致严谨上表现不佳</td></tr>
<tr><td>课堂参与</td><td>积极参与课堂活动，参与内容完成得很好</td><td>积极参与课堂活动，参与内容完成得好</td><td>积极参与课堂活动，参与内容完成得较好</td><td>能参与课堂活动，参与内容完成得一般</td><td>能参与课堂活动，参与内容完成得欠佳</td></tr>
<tr><td>团队合作</td><td>具有很强的团队合作能力、能与老师和同学进行沟通交流</td><td>具有良好的团队合作能力、能与老师和同学进行沟通交流</td><td>具有较好的团队合作能力、尚能与老师和同学进行沟通交流</td><td>能与团队进行合作、与老师和同学进行沟通交流的能力一般</td><td>不能与团队进行合作、不能与老师和同学进行沟通交流</td></tr>
<tr><td rowspan="3">技能操作</td><td>创建</td><td>能独立并熟练地完成</td><td>能独立并较熟练地完成</td><td>能在他人提示下顺利完成</td><td>能在他人帮助下完成</td><td>未能完成</td></tr>
<tr><td>编写</td><td>能独立并熟练地完成</td><td>能独立并较熟练地完成</td><td>能在他人提示下顺利完成</td><td>能在他人帮助下完成</td><td>未能完成</td></tr>
<tr><td>运行并调试</td><td>能独立并熟练地完成</td><td>能独立并较熟练地完成</td><td>能在他人提示下顺利完成</td><td>能在他人帮助下完成</td><td>未能完成</td></tr>
</table>

项目小结

本项目通过 3 个任务分别介绍了 Python 字符串的相关知识，包括什么是字符串、格式化字符串、字符串的常用操作，并结合程序举例和任务实践演示了字符串的使用。通过本项目的学习，希望读者能够掌握字符串的使用。

巩固练习

一、判断题

1．字符串中不可以包含特殊字符。（　　）

2．无论是使用单引号还是双引号定义的字符串，使用 print()函数输出的结果是一致的。（　　）

3．拼接字符串可以使用 join()方法和“+”运算符。（　　）

4．find()方法返回-1，说明子串在指定的字符串中。（　　）

5．strip()方法默认会删除字符串头尾的空格。（　　）

6．如果字符串中包含三引号，可以利用单引号包裹这个字符串。（　　）

二、选择题

1．Python 中使用（　　）转义字符。

A．/　　B．\　　C．$　　D．%

2．下列选项中，用于格式化字符串的是（　　）。

A．%　　B．format()　　C．f-string　　D．以上全部

3．关于字符串的说法中，下列描述错误的是（　　）。

A．字符串创建后可以被修改

B．字符串可以使用单引号、双引号和三引号定义

C．转义字符\n 表示换行

D．格式符均由%和说明转换类型的字符组成

4．下列方法中，可以将字符串中的字母全部转换为大写的是（　　）。

A．upper()　　B．lower()　　C．title()　　D．capitalize()

5．下列选项中，不属于字符串的是（　　）。

A．"1"　　B．'python'　　C．"""^"""　　D．'1'.23

三、填空题

1．定义字符串可使用________、双引号和三引号。

2．删除字符串中头部的空格，可以使用________方法。

3．拼接字符串可以使用________方法和“+”运算符。

四、程序设计题

1．编写程序，已知字符串 s = 'AbcDeFGhIJ'，请计算该字符串中小写字母的数量。

2．编写程序，检查字符串"Life is wonderful. I use python"中是否包含字符串"python"，若包含，则替换为"Python"，然后输出新字符串，否则输出原字符串。

3．输入任意字符串并倒序输出。

项目5
灵活使用组合数据

项目目标

知识目标

熟悉组合数据类型的分类
熟悉序列类型的特点
熟悉列表类型的特点及基本操作
熟悉字典类型的特点及基本操作

技能目标

会运用列表和元组解决实际问题
会运用字典和集合解决实际问题

情感目标

激发使命担当、科技报国的爱国情怀

职业目标

养成科学严谨的工作态度
培养爱岗敬业、履职尽责的职业精神

项目引导

完成任务

随机分配办公室

中英文数字对照表

识别单词

学习路径

通过信息单学习相关的预备知识

通过任务单进行实践操作掌握相关技能

通过评价单获知学习中的不足和改进方法

通过巩固练习完成课后再学习再提高

配套资源

理实一体化教室

视频、PPT、习题答案等

项目实施

组合数据类型是 Python 中非常重要的数据结构，只有掌握了这些组合数据类型才能编写出符合要求的 Python 程序，从而完成更复杂的工作。Python 中的组合数据类型包括列表、元组、集合和字典。

本项目将通过 3 个任务的讲解，分别介绍 Python 中列表、元组、集合和字典的创建、操作及实际应用。

任务 1 随机分配办公室

任务单

任务编号	5-1	任务名称	随机分配办公室
任务简介	列表是 Python 中使用最多的组合数据类型。本任务利用列表为新进教师分配办公室		
设备环境	台式机或笔记本电脑，建议使用 Windows 10 以上操作系统		
所在班级		小组成员	
任务难度	初级	指导教师	
实施地点		实施日期	年 月 日
任务要求	创建 Python 文件，完成以下操作。 （1）在程序开头加入注释信息，说明程序功能 （2）定义一个包含 2 个办公室的嵌套列表 offices （3）定义另一个包含 6 位教师姓名的列表 names （4）生成 0～1 的随机数用于索引，获取列表 offices 中的内层列表 （5）遍历 names 列表，将取出的元素添加到内层列表中 （6）输出每个办公室的教师分配情况 （7）运行 Python 程序，显示正确的运行结果		

信息单

通常，要想精通一种编程语言，不仅要学会基本的语法和语义规范，还要学会相应的数据结构类型，即组合数据，这样才能编写出符合要求的 Python 程序，从而完成复杂的工作。Python 内置了多种组合数据类型，常用的有列表、元组、集合和字典。此外，Python 还允许创建自定义数据类型。

一、认识列表

列表是 Python 中最灵活的有序序列，可以存储任意类型的元素。开发人员可以对列表中的元素进行添加、删除、修改等操作。

（一）什么是列表

列表是包含零个或多个元素的有序序列，属于可变序列类型。与字符串一样，可以通过索引和切片操作访问一个或多个元素。列表可以动态地增加、删除、更新元素。列表一般用一对中括号“[]”定义，索引值从 0 开始。

列表是多个元素的集合，可以保存任意数量、任意类型的元素，且可以被修改。

（二）创建列表

Python 支持利用中括号“[]”或 list()函数两种方法创建列表。

当利用中括号“[]”创建列表时，列表中的元素以英文逗号分隔。

课堂检验 1

具体操作

```
>>> list_one = []                                   #空列表
>>> list_two = ['p', 'y', 't', 'h', 'o', 'n']  #列表中，元素类型均为字符串类型
>>> list_three = [1, 'a', '&', 2.3]            #列表中，元素类型不同
>>>
```

当利用 list()函数创建列表时，需要给该函数传入一个可迭代类型的数据，如字符串。

课堂检验 2

具体操作

```
>>> list_four = list('Python')             #字符串类型是可迭代类型
>>> list_five = list([1, 'Python'])        #列表类型也是可迭代类型
>>>
```

专家点睛

可迭代对象是指可直接使用 for 循环的对象。Python 中的可迭代对象有字符串、列表、元组、集合、字典。

（三）访问列表

由于列表和字符串都是有序序列，和访问字符串一样，列表也可以通过索引和切片操作来访问列表中的每一个元素。

利用索引方式访问列表元素时，可以获取列表中的指定元素。

课堂检验 3

具体操作

```
>>> list1 = ["java", "C#", "Python", "PHP"]
>>> print(list1[2])              # 访问列表中索引值为2的元素
Python
>>> print(list1[-1])             # 访问列表中索引值为-1的元素
PHP
>>>
```

利用切片方式访问列表元素时，可以获取列表中的部分元素，得到一个新列表。

课堂检验 4

具体操作

```
>>> li_one = ['p', 'y', 't', 'h', 'o', 'n']
>>> print(li_one[2:])            # 获取列表中索引值为2至末尾的元素
['t', 'h', 'o', 'n']
>>> print(li_one[:2])            # 获取列表中索引值为0至索引值为2的元素
['p', 'y', 't']
>>> print(li_one[:])             # 获取列表中的所有元素
['p', 'y', 't', 'h', 'o', 'n']
>>>
```

程序举例：刮刮乐。

某商超为促销举办刮刮乐活动，凡消费金额满50元的顾客均可抽取刮刮乐一张，多消费多得。顾客只要刮去刮刮乐上的银色油墨即可查看是否中奖。每张刮刮乐都有多个刮奖区，每个刮奖区对应着不同的获奖信息，包括“一等奖”“二等奖”“三等奖”“谢谢惠顾”。假设现有一张刮刮乐，该卡片上面共有8个刮奖区，每个刮奖区对应的刮奖信息为“谢谢惠顾”“一等奖”“三等奖”“谢谢惠顾”“谢谢惠顾”“三等奖”“二等奖”“谢谢惠顾”，顾客只能刮开其中一个刮奖区。

本实例要求编写程序，实现模拟刮刮乐刮奖的过程。

本实例的刮刮乐有8个刮奖区，每个刮奖区对应着固定的刮奖信息，可以将刮刮乐的奖项视为一个列表，该列表中包含8个元素，它们分别为“谢谢惠顾”“一等奖”“三等奖”“谢谢惠顾”“谢谢惠顾”“三等奖”“二等奖”“谢谢惠顾”。顾客刮开刮奖区查看刮奖信息就相当于根据索引访问列表中的某个元素。

根据以上分析整理出以下实现思路。

（1）创建一个代表刮刮乐奖项的列表，该列表中有8个元素（获奖信息）。

（2）提示并接收用户输入的刮奖区的编号（1～8）。

（3）根据编号对应的索引值访问列表并输出。为了保证程序的有效性，避免因用户输入1～8以外的无效编号而导致发生异常，应加入判断编号是否有效的代码，若用户输入有效的编号，则提示相应的获奖信息，否则提示“输入的编号错误”。

其代码如下。

```
info = ["谢谢惠顾", "一等奖", "三等奖", "谢谢惠顾", "谢谢惠顾",
        "三等奖", "二等奖", "谢谢惠顾"]
num = int(input("请输入刮奖区的编号(1～8): "))
if 0 < num <= len(info):
    st = info[num - 1]
    print(f"{st}")
else:
    print("输入的位置错误")
```

在以上代码中，首先定义了包含8个字符串的列表info。然后通过input()函数接收顾客输入的刮奖区的编号，并将其保存到变量num中。最后利用if-else选择语句处理num在不同值时的情况，若num的值大于0且小于等于列表info的长度，则访问并输出列表info中索引值为num-1的元素，否则输出“输入的编号错误”信息。

运行结果如图5-1所示。

```
请输入刮奖区的编号(1～8): 2
一等奖
>>>
===================== RESTART
请输入刮奖区的编号(1～8): 9
输入的位置错误
>>> |
```

图5-1 运行结果1

（四）遍历列表

列表是一个可迭代对象，可以通过for循环遍历元素。

课堂检验 5

具体操作

```
>>> list_one = ['章萍', '李美', '武小元', '刘静']
>>> for ch in list_one:
        print(f'嗨,{ch}!女神节促销,赶快来抢购吧!')
嗨,章萍!女神节促销,赶快来抢购吧!
嗨,李美!女神节促销,赶快来抢购吧!
嗨,武小元!女神节促销,赶快来抢购吧!
嗨,刘静!女神节促销,赶快来抢购吧!
>>>
```

二、列表的操作

（一）拼接列表

与字符串的拼接方法一样，列表也可以利用加号“+”完成拼接。

课堂检验 6

具体操作

```
>>> list1=['我喜欢']
>>> list2=['Python']
>>> list1+=list2
>>> print(list1)
['我喜欢', 'Python']
```

（二）复制列表

与字符串的复制方法一样，可以利用星号“*”完成复制列表。需要注意的是，星号“*”后是列表元素复制的次数。

课堂检验 7

具体操作

```
>>> list1=['like']*2
>>> print(list1)
['like', 'like']
```

（三）排序列表

利用 sort()方法能够对列表元素进行排序，语法格式如下。

```
sort(key=None, reverse=False)
```

这里，参数 key 表示指定的排序规则，reverse 表示控制列表元素排序的方式，False 为升序，True 为降序。

课堂检验 8

具体操作

```
>>> li_one = [6, 9, 1, 8]
>>> li_one.sort()
>>> print(li_one)
[1, 6, 8, 9]
```

```
>>> li_one.sort(reverse=True)
>>> print(li_one)
[9, 8, 6, 1]
>>>
```

除此之外，Python 还可以通过 sorted()函数和 reverse()方法对列表中的元素进行排序。

sorted()函数可以按升序方式排列列表元素，该方法的返回值是升序排列后的新列表。而 reverse()方法用于将列表中的元素按倒序排列，即把原列表中的元素从右至左依次排列存放。

课堂检验 9

具体操作

```
>>> li_one = [2, 4, 3, 1]
>>> li_two = sorted(li_one)
>>> print(li_one)     # 原列表
[2, 4, 3, 1]
>>> print(li_two)     # 排序后的列表
[1, 2, 3, 4]
>>>
```

课堂检验 10

具体操作

```
>>> li_one = ['a', 'b', 'c', 'd']
>>> li_one.reverse()
>>> print(li_one)
['d', 'c', 'b', 'a']
>>>
```

（四）添加列表元素

Python 能够调用 append()方法、extend()方法和 insert()方法来添加列表元素。其中，append()方法用于在列表末尾添加新的元素；extend()方法用于在列表末尾一次性添加另一个列表中的所有元素，即利用新列表扩展原来的列表；insert()方法用于将元素插入列表的指定位置。

课堂检验 11

具体操作

```
>>> list_one = [1, 2, 3, 4]
>>> list_one.append(5)
>>> print(list_one)
[1, 2, 3, 4, 5]
>>> list_str = ['a', 'b', 'c']
>>> list_num = [1, 2, 3]
>>> list_str.extend(list_num)
>>> print(list_str)
['a', 'b', 'c', 1, 2, 3]
>>> names = ['baby', 'Lucy', 'Alise']
>>> names.insert(2, 'Peter')
>>> print(names)
['baby', 'Lucy', 'Peter', 'Alise']
>>>
```

专家点睛

append()方法将插入的元素看作对象，整体打包插入列表中；extend()方法将插入的元素看作序列，将序列合并到列表中。上述两者的共同点均是在列表末尾插入，而insert()方法是在指定位置插入元素。

（五）删除列表元素

Python 提供了 pop()方法、remove()方法和 del 语句来删除列表中的元素。其中，pop()方法用于删除列表中的某个元素，如果不指定具体元素，那么删除列表中的最后一个元素；remove()方法用于删除列表中的某个元素，若列表中有多个匹配的元素，则只会删除匹配到的第一个元素；del 语句用于删除列表中指定位置的元素。

课堂检验 12

具体操作

```
>>> numbers = [1, 2, 3, 4, 5]
>>> numbers.pop()                    # 删除最后一个元素
5
>>> numbers.pop(1)                   # 删除索引值为1的元素
2
>>> print(numbers)
[1, 3, 4]
>>> names = ['baby', 'Lucy', 'Alise']
>>> del names[0]
>>> print(names)
['Lucy', 'Alise']
>>> chars = ['h', 'e', 'l', 'l', 'o']
>>> chars.remove('l')
>>> print(chars)
['h', 'e', 'l', 'o']
>>>
```

（六）修改列表元素

修改列表中的元素就是通过索引获取元素并对该元素重新赋值。

课堂检验 13

具体操作

```
>>> names = ['baby', 'Lucy', 'Alise']
>>> names[0] = 'Harry'      # 将索引值为0的元素'baby'重新赋值为'Harry'
>>> print(names)
['Harry', 'Lucy', 'Alise']
>>>
```

程序举例：敏感词过滤。

某一医药网站对正在销售的药品的宣传做敏感词过滤，本实例要求编写程序，查找与敏感词表相匹配的字符串，如果找到，就以星号“*”替换，最终得到替换后的字符串。

将所有的敏感词表创建一个列表，通过列表的遍历实现敏感词过滤。

其代码如下。

```
ls=['永久','万能','祖传','无敌','特效']
st=input()
for i in range(5):
    if ls[i] in st:
        st=st.replace(ls[i],'*')
print(st)
```

在以上代码中，首先定义了包含 5 个敏感词字符串的列表 ls。然后通过 input()函数接收医药网站输入的宣传口号（如产品的疗效是不能的），并将其保存到变量 st 中，利用 for 循环依次对敏感词在宣传口号中进行查询。如果含有敏感词（如万能），就利用 replace()方法进行替换，达到过滤的目的。最后输出过滤后的宣传口号。

运行结果如图 5-2 所示。

```
产品的疗效是万能的
产品的疗效是*的
>>> |
```

图 5-2　运行结果 2

三、嵌套列表

列表可以存储任何元素，当然也可以存储列表，若列表中存储的元素也是列表，则称为嵌套列表。

（一）创建嵌套列表

嵌套列表的创建方式与普通列表的创建方式相同。

课堂检验 14

具体操作

```
>>> list_1 = [[0], [1], [2, 3]]
>>> print(list_1)
[[0], [1], [2, 3]]
>>> list_2 = list([2,3,list('567')])
>>> print(list_2)
[2, 3, ['5', '6', '7']]
>>>
```

在以上操作中，首先利用[]直接创建了嵌套列表 list_1，该列表包含 3 个列表类型的元素，其中索引为 0 的元素是[0]，索引值为 1 的元素是[1]，索引值为 2 的元素是[2, 3]。然后利用 list()函数创建了嵌套列表 list_2，该列表有 3 个元素，其中索引值为 0 的元素是 2，索引值为 1 的元素是 3，索引值为 2 的元素又是一个列表['5', '6', '7']。

（二）访问嵌套列表

若希望访问嵌套的内层列表中的元素，需要首先利用索引获取内层列表，然后再利用索引访问内层列表中的元素。若希望向嵌套的内层列表中添加元素，需要首先获取内层列表，然后再调用相应的方法往指定的列表中添加元素。

课堂检验 15

具体操作

```
>>> list1 = [[1,6],3,2,[5]]
>>> print(list1[0][0])          # 获取嵌套的第一个内层列表中的第一个元素
1
>>> print(list1[1])             # 获取外层列表中索引值为1的元素
3
>>> list1[3].append(7)          # 向嵌套的最后一个内层列表添加元素
>>> print(list1)
[[1, 6], 3, 2, [5, 7]]
>>>
```

程序举例：判断 IP 地址的合法性。

互联网上的每一台计算机都有独一无二的编号，称为 IP 地址，每个合法的 IP 地址是由点号“.”分隔开的 4 个数字组成的，每个数字的取值范围是 0～255。现在，用户输入一个字符串 s（不含空格，不含前导 0，如 001 直接输入 1）。本实例要求编写程序，判断变量 s 是否为合法的 IP 地址，若是，则输出“yes”，否则输出“no”。例如，若用户输入 202.114.88.10，则输出“yes”；若用户输入 202.114.88，则输出“no”。

其代码如下。

```
s=input()
flag = 'yes'
lists=s.split('.')
if len(lists) != 4:
    flag='no'
else:
    for i in range(4):
        tmp=int(lists[i])
        if tmp not in range(0,256):
            flag='no'
            break
print(flag)
```

在以上代码中，首先通过 input()函数接收用户输入的 IP 地址并保存到变量 s 中，假设输入的 IP 地址是合法的，用标识 flag=“yes”表示。然后将接收的 IP 地址以“.”作为分隔符将其分割成由 4 个字符串组成的列表 lists。若列表的长度不足 4，则 IP 地址不合法，flag=“no”，否则遍历列表，将其每个元素转换为整数，并且确定其是否在 0～255 范围内，若不在，则不合法，最后输出标识的值。

运行结果如图 5-3 所示。

```
202.114.88.10
yes
>>>
======================
202.114.88
no
>>>
```

图 5-3　运行结果 3

任务实践

随机分配办公室。为扩大招生规模，学校最近新招聘了 6 名教师。已知该学校有 2

个空闲办公室且工位充足，现需要随机安排这 6 名教师的工位。

本任务要求编写程序，将 6 名教师随机分配到 2 间办公室中。

在本任务中，学校有 2 间空闲的办公室，每个办公室都可以容纳任意教师。由于学校和办公室是包含关系，且它们中的数据的个数是可变的，因此可以用列表来表示学校和办公室，用嵌套列表表示学校与办公室的包含关系，这里，表示第一个办公室的空列表的索引值为 1，表示第二个办公室的空列表的索引值为 2。

随机分配办公室，可以利用 random.randint(0,1)来实现，需首先利用 import random 导入 random 模块。随机分配办公室是将每名老师逐个安排到任意的办公室中，这个过程可拆分为两步，第一步就是逐个取出教师姓名，可用遍历列表元素来实现；第二步就是安排到任意的办公室中，可用 random 模块中的 randint()方法生成 0～1 的随机整数，将产生的整数作为索引值来随机获取嵌套列表的内层列表，之后在该列表中执行添加教师姓名的操作。

其代码如下。

```
# 随机分配办公室
import random
offices = [[], []]
names = ['张老师', '李老师', '赵老师', '高老师','刘老师', '周老师']
for name in names:
    index = random.randint(0, 1)
    print(index)
    offices[index].append(name)
num = 1
for te_name in offices:
    print('办公室%d的人数为：%d' % (num,len(te_name)))
    num += 1
    for name in te_name:
        print("%s" % name, end=' ')
    print(" ")
```

在以上代码中，首先定义了一个包含 2 个办公室的嵌套列表 offices，定义了另一个包含 6 位教师姓名的列表 names。然后将生成的 0～1 的随机整数作为索引值获取嵌套列表 offices 中的任一内层列表，将遍历 names 取出的元素添加到该内层列表中，直至遍历出最后一个元素为止。最后输出每个办公室的教师分配情况。

运行结果如图 5-4 所示。

```
办公室1的人数为：3
张老师 赵老师 刘老师
办公室2的人数为：3
李老师 高老师 周老师
>>>
```

图 5-4 运行结果 4

再运行一次，运行结果如图 5-5 所示。

```
办公室1的人数为：3
张老师 高老师 刘老师
办公室2的人数为：3
李老师 赵老师 周老师
>>>
```

图 5-5 运行结果 5

评价单

<table>
<tr><td>任务编号</td><td>5-1</td><td>任务名称</td><td>随机分配办公室</td></tr>
<tr><td colspan="2">评价项目</td><td>自评</td><td>教师评价</td></tr>
<tr><td rowspan="3">课堂表现</td><td>学习态度（20 分）</td><td></td><td></td></tr>
<tr><td>课堂参与（10 分）</td><td></td><td></td></tr>
<tr><td>团队合作（10 分）</td><td></td><td></td></tr>
<tr><td rowspan="3">技能操作</td><td>创建 Python 文件（10 分）</td><td></td><td></td></tr>
<tr><td>编写 Python 代码（40 分）</td><td></td><td></td></tr>
<tr><td>运行并调试 Python 程序（10 分）</td><td></td><td></td></tr>
<tr><td>评价时间</td><td>年　月　日</td><td>教师签字</td><td></td></tr>
</table>

<table>
<tr><td colspan="7">评价等级划分</td></tr>
<tr><td colspan="2">项目</td><td>A</td><td>B</td><td>C</td><td>D</td><td>E</td></tr>
<tr><td rowspan="3">课堂表现</td><td>学习态度</td><td>在积极主动、虚心求教、自主学习、细致严谨上表现优秀</td><td>在积极主动、虚心求教、自主学习、细致严谨上表现良好</td><td>在积极主动、虚心求教、自主学习、细致严谨上表现较好</td><td>在积极主动、虚心求教、自主学习、细致严谨上表现尚可</td><td>在积极主动、虚心求教、自主学习、细致严谨上表现不佳</td></tr>
<tr><td>课堂参与</td><td>积极参与课堂活动，参与内容完成得很好</td><td>积极参与课堂活动，参与内容完成得好</td><td>积极参与课堂活动，参与内容完成得较好</td><td>能参与课堂活动，参与内容完成得一般</td><td>能参与课堂活动，参与内容完成得欠佳</td></tr>
<tr><td>团队合作</td><td>具有很强的团队合作能力、能与老师和同学进行沟通交流</td><td>具有良好的团队合作能力、能与老师和同学进行沟通交流</td><td>具有较好的团队合作能力、尚能与老师和同学进行沟通交流</td><td>能与团队进行合作、与老师和同学进行沟通交流的能力一般</td><td>不能与团队进行合作、不能与老师和同学进行沟通交流</td></tr>
<tr><td rowspan="3">技能操作</td><td>创建</td><td>能独立并熟练地完成</td><td>能独立并较熟练地完成</td><td>能在他人提示下顺利完成</td><td>能在他人帮助下完成</td><td>未能完成</td></tr>
<tr><td>编写</td><td>能独立并熟练地完成</td><td>能独立并较熟练地完成</td><td>能在他人提示下顺利完成</td><td>能在他人帮助下完成</td><td>未能完成</td></tr>
<tr><td>运行并调试</td><td>能独立并熟练地完成</td><td>能独立并较熟练地完成</td><td>能在他人提示下顺利完成</td><td>能在他人帮助下完成</td><td>未能完成</td></tr>
</table>

任务 2 中英文数字对照表

任务单

任务编号	5-2	任务名称	中英文数字对照表
任务简介	元组和列表都是序列，只是列表是可变对象，元组是不可变对象。利用元组可以解决一些复杂的不需要修改数据的实际问题。本任务利用元组的操作来实现中英文数字对照表		
设备环境	台式机或笔记本电脑，建议使用 Windows 10 以上操作系统		
所在班级		小组成员	
任务难度	初级	指导教师	
实施地点		实施日期	年 月 日
任务要求	创建 Python 文件，完成以下操作。 （1）在程序开头加入注释信息，说明程序功能 （2）创建一个包含所有中文大写数字的元组 （3）接收用户输入的数据 （4）利用 for 循环遍历并将字符转换为整数 （5）以整数作为索引访问元组得到对应的中文大写数字 （6）运行 Python 程序，显示正确的运行结果		

信息单

一、认识元组

Python 中的元组和列表同属于序列，使用方法非常相似，不同的是列表是可变对象，而元组是不可变对象。元组的最大特点是可以返回多个值，这个特性很实用。使用元组可以解决一些复杂的不需要修改数据的实际问题。

（一）什么是元组

元组与列表的作用相似，可以保存任意数量与类型的元素，但不可以被修改，即元组是一种不可改变的序列。

（二）创建元组

Python 支持使用圆括号“()”或 tuple()函数两种方法创建元组。

当使用圆括号“()”创建元组时，元组中的元素以逗号分隔。

课堂检验 16

具体操作

```
>>> tuple_one = ()                                    # 空元组
>>> tuple_two = ('helen','tom','marry','peck')   # 元组中，元素类型均为字符串类型
```

```
>>> tuple_three = (1, 'hello', '&', 2.3]        # 元组中，元素类型不同
>>>
```

专家点睛

当利用圆括号“()”创建元组时，如果元组中只包含一个元素，那么就需要在该元素的后面添加逗号，从而保证 Python 解释器能够识别其为元组类型。

当利用 tuple()函数创建元组时，如果不传入任何数据，就会创建一个空元组；如果要创建包含元素的元组，就必须传入可迭代类型的数据，如字符串、列表、元组。

课堂检验 17

具体操作

```
>>> tuple_four = tuple('Python')          # 字符串类型是可迭代类型
>>> tuple_five = tuple([1, 'Python'])     # 列表类型也是可迭代类型
>>>
```

专家点睛

创建只有一个元素的元组时，在元素后面必须添加逗号“,”，否则括号会被当成运算符。创建多个元素的元组时，最后一个元素后面的逗号可以省略。

（三）访问元组

由于元组和列表都是有序的序列，和访问列表一样，元组也可以通过索引和切片操作来访问元组中的每一个元素。

利用索引方式访问元组元素时，可以获取元组中的指定元素。

课堂检验 18

具体操作

```
>>> tuple1 = ("java", "C++", "Python")
>>> print(tuple1[2])            # 访问元组中索引值为2的元素
Python
>>> print(tuple1[-1])           # 访问元组中索引值为-1的元素
Python
>>>
```

利用切片方式访问元组元素时，可以获取元组中的部分元素，得到一个新元组。

课堂检验 19

具体操作

```
>>> tup_one = ('p', 'y', 't', 'h', 'o', 'n')
>>> print(tup_one[2:])          # 获取元组中索引值为2至末尾的元素
('t', 'h', 'o', 'n')
>>> print(tup_one[:2])          # 获取元组中索引值为0至索引值为2的元素
```

```
('p', 'y')
>>> print(tup_one[:])          # 获取元组中的所有元素
('p', 'y', 't', 'h', 'o', 'n')
>>>
```

专家点睛

元组中的元素是不允许修改的，除非在元组中包含可变类型的数据。

课堂检验 20

具体操作

```
>>> tup_char = ('a', 'b', ['1', '2'])
>>> tup_char[2]
['1', '2']
>>> tup_char[2][0]='c'
>>> tup_char[2][1]='d'
>>> tup_char
('a', 'b', ['c', 'd'])
>>>
```

从表面上看，元组的元素确实变了，但其实变的不是元组的元素，而是列表的元素。元组最初指向的列表并没有改成别的列表，因此，元组所谓的“不变”意为元组中每个元素的指向永远不变。

（四）遍历元组

元组也是一个可迭代对象，可以通过 for 循环遍历元素。

课堂检验 21

具体操作

```
>>> tup_one =('章一萍', '李丽', '武小元', '刘静静')
>>> for i in tup_one:
        print('嗨,%s!双十一促销,赶快来看看吧!'%i)
嗨,章一萍!双十一促销,赶快来看看吧!
嗨,李丽!双十一促销,赶快来看看吧!
嗨,武小元!双十一促销,赶快来看看吧!
嗨,刘静静!双十一促销,赶快来看看吧!
>>>
```

二、元组的操作

（一）拼接元组

元组中的元素不允许修改，但与字符串、列表的拼接方法一样，利用加号“+”能完成元组拼接。

课堂检验 22

具体操作

```
>>> tuple1=(123,'你好')
>>> tuple2=('abc',True)
>>> tuple1+=tuple2
>>> print(tuple1)
(123, '你好', 'abc', True)
>>>
```

（二）复制元组

与字符串、列表的复制方法一样，利用星号“*”能完成元组复制，需要注意的是，星号“*”后是复制的次数。

课堂检验 23

具体操作

```
>>> tuple1=(123,'你好')*3
>>> print(tuple1)
(123, '你好', 123, '你好', 123, '你好')
```

程序举例：找到只出现一次的“它”。

已知元组 tup=(2,3,7,2,9,7,6,3,2,1)，本实例要求找到第一个只出现一次的元素及其索引值。

提示：count(x)方法返回指定值 x 在元组中出现的次数；index(x)方法返回指定值 x 在元组中第一次出现的位置。

首先，创建元组，遍历元组中的每一个元素。然后，运用 count(x)方法找到仅出现一次的元素，通过 index(x)方法获得其所在的位置。

其代码如下。

```
tup=(2,3,7,2,9,7,6,3,2,1)
for x in tup:
    if tup.count(x)==1:
        print("元组中第一个只出现一次的元素是%d，索引是%d)"%(x,tup.index(x)))
        break
```

运行结果如图 5-6 所示。

```
元组中第一个只出现一次的元素是9，其索引是4)
>>>
```

图 5-6　运行结果 6

任务实践

中英文数字对照表。阿拉伯数字因其具有简单易写、方便使用的特点成了最流行的数字书写方式，但在利用阿拉伯数字计数时，可以对某些数字不漏痕迹地修改成其他数字。例如，将数字“1”修改为数字“7”，将数字“3”修改为数字“8”。为了避免引起不必要的麻烦，可以利用中文大写数字（零、壹、贰、叁、肆…玖）替换阿拉伯数字。

本任务要求编写程序，实现将输入的阿拉伯数字转换为中文大写数字的功能。

在本任务中需要准备一个存储中文大写数字的组合数据类型，该数据类型中每个元素的顺序与阿拉伯数字 0～9 是一一对应的，且不能被修改，这正好符合元组的特性，因此采用元组进行存储。中文大写数字与阿拉伯数字的替换规则可以理解为将用户输入的数字作为索引，去访问存储了中文大写数字的元组元素的操作。

其代码如下。

```
#中英文数字对照表
    uppercase_numbers = ("零","壹","贰","叁","肆","伍","陆","柒","捌","玖")
    number = input("请输入一个数字：")
    for i in range(len(number)):
        if number[i]!='.':
            print(uppercase_numbers[int(number[i])], end="")
        else:
            print('点',end="")
```

在以上代码中，首先创建了一个包含所有中文大写数字的元组 uppercase_numbers。然后接收用户输入的数据 number，由于此时的数据 number 是字符串类型的，因此利用 for 循环遍历 number，取出每个字符后判断其是否为合法数字，如果是，就将其转换为整型数据，将每个整型数据作为索引访问其对应的 uppercase_numbers 中的中文大写数字，否则输出“点”。

运行结果如图 5-7 所示。

```
请输入一个数字：123.789
壹贰叁点柒捌玖
>>> |
```

图 5-7 运行结果 7

评价单

<table>
<tr><td>任务编号</td><td>5-2</td><td>任务名称</td><td>中英文对照表</td></tr>
<tr><td colspan="2">评价项目</td><td>自评</td><td>教师评价</td></tr>
<tr><td rowspan="3">课堂表现</td><td>学习态度（20 分）</td><td></td><td></td></tr>
<tr><td>课堂参与（10 分）</td><td></td><td></td></tr>
<tr><td>团队合作（10 分）</td><td></td><td></td></tr>
<tr><td rowspan="3">技能操作</td><td>创建 Python 文件（10 分）</td><td></td><td></td></tr>
<tr><td>编写 Python 代码（40 分）</td><td></td><td></td></tr>
<tr><td>运行并调试 Python 程序（10 分）</td><td></td><td></td></tr>
<tr><td>评价时间</td><td>年　　月　　日</td><td>教师签字</td><td></td></tr>
</table>

<table>
<tr><td colspan="7">评价等级划分</td></tr>
<tr><td colspan="2">项目</td><td>A</td><td>B</td><td>C</td><td>D</td><td>E</td></tr>
<tr><td rowspan="3">课堂表现</td><td>学习态度</td><td>在积极主动、虚心求教、自主学习、细致严谨上表现优秀</td><td>在积极主动、虚心求教、自主学习、细致严谨上表现良好</td><td>在积极主动、虚心求教、自主学习、细致严谨上表现较好</td><td>在积极主动、虚心求教、自主学习、细致严谨上表现尚可</td><td>在积极主动、虚心求教、自主学习、细致严谨上表现不佳</td></tr>
<tr><td>课堂参与</td><td>积极参与课堂活动，参与内容完成得很好</td><td>积极参与课堂活动，参与内容完成得好</td><td>积极参与课堂活动，参与内容完成得较好</td><td>能参与课堂活动，参与内容完成得一般</td><td>能参与课堂活动，参与内容完成得欠佳</td></tr>
<tr><td>团队合作</td><td>具有很强的团队合作能力、能与老师和同学进行沟通交流</td><td>具有良好的团队合作能力、能与老师和同学进行沟通交流</td><td>具有较好的团队合作能力、尚能与老师和同学进行沟通交流</td><td>能与团队进行合作、与老师和同学进行沟通交流的能力一般</td><td>不能与团队进行合作、不能与老师和同学进行沟通交流</td></tr>
<tr><td rowspan="3">技能操作</td><td>创建</td><td>能独立并熟练地完成</td><td>能独立并较熟练地完成</td><td>能在他人提示下顺利完成</td><td>能在他人帮助下完成</td><td>未能完成</td></tr>
<tr><td>编写</td><td>能独立并熟练地完成</td><td>能独立并较熟练地完成</td><td>能在他人提示下顺利完成</td><td>能在他人帮助下完成</td><td>未能完成</td></tr>
<tr><td>运行并调试</td><td>能独立并熟练地完成</td><td>能独立并较熟练地完成</td><td>能在他人提示下顺利完成</td><td>能在他人帮助下完成</td><td>未能完成</td></tr>
</table>

任务 3 识别单词

任务单

任务编号	5-3	任务名称	识别单词
任务简介	在组合数据中，元组和列表都是有序的，除此之外，还有一组无序的数据结构，它们就是字典和集合。字典用于存放具有映射关系的数据，通过“键”映射到“值”，取值速度非常快；集合就是不允许有重复的数据。本任务要求编写程序，实现根据第一个或前两个字母输出 7 个星期单词中完整单词的功能		
设备环境	台式机或笔记本电脑，建议使用 Windows 10 以上操作系统		
所在班级		小组成员	
任务难度	初级	指导教师	
实施地点		实施日期	年 月 日
任务要求	创建 Python 文件，完成以下操作。 （1）在程序开头加入注释信息，说明程序功能 （2）创建 3 个字典 tu_th、sa_su 和 week 来存放 t 打头的、s 打头的和剩余的星期 （3）利用 input()函数接收第一个字母 first_char （4）若 first_char 存在于['a', 't', 's', 'm', 'w', 'f']中，利用 if-else 语句做进一步处理 （5）将 first_char 作为键获取字典 week 中对应的值，若值不是一个字典，则直接返回其对应的值；若值是一个字典，则输入第二个字母 second_char （6）若 second_char 存在于['u', 'h', 'a']中，则获取字典 tu_th 或 sa_su 中对应的值，否则提示用户“请输入正确的字母” （7）运行 Python 程序，显示正确的运行结果		

信息单

一、认识集合

Python 中的集合不同于列表和元组类型，集合存储的元素是无序的且不允许重复的。集合不能像列表、元组一样通过索引访问元素，但集合可以执行集合的并、交、差等运算。

集合的使用频率虽然没有像列表、元组那样高，但集合常用于成员关系的测试和从序列中删除重复项，这是集合的优点。

（一）什么是集合

集合是一种无序且元素互不相同的数据类型，类似于数学上的集合，它满足确定性、互异性和无序性。集合与列表、元组类似，也可以保存任意数量、任意类型的元素。

Python 中集合分为可变集合（Set）与不可变集合（Frozenset）。可变集合不存在哈希值，可以进行交、并、差等运算。不可变集合存在哈希值，一旦创建就不能修改。

（二）创建集合

由于 Python 中的集合分为可变集合与不可变集合两种，因此其创建方法也有所不同。

可变集合的创建有两种方法：一是利用 set()函数创建；二是直接利用花括号“{}”创建，花括号“{}”中的多个元素以逗号分隔。集合中的元素是无序的且不可重复，可以动态地增加或删除。

set()函数的语法格式如下。

```
set([iterable])
```

这里，参数 iterable 接收一个可迭代对象，若没有指定可迭代的对象，则会返回一个空的集合。

课堂检验 24

具体操作

```
>>> set()
set()
>>> set([1,2,3,4,5,6])
{1, 2, 3, 4, 5, 6}
>>> set_one = set((1, 2, 3))
>>> set_two = {1, 2, 3}
>>>
```

不可变集合的创建只有一种方法，是由 frozenset()函数创建的，集合中的元素不可改变。

frozenset()函数的语法格式如下。

```
frozenset([iterable])
```

课堂检验 25

具体操作

```
>>> frozenset_one = frozenset(('a', 'c', 'b', 'e', 'd'))
>>> frozenset_two = frozenset(['a', 'c', 'b', 'e', 'd'])
>>> frozenset('Python')
frozenset({'n', 'h', 'y', 'o', 't', 'p'})
>>>
```

程序举例：去除列表中的重复数据。

已知列表 li_one=[1,2,1,2,3,5,4,3,5,7,4,7,8]，编写程序实现删除列表 li_one 中重复数据的功能。

提示：可以利用集合的不可重复性来实现，即将列表转换为集合，重复数据即可被去除。

其代码如下。

```
li_one = [1,2,1,2,3,5,4,3,5,7,4,7,8]
li_one = list(set(li_one))
print(li_one)
```

运行结果如下。

[1, 2, 3, 4, 5, 7, 8]

（三）集合的操作

1. 集合复制

在集合中，不支持索引和切片操作，仅支持部分序列的通用操作。

课堂检验 26

具体操作

```
>>> set1={"123",521,"xyz"}
>>> set2=set1.copy()
>>> print(set2)
{'123', 521, 'xyz'}
```

2. 集合清空

集合不仅支持元素的复制操作，还支持元素的清空操作。

课堂检验 27

具体操作

```
>>> set1={"123",521,"xyz"}
>>> set1=set1.clear()
>>> print(set1)
None
```

专家点睛

集合的特点是不包含重复的元素，若需要对列表做去重处理，则可以通过集合来完成。

3. 添加元素

可变集合的add()方法或update()方法都可以实现向集合中添加元素的操作，其中add()方法只能添加一个元素，而update()方法可以添加多个元素。

课堂检验 28

具体操作

```
>>> demo_set = set()
>>> demo_set.add('py')
>>> demo_set.update("thon")
>>> print(demo_set)
{'n', 'h', 'py', 'o', 't'}
>>>
```

4. 删除元素

remove()方法用于删除可变集合中的指定元素，如果指定的元素不存在，则抛出异常。discard()方法可以删除指定的元素，但若指定的元素不存在，则该方法不执行任何操作。pop()方法用于删除可变集合中的随机元素，如果集合为空，则抛出异常。

课堂检验 29

具体操作

```
>>> remove_set = {'red', 'green', 'black'}
>>> remove_set.remove('red')
```

```
>>> print(remove_set)
{'green', 'black'}
>>> remove_set.discard('green')
>>> remove_set.discard('blue')
>>> print(remove_set)
{'black'}
>>> remove_set.pop()
'black'
>>> print(remove_set)
set()
>>>
```

程序举例：模拟生成产品序列号。

假设每款产品都有一个25位的、用来区分每款产品的产品序列号。产品序列号由五组被“-”分隔开的字母和数字混合编制的字符串组成，每组字符串由五个字符组成，如36XJE-86JVF-MTY62-7Q97Q-6BWJ2。每个字符取自以下 24 个字母和数字中的一个：BCEFGHJKMPQRTVWXY2346789，采用这24个字符的原因是为了避免混淆相似的字母和数字，如1和1，o和0等，避免产生不必要的麻烦。

本实例要求在两行中分别输入一个正整数，第一个表示要生成序列号的个数，第二个表示随机数种子。随机数种子函数为random.seed(n)。输出指定个数的序列号。

由于序列号取自24个字母和数字中的任意一个，因此将它们创建一个集合，选取时将其转换为列表，然后根据题意利用for循环产生指定个数的序列号。

其代码如下。

```
import random
n=int(input())
x=int(input())
se={'B','C','E','F','G','H','J','K','M','P','Q','R','T','V','W','X'
,'Y','2','3','4','6','7','8','9'}
random.seed(x)
for i in range(n):
    st=''
    for j in range(5):
        for k in range(5):
            st+=random.choice(list(se))
        st+='-'
    print(st[:-1])
```

运行结果如图5-8所示。

```
2
6
68V3J-TCX6V-BQET3-VKBY4-4X9K6
4FB3X-PX8YE-8QY37-F9KFR-M9J6K
>>>
```

图5-8　运行结果8

（四）集合类型操作符

Python 支持通过联合操作符（|）、交集操作符（&）、差补操作符（−）、对称差分操作符（^）对集合进行联合、取交集、差补和对称差分等操作。

1. 联合操作符（|）

联合操作是将集合set_a与集合set_b合并成一个新的集合。联合操作通过利用联合

操作符“|”来实现。

课堂检验 30

具体操作

```
>>> set_a={1,2,3}
>>> set_b={2,4,6}
>>> set_a|set_b
{1, 2, 3, 4, 6}
>>>
```

2. 交集操作符（&）

交集操作是将集合 set_a 与集合 set_b 中相同的元素提取为一个新的集合。交集操作通过利用交集操作符“&”来实现。

课堂检验 31

具体操作

```
>>> set_a={1,3,4,6}
>>> set_b={2,3,6,8}
>>> set_a&set_b
{3, 6}
>>>
```

3. 差补操作符（-）

差补操作是将只属于集合 set_a 或者只属于集合 set_b 的元素作为一个新的集合。差补操作通过利用差补操作符“-”来实现。

课堂检验 32

具体操作

```
>>> set_a={1,3,4,6}
>>> set_b={2,3,6,8}
>>> set_a-set_b
{1, 4}
>>>
```

4. 对称差分操作符（^）

对称差分操作是将只属于集合 set_a 与只属于集合 set_b 的元素组成一个新的集合。对称差分操作通过利用对称差分操作符“^”来实现。

课堂检验 33

具体操作

```
>>> set_a={1,3,4,6}
>>> set_b={2,3,6,8}
>>> set_a^set_b
{1, 2, 4, 8}
>>>
```

二、认识字典

字典在 Python 中用于存放具有映射关系的数据，主要由“键-值”成对组成，通过“键”映射到“值”，其优点是取值速度快，可以存储任意类型的对象。字典也被称为关联数组或哈希表，是一种非常重要的内置数据类型。

（一）什么是字典

在 Python 中，字典是映射类型的体现，是“键-值”数据项的组合，每个元素是一个键值对，即元素是(key, value)，元素之间是无序的。键值对(key, value)是一种二元关系。

（二）创建字典

Python 支持利用花括号“{}”或 dict()函数两种方法创建字典。

当利用花括号“{}”创建字典时，字典的键（key）和值（value）利用冒号连接，每个键值对之间利用逗号分隔。

课堂检验 34

具体操作

```
>>> {}                                          # 空字典
{}
>>> {'中国':'北京','法国':'巴黎'}               # 字典中，键值类型均为字符串类型
{'中国': '北京', '法国': '巴黎'}
>>> {'刘红':598,'李娜':527,'张婧':566}          # 字典中，键值类型不同
{'刘红': 598, '李娜': 527, '张婧': 566}
>>>
```

专家点睛

字典中的“键”可以是 Python 中任意不可变类型，“值”可以是任意类型，包括可变类型。

当利用 dict()函数创建字典时，字典的键和值利用等号“=”进行连接，每个键值对之间利用逗号分隔。

课堂检验 35

具体操作

```
>>> dict()
{}
>>> dict(中国='北京',法国='巴黎')
{'中国': '北京', '法国': '巴黎'}
>>> dict(刘红=598,李娜=527,张婧=566)
{'刘红': 598, '李娜': 527, '张婧': 566}
>>>
```

专家点睛

字典中的键是唯一的。当创建字典出现重复的键时，若利用 dict()函数创建字典，则提示语法错误；若利用花括号“{}”创建字典，则键对应的值会被覆盖。

（三）访问字典

由于字典中的“键”是唯一的，因此，可以通过“键”获取对应的值。如果字典中不存在要访问的“键”，就会引发 KeyError 异常。

课堂检验 36

具体操作

```
>>> color_dict = {'purple': '紫色','green': '绿色','black': '黑色'}
>>> color_dict['purple']
'紫色'
>>> color_dict['red']
Traceback (most recent call last):
  File "<pyshell#10>", line 1, in <module>
    color_dict['red']
KeyError: 'red'
>>>
```

为了避免引起 KeyError 异常，当访问字典元素时，需要首先利用 in 与 not in 来检测某个键是否存在。

课堂检验 37

具体操作

```
>>> if 'red' in color_dict:
        print(color_dict['red'])
    else:
        print('键不存在')
键不存在
>>>
```

程序举例：查询手机号码。

利用字典建立一个通信录，编写一个查询手机号码的程序。

其代码如下。

```
pho={'张溢':13966527738,'李梅':17789665533,'王雪':17359782211,'赵亮
':18259676767,'钱糖':15973984490}
name = input('输入要查询人的姓名:')
if name in pho:
    print("%s的手机号码是%s"%(name,pho[name]))
else:
    print("通信录里没有%s的手机号码"%name)
```

运行结果如图 5-9 所示。

```
输入要查询人的姓名:李梅
李梅的手机号码是17789665533
>>>
====================== RESTART
输入要查询人的姓名:彭好
通信录里没有彭好的手机号码
>>> |
```

图 5-9 运行结果 9

（四）遍历字典

字典的遍历包括遍历所有的元素、遍历所有的键及遍历所有的值。

利用 items()方法可以查看字典中所有的元素，该方法会返回一个 dict_items 对象。dict_items 对象支持迭代操作，结合 for 循环可遍历其中的数据，并将遍历后的数据以(key, value)的形式显示。

课堂检验 38

具体操作

```
>>> per_info = {'001': '北京', '002': '上海', '003': '深圳'}
>>> print(per_info.items())
dict_items([('001', '北京'), ('002', '上海'), ('003', '深圳')])
>>> for i in per_info.items():
        print(i)

('001': '北京')
('002': '上海')
('003': '深圳')
>>>
```

利用 keys()方法可以查看字典中所有的键，该方法会返回一个 dict_keys 对象。dict_keys 对象支持迭代操作，通过 for 循环遍历并输出字典中所有的键。

课堂检验 39

具体操作

```
>>> per_info = {'001': '北京', '002': '上海', '003': '深圳'}
>>> print(per_info.keys())
dict_keys(['001', '002', '003'])
>>> for i in per_info.keys():
        print(i)

001
002
003
>>>
```

利用 values()方法可以查看字典中所有的值，该方法会返回一个 dict_values 对象。dict_values 对象支持迭代操作，可以利用 for 循环遍历并输出字典中所有的值。

课堂检验 40

具体操作

```
>>> per_info = {'001': '北京', '002': '上海', '003': '深圳'}
>>> print(per_info.values())
dict_values(['北京', '上海', '深圳'])
>>> for i in per_info.values():
        print(i)

北京
```

```
上海
深圳
>>>
```

程序举例：统计字母出现的次数。

已知字符串 str= ‘goodmorning,Python!’，请利用字典记录各个字符及其出现的次数。

本实例需要首先创建一个空字典，将字符串中的每一个字母作为字典的键来遍历所有的键，通过遍历统计不同字母出现的次数。

其代码如下。

```
str = 'goodmorning,Python!'
count = {}
for i in str:
    if i in count.keys():
        count[i] += 1
    else:
        count[i] = 1
print(count)
```

运行结果如图 5-10 所示。

```
{'g': 2, 'o': 4, 'd': 1, 'm': 1, 'r': 1, 'n': 3, 'i': 1, ',': 1,
'P': 1, 'y': 1, 't': 1, 'h': 1, '!': 1}
>>>
```

图 5-10 运行结果 10

（五）字典的操作

1. 复制字典

在字典中，不能通过索引和切片操作来访问元素，只能通过“键”来访问所对应的“值”。字典中不允许出现相同的“键”，可以重复出现多个相同的“值”。

课堂检验 41

具体操作

```
>>> dict1={'chinese': 100, 'math': 95, 'english': 97}
>>> dict2= dict1.copy()
>>> print(dict2)
{'chinese': 100, 'math': 95, 'english': 97}
```

2. 清空字典

利用 clear()方法和 del 命令可以清空字典中的元素。

课堂检验 42

具体操作

```
>>> dict1={'chinese': 100, 'math': 95, 'english': 97}
>>> dict1=dict1.clear()
>>> print(dict1)
None
>>> dict2={'a': 1, 'b': 2, 'c': 3}
>>> print(dict2)
```

```
{'a': 1, 'b': 2, 'c': 3}
>>> del dict2 # 利用关键字清空字典
```

3. 添加字典元素

字典可通过 update()方法或指定的键来添加元素。

课堂检验 43

具体操作

```
>>> add_dict={'stu1':'小米'}
>>> add_dict.update(stu2='小娜')
>>> add_dict['stu3']='小康'
>>> print(add_dict)
{'stu1': '小米', 'stu2': '小娜', 'stu3': '小康'}
>>>
```

4. 修改字典元素

字典可通过 update()方法或指定的键来修改元素。

课堂检验 44

具体操作

```
>>> mod_dict={'stu1': '小米', 'stu2': '小娜', 'stu3': '小康'}
>>> mod_dict.update(stu2='柳眉')
>>> mod_dict['stu3']='黄海源'
>>> print(mod_dict)
{'stu1': '小米', 'stu2': '柳眉', 'stu3': '黄海源'}
>>>
```

5. 删除字典元素

在字典中，可以删除指定元素也可以随机删除元素。

利用 pop()方法可以根据指定的键删除字典中的指定元素，若删除成功，则返回目标元素的值。

课堂检验 45

具体操作

```
>>> per_dict={'001': '星空', '002': '大海', '003': '山林'}
>>> per_dict.pop('001')
'星空'
>>> print(per_dict)
{'002': '大海', '003': '山林'}
>>>
```

利用 popitem()方法可以随机删除字典中的元素，若删除成功，则返回目标元素的值。

课堂检验 46

具体操作

```
>>> per_dict={'001': '星空', '002': '大海', '003': '山林'}
>>> per_dict.popitem()
('003', '山林')
>>> print(per_dict)
```

```
{'001': '星空', '002': '大海'}
>>>
```

程序举例：校验身份证号。

中国目前采用的是 18 位身份证号，其中第 7～10 位数字是出生年，第 11、第 12 位数字是出生月份，第 13、第 14 位数字是出生日期，第 17 位数字是性别，奇数为男性，偶数为女性，第 18 位数字是校验位，若身份证号码中的一位数字填错了（包括最后一个校验位），则校验算法可以检测出来。若身份证的相邻两位填反了，则校验算法也可以检测出来。身份证号的校验规则如下。

（1）将身份证号码前面的 17 位数字分别乘以不同的系数。从第 1 位到第 17 位的系数分别为：7-9-10-5-8-4-2-1-6-3-7-9-10-5-8-4-2。

（2）将这 17 位数字和系数相乘的结果相加。

（3）用加出来的和除以 11，其余数只可能是：0-1-2-3-4-5-6-7-8-9-10，分别对应的最后一位身份证的号码为：1-0-X-9-8-7-6-5-4-3-2。

（4）通过上面的规则和操作得知，如果余数是 2，就会在身份证的第 18 位数字上出现罗马数字 X，如果余数是 10，那么身份证的最后一位号码是 2。

本实例是用户输入一个身份证号码，校验其是否是合法的身份证号码。

首先为系数创建一个元组，而将最后一位校验位创建一个字典，按照校验规则进行校验，校验身份证的合法性。

其代码如下。

```
id=input('请输入身份证号:')
sum=0
tu=('7','9','10','5','8','4','2','1','6','3','7','9','10','5','8','4','2')
d={0:'1',1:'0',2:'X',3:'9',4:'8',5:'7',6:'6',7:'5',8:'4',9:'3',10:'2'}
for i in range(17):
    sum+=int(id[i])*int(tu[i])
if id[17]=='X':
    if sum%11==2:
        print('身份证号码校验为合法号码！')
    else:
        print('身份证校验位错误！')
elif (sum%11+int(id[17]))%11==1:
    print('身份证号码校验为合法号码！')
else:
    print('身份证校验位错误！')
```

运行结果如图 5-11 所示。

```
请输入身份证号:410323198712135522
身份证号码校验为合法号码!
>>>
====================== RESTART:
请输入身份证号:410105197902192762
身份证校验位错误!
>>> |
```

图 5-11 运行结果 11

任务实践

识别单词。周一到周日的英文单词依次为：Monday、Tuesday、Wednesday、Thusday、Friday、Saturday 和 Sunday，这些单词的首字母基本都不相同，在这 7 个单词的范围之内，通过第一个或前两个字母即可判断出对应的是哪个单词。

本任务要求编写程序，实现根据第一个或前两个字母输出 Monday、Tuesday、Wednesday、Thusday、Friday、Saturday 和 Sunday 中完整单词的功能。

本任务的完整单词包含 Monday、Tuesday、Wednesday、Thusday、Friday、Saturday 和 Sunday 共 7 个，其中，Monday、Wednesday、Friday 可根据用户输入的首字母判断；Tuesday、Thusday、Saturday 和 Sunday 需要根据用户连续输入两个字母才能进一步判断，具体规则如下。

（1）若用户第一次输入的字母为“m”、“w”和“f”，则直接返回“Monday”“Wednesday”“Friday”。

（2）若用户第一次输入的字母为“t”，则需要再输入第 2 个字母进行判断，输入“h”返回“Thusday”，输入“u”返回“Tuesday”。

（3）若用户第一次输入的字母为“s”，则需要再输入第 2 个字母进行判断，输入“a”返回“Saturday”，输入“u”返回“Sunday”。

（4）若用户第一次输入其他字母，则提示用户“请输入正确的字母”。

从以上分析可知，第一个或第二个字母可以作为获取完整单词的键，因此，可以创建一个包含 7 个键值对的字典，其中，键“m”“w”“f”对应的值为“Monday”“Wednesday”“Friday”，而键“t”和“s”对应的是字典{'h': 'thursday', 'u': 'tuesday'}和字典{'a': 'saturday', 'u': 'sunday'}中的值。

其代码如下。

```
#识别单词
tu_th = {'h': 'Thursday', 'u': 'Tuesday'}
sa_su = {'a': 'Saturday', 'u': 'Sunday'}
week = {'t':tu_th,'s':sa_su,'m':'Monday','w':'Wednesday','f':'Friday'}
first_char = input('请输入第一个字母：').lower().strip()
if first_char in ['a', 't', 's', 'm', 'w', 'f']:
    if week[first_char] == tu_th or week[first_char] == sa_su:
        second_char = input('请输入第二个字母：').lower().strip()
        if second_char in ['u', 'h', 'a']:
            print(week[first_char][second_char])
        else:
            print('请输入正确字母')
    else:
        print(week[first_char])
else:
    print('请输入正确的字母')
```

在以上代码中，首先创建 3 个字典 tu_th、sa_su 和 week，其中，字典 week 定义了首字母对应的单词。然后利用 input()函数接收用户输入的第一个字母 first_char，利用 if-else 语句处理不同的情况：若用户输入的第一个字母 first_char 存在于['a', 't', 's', 'm', 'w', 'f']中，则需要做进一步的处理。

（1）将 first_char 作为键获取字典 week 中对应的值，若值不是一个字典，则直接返回其对应的值；若值是一个字典，则输入第二个字母 second_char。

（2）若用户输入的 second_char 存在于['u', 'h', 'a']中，则获取字典 tu_th 或 sa_su 中对应的值，否则提示用户“请输入正确的字母”。

运行结果如图 5-12 所示。

```
请输入第一个字母：t
请输入第二个字母：h
Thursday
>>>
======================
请输入第一个字母：w
Wednesday
>>> |
```

图 5-12　运行结果 12

评价单

任务编号	5-3	任务名称	识别单词
评价项目		自评	教师评价
课堂表现	学习态度（20 分）		
	课堂参与（10 分）		
	团队合作（10 分）		
技能操作	创建 Python 文件（10 分）		
	编写 Python 代码（40 分）		
	运行并调试 Python 程序（10 分）		
评价时间	年　　月　　日	教师签字	

评价等级划分

项目		A	B	C	D	E
课堂表现	学习态度	在积极主动、虚心求教、自主学习、细致严谨上表现优秀	在积极主动、虚心求教、自主学习、细致严谨上表现良好	在积极主动、虚心求教、自主学习、细致严谨上表现较好	在积极主动、虚心求教、自主学习、细致严谨上表现尚可	在积极主动、虚心求教、自主学习、细致严谨上表现不佳
	课堂参与	积极参与课堂活动，参与内容完成得很好	积极参与课堂活动，参与内容完成得好	积极参与课堂活动，参与内容完成得较好	能参与课堂活动，参与内容完成得一般	能参与课堂活动，参与内容完成得欠佳
	团队合作	具有很强的团队合作能力、能与老师和同学进行沟通交流	具有良好的团队合作能力、能与老师和同学进行沟通交流	具有较好的团队合作能力、尚能与老师和同学进行沟通交流	能与团队进行合作、与老师和同学进行沟通交流的能力一般	不能与团队进行合作、不能与老师和同学进行沟通交流
技能操作	创建	能独立并熟练地完成	能独立并较熟练地完成	能在他人提示下顺利完成	能在他人帮助下完成	未能完成
	编写	能独立并熟练地完成	能独立并较熟练地完成	能在他人提示下顺利完成	能在他人帮助下完成	未能完成
	运行并调试	能独立并熟练地完成	能独立并较熟练地完成	能在他人提示下顺利完成	能在他人帮助下完成	未能完成

项目小结

本项目通过 3 个任务分别介绍了 Python 中列表与元组、集合与字典的基本使用方法。首先介绍了列表，包括创建列表、访问列表、列表的遍历和排序、嵌套列表，以及添加、删除和修改列表元素等。然后介绍了元组，包括创建元组、访问元组等。最后介绍了集合和字典，包括创建集合、集合的操作、集合类型操作符创建字典、访问字典、字典的操作等。

通过本项目的学习，能够掌握列表和元组的基本使用方法，并能灵活运用列表和元组进行 Python 程序开发。能够熟练使用字典和集合存储数据，为后续的开发打好基础。

列表、元组、字典和集合都属于 Python 中的组合数据类型，它们的特点如表 5-1 所示。

表 5-1　列表、元组、字典和集合的特点

类型	可变性	唯一性	有序性
列表	可变	可重复	有序
元组	不可变	可重复	有序
字典	可变	不可重复	无序
集合	可变/不可变	不可重复	无序

巩固练习

一、判断题

1. 字符串、列表和元组都属于有序序列。（　　）
2. 集合和字典都属于无序序列。（　　）
3. 元组可以动态地添加、删除、更新元素。（　　）
4. 字典中的“键”允许重复，“值”也可以重复。（　　）
5. dict={}表示创建一个空的集合。（　　）

二、选择题

1. 以下程序的输出结果是（　　）。

```
>>> abc='China'
>>> print(abc[-1])
```

A. 'C'　　B. 'a'　　C. 'h'　　D. 报错

2. 以下程序的输出结果是（　　）。

```
>>> xyz=[1,3,5,3,7,9]
>>> print(xyz[1:5:2])
```

A. [3,3]　　B. [1,3,5,3,7]　　C. [1,5,7]　　D. [3,3,9]

3. 下列方法中可以计算列表长度的是（　　）。

A. count()　　B. range()　　C. len()　　D. size()

4. 以下选项中，不允许使用索引方式运算的是（　　）。

A. 字符串　　B. 元组　　C. 集合　　D. 列表

5．下列方法中可以删除列表中最后一个元素的是（　　）。

A．pop()　　B．del()　　C．clear()　　D．remove()

6．下列方法中能够清空字典的是（　　）。

A．cut()　　B．delete()　　C．drop()　　D．clear()

7．以下选项中，说法错误的是（　　）。

A．列表的索引值是从 1 开始的

B．{}表示的是创建一个空字典，不是空集合

C．字典中“键”必须是唯一的，但“值”可以不唯一

D．集合分为可变集合与不可变集合

8．以下选项中，说法错误的是（　　）。

A．Python 中列表用[]表示

B．Python 中字符串长度是可变的

C．Python 中字典是键值对的无序集合

D．Python 中切片操作适用于所有数据结构类型

三、填空题

1．str1+=str2 加赋值操作等价于________。

2．str1*=str2 乘赋值操作等价于________。

3．字符串 str1='我喜欢 Python'，执行 print(str1)，输出的结果是________，执行 print(str1[:])输出的结果是________，执行 print(str1[::])输出的结果是________。

4．列表 list1=['like'*2]，执行 print(list1)，输出的结果是________。

5．字典 dict1={'Name': 'Zhangsan' , 'Age': 18, 'Sex': 'Male'}，执行 print(dict1['Age'])，输出的结果是________。

6．按照可变类型和不可变类型标准划分，字符串、列表和字典属于________类型，元组和集合属于________类型。

四、程序设计题

1．输入任意一个整数，编写程序，计算并输出其中的位数。

2．编写程序，删除列表中的所有偶数。

3．利用字典存储学生信息，包括姓名、学号、年龄和性别，并根据学号有序输出学生的信息。

项目 6
搭建自己的模块

项目目标

知识目标

熟悉函数的定义和调用
熟悉函数参数的传递方式
熟悉特殊函数的分类和应用
了解常用的内置函数

技能目标

会定义并调用函数
会利用函数解决代码复用问题
会利用匿名函数和递归函数解决实际问题

情感目标

激发使命担当、科技报国的爱国情怀

职业目标

养成科学严谨的工作态度
培养团队协作、有效沟通的能力

项目引导

完成任务

模拟计算器

获取兔子数列

学习路径

通过信息单学习相关的预备知识

通过任务单进行实践操作掌握相关技能

通过评价单获知学习中的不足和改进方法

通过巩固练习完成课后再学习再提高

配套资源

理实一体化教室

视频、PPT、习题答案等

项目实施

随着程序功能的提升，程序开发的难度在不断升级，程序的复杂度也变得越来越高，如果依旧按照以前的方法编写代码，那么程序代码的可读性和后期的维护管理会给开发人员带来更多困扰。为了解决以上问题，提高代码的复用性，更好地组织代码的逻辑和结构引入了“函数”这一概念。

本项目将通过2个任务的讲解，介绍Python中函数的定义和调用、函数参数的传递、特殊函数的应用，以及常用的内置函数等内容。

任务 1 模拟计算器

任务单

任务编号	6-1	任务名称	模拟计算器
任务简介	函数的引入解决了代码复用的问题，提高了程序的可读性，同时，函数的出现可以帮助开发人员解决更为复杂的问题。本任务是利用函数的定义和调用模拟一台计算器		
设备环境	台式机或笔记本电脑，建议使用 Windows 10 以上操作系统		
所在班级		小组成员	
任务难度	初级	指导教师	
实施地点		实施日期	年 月 日
任务要求	创建 Python 文件，完成以下操作。 （1）在程序开头加入注释信息，说明程序功能 （2）定义一个完成四则运算的函数，在函数中根据运算符进行不同的运算 （3）接受用户输入的两个整数 （4）调用定义的函数完成计算器的四则运算功能 （5）运行 Python 程序，显示正确的运行结果		

信息单

在程序开发中，函数是组织好的、用来实现单一功能或关联功能的代码段。前面章节中接触到的函数，如输入函数 input()、输出函数 print()等，都可以将其视为一段有名字的代码，它们可以在需要的地方以“函数名()”的形式调用。

一、认识函数

（一）什么是函数

函数是指被封装起来的、实现某种功能的一段代码。Python 安装包、标准库中自带的函数统称为内置函数，用户自己编写的函数称为自定义函数，不管是哪种函数，其定义和调用方式是一样的。

（二）函数的定义

在 Python 中，可以利用关键字 def 自定义函数，其语法格式如下。

```
def 函数名([参数列表]):
    ["函数文档字符串"]
    函数体
    [return语句]
```

这里，参数列表是指接收用户传入函数中的数据，可省略。

函数文档字符串是指函数的说明信息，可省略。

return 语句是指将结果返回给函数的调用者。

若函数的参数列表为空，则这个函数称为无参函数。

课堂检验 1

具体操作

```
>>> def weather():                    # 函数为无参函数
        print("*" * 13)
        print("日期：10月7日")
        print("温度：23~30℃")
        print("空气状况：良")
        print("*" * 13)
>>>
```

上述无参函数指明了 10 月 7 日这一天的天气情况。

如果在定义函数的时候设置了参数列表，那么就称之为有参函数，它可以实现更灵活的功能。

课堂检验 2

具体操作

```
>>> def modify_weather(today, temp, air_quality):
        print("*"*13)
        print(f"日期：{today}")
        print(f"温度：{temp}")
        print(f"空气状况：{air_quality}")
        print("*" * 13)
>>>
```

上述有参函数可以表示任意某一天的天气情况，范围比无参函数更广，使用更灵活。

（三）函数的调用

定义好的函数直到被程序调用时才会执行。

函数的调用格式如下。

```
函数名([参数列表])
```

这里，参数列表是指调用函数时传入函数中的实际参数值，可省略。

课堂检验 3

具体操作

```
>>> weather()                    # 调用前面定义的无参函数weather()
*************
日期：10月7日
温度：23~30℃
空气状况：良
*************
>>>
```

调用带有参数的函数时需要传入参数，传入的参数称为实际参数。实际参数是程序执行过程中真正会使用的参数。

课堂检验 4

具体操作

```
>>> modify_weather('10月6日','15~30℃','优')  # 调用前面定义的有参函数
*************
日期：10月6日
温度：15~30℃
空气状况：优
*************
>>>
```

程序举例：判断是否是闰年。

本实例要求定义一个函数，用于判断输入的年份是否是闰年，具体要求如下。

（1）输出提示信息：请输入一个年份。

（2）输出判断结果：若是闰年，则输出“是闰年”，否则输出“不是闰年”。

根据题意，利用函数的定义格式定义一个无参函数，将输入的年份放在函数体内。

其代码如下。

```
def is_leapyear():
    year = int(input("请输入一个年份: "))
    if (year % 4 == 0 and year % 100 != 0) or year % 400 == 0:
        print("是闰年")
    else:
        print("不是闰年")
is_leapyear()
```

运行结果如图 6-1 所示。

```
请输入一个年份: 2022
不是闰年
>>>
======================
请输入一个年份: 2024
是闰年
>>> |
```

图 6-1 运行结果 1

如果将输入的年份作为函数的参数，那么就可以定义一个有参函数。

其代码如下。

```
def is_leapyear(year):
    if (year % 4 == 0 and year % 100 != 0) or year % 400 == 0:
        print("是闰年")
    else:
        print("不是闰年")
year=int(input('请输入一个年份:'))
is_leapyear(year)
```

运行结果如图 6-2 所示。

```
请输入一个年份:2023
不是闰年
>>>
======================
请输入一个年份:2020
是闰年
>>> |
```

图 6-2 运行结果 2

二、函数参数的传递

函数参数的传递是指将实际参数传递给形式参数的过程。根据函数参数传递方式的不同，函数的参数可分为位置参数、关键字参数、默认值参数和不定长参数 4 种。

（一）位置参数

调用函数时，解释器会将函数的实际参数按照位置顺序依次传递给形式参数。

课堂检验 5

具体操作

```
>>> def division(num_one, num_two):
        print(num_one / num_two)

>>> division(6,2)     # num_one=6, num_two=2
3.0
>>>
```

（二）关键字参数

关键字参数通过“形式参数=实际参数”的格式将实际参数与形式参数关联，根据形式参数的名称进行参数传递。

课堂检验 6

具体操作

```
>>> def info(name, age, address):
        print(f'姓名:{name}')
        print(f'年龄:{age}')
        print(f'地址:{address}')
>>> info(name='李婷婷',age=21,address='北京')    # 实际参数与形式参数关联
姓名:李婷婷
年龄:21
地址:北京
>>>
```

（三）默认值参数

定义函数时可以指定形式参数的默认值。调用函数时，可分为以下两种情况：一是若未给默认参数传值，则使用参数的默认值；二是若给默认参数传值，则使用实际参数的值。

课堂检验 7

具体操作

```
>>> def connect(ip, port=3306):
        print(f"连接地址为: {ip}")
        print(f"连接端口号为: {port}")
        print("连接成功")
>>> connect('127.0.0.1')  #未给默认参数传值
连接地址为: 127.0.0.1
```

```
连接端口号为：3306
连接成功
>>> connect(ip='127.0.0.1', port=8080)  #给默认参数传值
连接地址为：127.0.0.1
连接端口号为：8080
连接成功
>>>
```

程序举例：整数连乘。

本实例要求编写函数，计算 20×19×18×…×3 的结果。

本实例拟采用默认参数的方式定义和调用函数。

其代码如下。

```
def prot(m,n=3):
    pro = 1
    for i in range(m,n-1,-1):
        pro *= i
    return pro
print(prot(m=20))
```

运行结果如图 6-3 所示。

```
1216451004088320000
>>>
```

图 6-3　运行结果 3

（四）不定长参数

若传入函数中参数的个数不确定，可以使用不定长参数。不定长参数也称可变参数，这种参数接收参数的数量可以任意改变。

其语法格式如下。

```
def 函数名([formal_args,] *args, **kwargs):
    "函数_文档字符串"
    函数体
    [return语句]
```

这里，*args 和**kwargs 都是不定长参数，它们既可以搭配使用，也可以单独使用。

不定长参数*args 用于接收不定数量的位置参数，调用函数时，传入的所有参数被*args 接收后以元组的形式保存。

不定长参数**kwargs 用于接收不定数量的关键字参数，调用函数时，传入的所有参数被**kwargs 接收后以字典的形式保存。

课堂检验 8

具体操作

```
>>> def average(*a):    #不定数量的位置参数，参数将以元组的形式保存
        sum,n = 0,0
        for i in a:
            sum += i
            n=n+1
        ave = sum/n
        return ave
```

```
>>> print(average(98,93,97,88,79,90))
90.83333333333333
>>>
```

课堂检验 9

具体操作

```
>>> def code(**mail_list):  #不定数量的关键字参数，参数将以字典的形式保存
        name=input('请输入要查找的人名:')
        if name in mail_list:
           return mail_list[name]
        else:
           return '查无此人'
>>> print(code(tom=15677389969,marry=18877236686,jack=13825839988))
请输入要查找的人名:marry
18877236686
>>>
```

三、函数的返回值

如果函数体经过处理以后有计算结果，除了直接利用 print()函数输出，还可以在函数体中通过 return 语句返回主调函数。因此，函数中的 return 语句可以在函数结束时将数据返回程序，同时让程序回到函数被调用的位置继续执行。

课堂检验 10

具体操作

```
>>> def filter_words(words):   # 定义过滤敏感词的函数
 if '躺平' in words:
         new_words=words.replace('躺平','***')
         return new_words
>>> result=filter_words('目前情况我们不能躺平！')
>>> print(result)
目前情况我们不能***！
>>>
```

函数 filter_words()接收从主调程序传入的字符串，将该字符串中的“躺平”替换为“***”，并利用 return 语句返回替换后的字符串。主调程序调用 filter_words()函数，利用变量 result 保存返回值。

当 return 语句返回一个值时，会被保存在变量中，当 return 语句返回多个值时，这些值会被保存在元组中。

课堂检验 11

具体操作

```
>>> def move(x,y,step):          # 定义控制游戏角色位置的函数
 n_x=x+step
         n_y=y-step
         return n_x,n_y          # 利用return语句返回多个值
>>> result=move(100,200,80)
>>> print(result)
```

```
(180, 120)
>>>
```

四、变量作用域

变量并不是在程序的任意位置都可以被访问的，其访问权限取决于变量的定义位置。变量的作用域是指变量的作用范围，根据作用范围，Python 中的变量分为局部变量和全局变量。

（一）局部变量

局部变量是指在函数内定义的变量。局部变量只在定义它的函数内生效。局部变量只能在函数内部使用，不能在函数外部使用。当函数执行结束后，局部变量会被释放，此时无法进行访问。

课堂检验 12

具体操作

```
>>> def use_var():
        name = 'Python'            # 局部变量
        print(name)                # 函数内访问
>>> use_var()
Python
>>> print(name)                    # 函数外访问
Traceback (most recent call last):
  File "<pyshell#3>", line 1, in <module>
    print(name)
NameError: name 'name' is not defined
>>>
```

（二）全局变量

全局变量是指在函数外定义的变量。全局变量可以在程序中的任何位置被访问。全局变量在整个程序的范围内起作用，不受函数范围的影响。函数中只能访问全局变量，但不能修改全局变量。

若要在函数内部修改全局变量的值，需要首先在函数内利用关键字“global”进行声明。

课堂检验 13

具体操作

```
>>> count = 10             # 全局变量
>>> def use_var():
       global count        # 声明全局变量
       count = 0
       print(count)
>>> use_var()
>>> print(count)
0
>>>
```

程序举例：冰雹猜想。

冰雹猜想是一种数学现象，它的具体内容是以一个正整数 n 为例，如果 n 为偶数，就将它变为 $n/2$，若 $n/2$ 为奇数，则将它乘以 3 加 1，即 $3n/2+1$。不断重复这样的运算，经过有限步后，必然会得到 1。根据数学家们的攻关研究表明，所有小于 7×1011 的自然数都符合这个规律。本实例要求编写代码，计算用户输入的数据按照以上规律经过多少次运算后可以变成 1。

本实例将冰雹猜想的运算定义为函数 guess()，运算次数由变量 i 统计，初值为 0。首先，将运算的数据 number 记录到变量 original_number 中。然后，利用 while 循环进行冰雹运算，直到数据变为 1 为止。

其代码如下。

```
# 冰雹猜想
def guess(number):
    i = 0                              # 统计变换的次数
    original_number = number           # 记录最初的number
    while number != 1:
        if number % 2 == 0:            # number为偶数
            number = number / 2
        else:                          # number为奇数
            number = number * 3 + 1
        i += 1
    print(f"{original_number}经过{i}次变换后回到1")
num = int(input("请输入一个大于1的正整数:"))
guess(num)
```

运行结果如图 6-4 所示。

```
请输入一个大于1的正整数:32
32经过5次变换后回到1
>>> |
```

图 6-4　运行结果 4

任务实践

模拟计算器。计算器极大地提高了人们进行数字计算的效率与准确性，平时简单的计算都离不开计算器。计算器最基本的功能是四则运算。

本任务要求编写程序，实现计算器的四则运算功能。

假设本任务中的计算器具有最基本的加、减、乘、除 4 项运算功能，可实现两个数的和、差、积、商的运算。因此，定义一个包含两个参数的函数，第 1 个参数接收用户输入的第 1 个数，第 2 个参数接收用户输入的第 2 个数，该函数主要实现的是加、减、乘、除 4 项运算功能，执行哪种运算功能需要用户输入相应的运算符，再根据该运算符计算结果即可。

其代码如下。

```
# 模拟计算器
def oper(x, y):
    operator = input('请选择要执行的运算：+、-、*、/' + '\n')
    if operator == "+":
```

```
        print("计算结果为:", x + y)
    elif operator == '-':
        print("计算结果为:", x - y)
    elif operator == '*':
        print("计算结果为:", x * y)
    elif operator == '/':
        if y == 0:
            print('被除数不能为0')
        else:
            print("计算结果为:", x / y)
a = int(input('请输入第一个数:'))
b = int(input('请输入第二个数:'))
oper(a, b)
```

在以上代码中，首先定义了一个包含两个形式参数 x 和 y 的函数 oper()，在函数中接收用户输入的运算符 operator，并根据不同的 operator 执行相应的运算。然后函数外通过接收用户输入的两个实际参数 a 和 b，并通过调用 oper()函数，将实际参数按照位置依次传递给形式参数 x 和 y，从而获得计算的值并输出计算结果。

运行结果如图 6-5 所示。

```
请输入第一个数:67
请输入第二个数:89
请选择要执行的运算: +、-、*、/
+
计算结果为: 156
>>>
====================== RESTART:
请输入第一个数:160
请输入第二个数:20
请选择要执行的运算: +、-、*、/
/
计算结果为: 8.0
>>>
```

图 6-5　运行结果 5

评价单

任务编号	6-1	任务名称	模拟计算器
评价项目		自评	教师评价
课堂表现	学习态度（20 分）		
	课堂参与（10 分）		
	团队合作（10 分）		
技能操作	创建 Python 文件（10 分）		
	编写 Python 代码（40 分）		
	运行并调试 Python 程序（10 分）		
评价时间	年　月　日	教师签字	

评价等级划分						
项目		A	B	C	D	E
课堂表现	学习态度	在积极主动、虚心求教、自主学习、细致严谨上表现优秀	在积极主动、虚心求教、自主学习、细致严谨上表现良好	在积极主动、虚心求教、自主学习、细致严谨上表现较好	在积极主动、虚心求教、自主学习、细致严谨上表现尚可	在积极主动、虚心求教、自主学习、细致严谨上表现不佳
	课堂参与	积极参与课堂活动，参与内容完成得很好	积极参与课堂活动，参与内容完成得好	积极参与课堂活动，参与内容完成得较好	能参与课堂活动，参与内容完成得一般	能参与课堂活动，参与内容完成得欠佳
	团队合作	具有很强的团队合作能力、能与老师和同学进行沟通交流	具有良好的团队合作能力、能与老师和同学进行沟通交流	具有较好的团队合作能力、尚能与老师和同学进行沟通交流	能与团队进行合作、与老师和同学进行沟通交流的能力一般	不能与团队进行合作、不能与老师和同学进行沟通交流
技能操作	创建	能独立并熟练地完成	能独立并较熟练地完成	能在他人提示下顺利完成	能在他人帮助下完成	未能完成
	编写	能独立并熟练地完成	能独立并较熟练地完成	能在他人提示下顺利完成	能在他人帮助下完成	未能完成
	运行并调试	能独立并熟练地完成	能独立并较熟练地完成	能在他人提示下顺利完成	能在他人帮助下完成	未能完成

任务 2 获取兔子数列

扫一扫

任务单

任务编号	6-2	任务名称	获取兔子数列
任务简介	在 Python 中，除了自定义函数，还提供了两种特殊形式的函数，即匿名函数和递归函数。本任务是利用递归函数获取一年的兔子数列		
设备环境	台式机或笔记本电脑，建议使用 Windows 10 以上操作系统		
所在班级		小组成员	
任务难度	初级	指导教师	
实施地点		实施日期	年 月 日
任务要求	创建 Python 文件，完成以下操作。 （1）在程序开头加入注释信息，说明程序功能 （2）将若干月的兔子数列的运算定义成递归函数 （3）调用递归函数求 12 个月的兔子数列值 （4）输出兔子数列结果 （5）运行 Python 程序，显示正确的运行结果		

信息单

一、函数的特殊形式

在 Python 中，除了前面介绍的标准函数和自定义函数，还提供了两个具有特殊形式的函数，即匿名函数和递归函数。

（一）匿名函数

匿名函数是指无须函数名标识的函数，它的函数体只能是单个表达式。在 Python 中，利用关键字 lambda 定义匿名函数。

其语法格式如下。

```
函数名 = lambda <参数列表>: <表达式>
```

匿名函数并非没有名字，而是将函数名作为函数结果返回。

其语法格式如下。

```
def 函数名(<参数列表>):
return <表达式>
```

匿名函数与普通函数的区别如表 6-1 所示。

表 6-1 匿名函数与普通函数的区别

普通函数	匿名函数
需要利用函数名进行标识	无须利用函数名进行标识
函数体中可以有多条语句	函数体只能是一个表达式

续表

普通函数	匿名函数
可以实现比较复杂的功能	只能实现比较单一的功能
可以被其他程序使用	不能被其他程序使用

课堂检验 14

具体操作

```
>>> area = lambda a, h: (a * h) * 0.5          # 求直角三角形的面积
>>> print(area(3, 4))
6.0
>>>
```

匿名函数由关键字 lambda 开头，参数列表后的函数体是求直角三角形面积的公式。定义好的匿名函数不能直接使用，一般保存在变量中，以便后期随时使用。例如，上面的变量 area 作为匿名函数的临时名称来调用函数。

（二）递归函数

递归函数是一个函数过程在定义中直接调用自身的一种方法，它通常把一个大型的复杂问题层层转化为一个与原问题相似，但规模较小的问题进行求解。

如果一个函数中调用了函数本身，那么这个函数就是递归函数。

递归函数只需少量代码就可以描述出解题过程中所需要的多次重复计算，大大减少了程序的代码量。

递归函数通常用于解决结构相似的问题，它采用递归的方式，将一个复杂的大型问题转化为与原问题结构相似的、规模较小的若干子问题，之后对最小化的子问题求解，从而得到原问题的解。

递归函数的定义需要满足两个基本条件：一是递归公式，二是边界条件。其中，递归公式是求解原问题或相似子问题的结构；边界条件是最小化的子问题，也是递归终止的条件。

递归函数的定义格式如下。

```
def 函数名([参数列表]):
if 边界条件:
   return 结果
else:
   return 递归公式
```

调用递归函数时，也需要确定两点，一是递归公式，二是边界条件。递归公式是递归求解过程中的归纳项，用于处理原问题及与原问题规律相同的子问题。边界条件即终止条件，用于终止递归。

递归函数的执行分为以下两个阶段。

（1）递推阶段：递归本次的执行都基于上一次的运算结果。

（2）回溯阶段：遇到终止条件时，沿着递推往回一级一级地把值返回来。

课堂检验 15

具体操作

```
>>> #求一个自然数中所有数字的和
```

```
>>> def sum_digit(n):
        if n < 10:
            return n
        else:
            last = n % 10
            all_but_last = n // 10
        return sum_digit(all_but_last) + last
>>> x=int(input('输入一个自然数:'))
输入一个自然数:238
>>> result = sum_digit(x)
>>> print(result)
13
>>>
```

程序举例：求正整数 n 的阶乘。

阶乘是递归函数中最经典的应用。在数学中，求正整数 $n!$（n 的阶乘）问题可以用如下数学表达式表示。

$$n!=\begin{cases}1 & n=0,1\\ n(n-1)! & n>1\end{cases}$$

由公式可知，根据 n 的取值可以分为以下两种情况。

（1）当 n=0 或 1 时，所得结果为 1。

（2）当 n>1 时，所得结果为 $n(n-1)!$。

利用递归函数求解阶乘时，n=1 是边界条件，$n(n-1)!$是递归公式。

其代码如下。

```
def factorial(n):
    if n == 1or n==0:
        return 1
    else:
        return n * factorial(n - 1)
n=int(input('n='))
print(f'{n}!={factorial(n)}')
```

运行结果如图 6-6 所示。

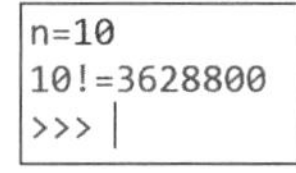

图 6-6 运行结果 6

二、常用的内置函数

Python 内置了一些实现特定功能的函数，这些函数无重新定义便可直接使用。

常用的内置函数如表 6-2 所示。

表 6-2 常用的内置函数

函数	说明
abs()	计算绝对值，其参数必须是数字类型
len()	返回序列对象（字符串、列表、元组等）的长度
map()	根据提供的函数对指定的序列做映射

续表

函数	说明
help()	用于查看函数或模块的使用说明
ord()	用于返回 Unicode 中字符对应的码值
chr()	与 ord()功能相反，用于返回码值对应的 Unicode 中的字符
filter()	用于过滤序列，返回由符合条件的元素组成的新序列

（一）abs()函数

abs()函数用于计算绝对值，其参数必须是数字类型。如果参数是一个复数，那么 abs()函数返回的绝对值就是此复数与它的共轭复数乘积的平方根。

课堂检验 16

具体操作

```
>>> print(abs(-5))
5
>>> print(abs(8 + 3j))
8.54400374531753
>>>
```

（二）ord()函数

ord()函数用于返回字符在 Unicode 编码表中对应的码值，其参数是一个字符。

课堂检验 17

具体操作

```
>>>  print(ord('a'))
97
>>> print(ord('A'))
65
>>> print(ord('好'))
22909
>>>
```

（三）chr()函数

chr()函数和 ord()函数的功能相反，可根据码值返回相应的 Unicode 中的字符。chr()函数的参数是一个整数，取值范围为 0～255。

课堂检验 18

具体操作

```
>>>  print(chr(97))
a
>>> print(chr(65))
A
>>> print(chr(22909))
好
>>>
```

任务实践

获取兔子数列。兔子数列又称斐波那契数列、黄金分割数列，是由数学家列昂纳多·斐波那契以兔子繁殖的例子引出的，故此得名。

兔子繁殖的故事如下：兔子一般在出生 2 个月之后就有了繁殖能力，每对兔子每月可以繁殖 1 对小兔子，假如所有的兔子都不会死，试问一年以后共有多少对兔子？

本任务要求编写代码，利用递归函数实现根据月份计算兔子总数量的功能。

根据题意，本任务中兔子数列满足如下公式。

$$f(1)=1, f(2)=1, f(n)=f(n-1)+f(n-2) \quad (n>=3, n\in \mathrm{N})$$

因此，利用递归函数求解兔子数列时，n=1 或 2 是边界条件，$f(n)=f(n-1)+f(n-2)$是递归公式。

其代码如下。

```
# 获取兔子数列
def fibonacci(month):
    if month == 0 or month == 1:
        return 1
    else:
        return fibonacci(month-1) + fibonacci(month-2)
# 测试经过12个月后的兔子对数
result = fibonacci(12)
print(f'12个月后兔子总数有{result}只')
```

运行结果如图 6-7 所示。

```
12个月后兔子总数有233只
>>> |
```

图 6-7 运行结果 7

评价单

任务编号	6-2	任务名称	获取兔子数列
评价项目		自评	教师评价
课堂表现	学习态度（20 分）		
	课堂参与（10 分）		
	团队合作（10 分）		
技能操作	创建 Python 文件（10 分）		
	编写 Python 代码（40 分）		
	运行并调试 Python 程序（10 分）		
评价时间	年　月　日	教师签字	

评价等级划分						
项目		A	B	C	D	E
课堂表现	学习态度	在积极主动、虚心求教、自主学习、细致严谨上表现优秀	在积极主动、虚心求教、自主学习、细致严谨上表现良好	在积极主动、虚心求教、自主学习、细致严谨上表现较好	在积极主动、虚心求教、自主学习、细致严谨上表现尚可	在积极主动、虚心求教、自主学习、细致严谨上表现不佳
	课堂参与	积极参与课堂活动，参与内容完成得很好	积极参与课堂活动，参与内容完成得好	积极参与课堂活动，参与内容完成得较好	能参与课堂活动，参与内容完成得一般	能参与课堂活动，参与内容完成得欠佳
	团队合作	具有很强的团队合作能力、能与老师和同学进行沟通交流	具有良好的团队合作能力、能与老师和同学进行沟通交流	具有较好的团队合作能力、尚能与老师和同学进行沟通交流	能与团队进行合作、与老师和同学进行沟通交流的能力一般	不能与团队进行合作、不能与老师和同学进行沟通交流
技能操作	创建	能独立并熟练地完成	能独立并较熟练地完成	能在他人提示下顺利完成	能在他人帮助下完成	未能完成
	编写	能独立并熟练地完成	能独立并较熟练地完成	能在他人提示下顺利完成	能在他人帮助下完成	未能完成
	运行并调试	能独立并熟练地完成	能独立并较熟练地完成	能在他人提示下顺利完成	能在他人帮助下完成	未能完成

项目小结

本项目主要介绍了 Python 中的函数，包括函数的定义和调用、函数参数的传递、变量作用域、匿名函数、递归函数，以及 Python 常用的内置函数。

通过本项目的学习，希望能够灵活地定义和使用函数，为解决更复杂的问题打好基础。

巩固练习

一、判断题

1. 函数的名称可以随意命名。（ ）
2. 不带 return 语句的函数代表返回 None。（ ）
3. 默认情况下，参数值和参数名是跟函数声明定义的顺序匹配的。（ ）
4. 函数定义完成后，系统会自动执行其内部的功能。（ ）
5. 函数体以冒号起始，并且是缩进格式的。（ ）
6. 带有默认值的参数一定位于参数列表的末尾。（ ）
7. 局部变量的作用域是整个程序，任何时候使用都有效。（ ）
8. 函数的位置参数有严格的位置关系。（ ）
9. 在任何函数内部都可以直接访问和修改全局变量。（ ）
10. 变量在程序的任何位置都可以被访问。（ ）

二、选择题

1. 下面关于函数的说法，错误的是（ ）。
   A. 函数可以减少代码的重复，使得程序更加模块化
   B. 在不同的函数中可以使用相同名字的变量
   C. 调用函数时，传入参数的顺序和函数定义时的顺序可以不同
   D. 函数体中如果没有 return 语句，也会返回一个 None 值
2. 利用（ ）关键字可以创建自定义函数。
   A. function　　B. func
   C. def　　D. procedure
3. 利用（ ）关键字可以声明匿名函数。
   A. function　　B. file
   C. lambda　　D. procedure
4. 下列有关函数的说法中，正确的是（ ）。
   A. 函数的定义必须在程序的开头
   B. 函数定义后，其中的程序就可以自动执行
   C. 函数定义后需要调用才会执行
   D. 函数体与关键字 def 必须左对齐
5. 下列关于函数的说法中，描述错误的是（ ）。
   A. 函数可以减少重复的代码，使程序更加模块化
   B. 不同的函数中可以使用相同名字的变量

C．调用函数时，实参的传递顺序与形参的顺序可以不同

D．匿名函数与利用 def 关键字定义的函数没有区别

三、填空题

1．函数可以有多个参数，参数之间利用________分隔。

2．利用________语句可以返回函数值并退出函数。

3．通过________结束函数，从而选择性地返回一个值给调用方。

4．函数能处理比声明时更多的参数，它们是________参数。

5．在函数里面调用另外一个函数，这就是函数________调用。

6．在函数的内部定义的变量称作________变量。

7．全局变量定义在函数外，可以在________范围内访问。

8．需要在变量的前面加上________关键字。

9．匿名函数是一类无定义________的函数。

10．若函数内部调用了自身，则这个函数被称为________。

四、程序设计题

1．请简述局部变量和全局变量的区别。

2．构建函数，判断用户传入的对象（字符串、列表、元组）长度是否大于 5。

3．编写程序，定义函数求 20×19×18×…×3 的值。

4．构建函数，检查传入列表的长度，如果大于 2，那么就仅仅保留前两个长度的内容，并将新内容返回给调用者。

项目 7
读写文件及格式化数据

项目目标

知识目标

熟悉文件的打开和关闭
熟悉读文件和写文件
熟悉文件的定位和路径操作
熟悉文件的拷贝和重命名
了解数据维度的含义

技能目标

会打开文件和关闭文件的操作
会进行读文件和写文件的操作
会进行文件的定位、拷贝和重命名
掌握数据的格式化

情感目标

激发使命担当、科技报国的爱国情怀

职业目标

养成缜密严谨的科学态度
培养刻苦钻研的探索精神

项目引导

完成任务

查询身份证归属地

输出杨辉三角形

学习路径

通过信息单学习相关的预备知识

通过任务单进行实践操作掌握相关技能

通过评价单获知学习中的不足和改进方法

通过巩固练习完成课后再学习再提高

配套资源

理实一体化教室

视频、PPT、习题答案等

项目实施

程序运行过程中的原始数据、中间结果和最后结果，除了可以使用变量来保存，还可以利用文件来保存。二者的区别在于，前者只能保存少量数据，并且程序运行结束后，数据将会丢失；而后者既可以保存大量数据，又可以永久保存数据。另外，程序的输入和输出既可以利用键盘和显示器来完成，也可以利用文件来完成。

本项目将通过 2 个任务的讲解，介绍 Python 中文件的打开和关闭、文件的读和写操作、文件的定位、文件的拷贝和重命名，以及数据维度与数据格式化等内容。

任务 1 查询身份证归属地

任务单

任务编号	7-1	任务名称	查询身份证归属地
任务简介	在程序运行过程中，除了可以利用变量来保存数据，还可以利用文件来保存数据，而且文件既可以保存大量数据，又可以永久保存数据。本任务通过文件的打开和关闭，以及文件的读和写操作来查询身份证的归属地		
设备环境	台式机或笔记本电脑，建议使用 Windows 10 以上操作系统		
所在班级		小组成员	
任务难度	中级	指导教师	
实施地点		实施日期	年 月 日
任务要求	创建 Python 文件，完成以下操作。 （1）在程序开头加入注释信息，说明程序功能 （2）导入包含将字符串转换为字典功能的模块 json （3）打开“身份证码值对照表.txt”文件后读取数据 （4）调用 loads()函数将字符串类型的数据转换为字典类型 （5）接收用户输入的身份证前 6 位数字，并与字典中的键逐个对比，若相等，则获取字典中该键对应的值 （6）关闭文件并运行 Python 程序，显示正确的运行结果		

信息单

认识文件

文件就是计算机中由操作系统管理的具有名字的存储区域。文件是 Python 中的一个非常重要的概念，与平时接触的计算机文件一样，Python 中的文件包含 txt、office、pdf 等内容。

（一）什么是文件

文件是指存储在外部介质中的数据集合。文件既可以保存大量数据，又可以永久保存数据。用文件的形式组织和表达数据更有效也更为灵活。本质上，文件就是数据的集合。文件主要分为两个类型，即文本文件和二进制文件。

文本文件由单一、特定编码的字符组成，如 UTF-8 编码，本质上可以将文本文件看作是存储在磁盘上的长字符串。大部分文本文件都可以通过文本编辑软件或文字处理软件来创建、修改和阅读。

二进制文件直接由 0、1 组成，文件内部数据的组织格式与文件用途有关，如 png 格式的图片文件、avi 格式的视频文件。二进制文件与文本文件最主要的区别在于是否有统一的字符编码。

（二）文件的打开和关闭

在 Python 中，文件的使用流程与其他语言一样，也是打开→读写→关闭，关闭的目的是为了保证文件中数据的安全。

1. 文件的打开

在 Python 中，可以通过解释器内置的 open()函数打开一个文件，并实现该文件与一个程序变量的关联。

其语法格式如下。

```
open(file, mode='r', encoding=None)
```

这里，file 表示待打开文件的文件名；

mode 表示文件的打开模式；

encoding 表示文件的编码格式。

open()函数用于打开文件，若该函数被调用成功，则会返回一个文件对象（文件句柄）。

课堂检验 1

具体操作

```
>>> f1=open('abc.txt','r',encoding='utf-8')
>>> f2=open("d:\\test.txt",'w',encoding='gb2312')
>>> f3=open('e:/myfile/abc.txt','rb')
>>>
```

常用的文件打开模式有 r、w、a、b、+，这些模式的含义如表 7-1 所示。

表 7-1 常用的文件打开模式及含义

文件打开模式	含义
r	以只读方式打开文件，默认值
w	以只写方式打开文件
a	以追加方式打开文件
b	以二进制方式打开文件
+	以更新方式打开文件

另外，文件的打开模式可搭配使用，文件打开模式的常用搭配如表 7-2 所示。

表 7-2 文件打开模式的常用搭配

打开模式	名称	描述
r/rb	只读模式	以只读的方式打开文本文件/二进制文件，若文件不存在或无法找到，则 open()函数调用失败
w/wb	只写模式	以只写的方式打开文本文件/二进制文件，若文件已存在，则重写文件，否则，创建新文件
a/ab	追加模式	以追加的方式打开文本文件/二进制文件，只允许在该文件末尾追加数据，若文件不存在，则创建新文件
r+/rb+	读取（更新）模式	以读/写的方式打开文本文件/二进制文件，若文件不存在，则 open()函数调用失败

续表

打开模式	名称	描述
w+/wb+	写入（更新）模式	以读/写的方式创建文本文件/二进制文件，若文件已存在，则重写文件
a+/ab+	追加（更新）模式	以读/写的方式打开文本文件/二进制文件，只允许在该文件末尾追加数据，若文件不存在，则创建新文件

2. 文件的关闭

close()方法用于关闭文件，该方法没有参数，直接调用即可。

其语法格式如下。

```
文件对象.close()
```

课堂检验 2

具体操作

```
>>> f1.close()
>>> f2.close()
>>>
```

close()方法关闭了前面打开的“abc.txt”文件和“d:\\test.txt”文件，保护了文件中的数据不被破坏。

（三）从文件中读取数据

文件被打开后，根据打开方式的不同可以对文件进行相应的读写操作。当文件以文本文件的方式打开时，读写按照字符串的方式进行，使用当前计算机的编码或指定编码；当文件以二进制文件的方式打开时，读写按照字节流的方式进行。

1. 数据的读取

read()方法可以从指定文件中读取指定数据，其语法格式如下。

```
文件对象.read([size])
```

这里，参数 size 表示设置的读取数据的字节数，若该参数是默认值，则一次读取指定文件中的所有数据。

课堂检验 3

具体操作

```
>>> f = open("端午节.txt", 'r',encoding='utf-8')
>>> f.read(4)
'端午即事'
>>> f.read(5)
'宋 文天祥'
>>> f.read()
'五月五日午,赠我一枝艾.故人不可见,新知万里外.丹心照夙昔,鬓发日已改.我欲从灵均,
三湘隔辽海.端午即事 宋 文天祥 五月五日午,赠我一枝艾.故人不可见,新知万里外.丹心照夙昔,鬓
发日已改.我欲从灵均,三湘隔辽海.'
>>>
```

readline()方法可以一次读取文件中的一行数据，其语法格式如下。

```
文件对象. readline()
```

课堂检验 4

具体操作

```
>>> f = open("端午节.txt", 'r',encoding='utf-8')
>>> f.readline()
'端午即事 宋 文天祥 五月五日午,赠我一枝艾.故人不可见,新知万里外.丹心照夙昔,鬓发日已改.我欲从灵均,三湘隔辽海.端午即事 宋 文天祥 五月五日午,赠我一枝艾.故人不可见,新知万里外.丹心照夙昔,鬓发日已改.我欲从灵均,三湘隔辽海.'
>>>
```

使用 readlines()方法可以一次读取文件中的所有数据，其语法格式如下。

```
文件对象. readlines()
```

使用 readlines()方法在读取数据后会返回一个列表，该列表中的每个元素对应着文件中的每一行数据。

课堂检验 5

具体操作

```
>>> f = open("端午节.txt", 'r',encoding='utf-8')
>>> f.readlines()
['端午即事 宋 文天祥 五月五日午,赠我一枝艾.故人不可见,新知万里外.丹心照夙昔,鬓发日已改.我欲从灵均,三湘隔辽海.端午即事 宋 文天祥 五月五日午,赠我一枝艾.故人不可见,新知万里外.丹心照夙昔,鬓发日已改.我欲从灵均,三湘隔辽海.']
>>>
```

专家点睛

使用 read()方法（参数是默认值时）和 readlines()方法都可以一次读取文件中的全部数据，但这两种操作都不够安全。因为计算机的内存是有限的，若文件较大，则使用 read()方法和 readlines()方法进行一次读取便会耗尽系统内存。为了保证读取安全，通常采用多次调用 read(size)方法，每次只读取 size 字节的数据。

课堂检验 6

具体操作

```
>>> # 读取文本文件并逐行打印
>>> myfile = open('text7_3.txt', 'r')    # 打开文件
>>> for line in myfile.readlines():
        print(line)
>>> myfile.close()                        # 关闭文件
```

课堂检验 7

具体操作

```
>>> # 利用文件迭代器读取文本文件并逐行打印
>>> for line in open('myfile'):
        print(line, end='')
>>> myfile.close()                   # 关闭文件
```

当想要一行一行地扫描一个文本文件时，文件迭代器往往是最佳选择。当以这种方式编码时，利用 open()函数临时创建的文件对象将自动在每次循环迭代的时候读入并返回一行。这种方式通常很容易编写，对于内存使用较好，并且比其他选项更快。

2. 向文件写入数据

通过 write()方法向文件中写入数据，其语法格式如下。

```
文件对象. write(str)
```

这里，参数 str 表示要写入的字符串。若字符串写入成功，则 write()方法返回本次写入文件的长度。

课堂检验 8

具体操作

```
>>> f = open("abc.txt",'w')
>>> f.write("I study Python.")
15
>>>
```

通过利用 writelines()方法向文件写入字符串序列，其格式如下。

```
文件对象. writelines([str])
```

这里，参数 str 表示要写入的字符串。

课堂检验 9

具体操作

```
>>> f = open("abc.txt",'w')
>>> f.writelines('快来跟我学Python.')
>>> f.close()
>>> f = open("abc.txt",'r')
>>> f.readlines()
['快来跟我学python.']
>>>
```

如果希望文件写入一个列表并输出，需要先创建好列表。

课堂检验 10

具体操作如下。

```
>>> f_name = input("请输入要写入的文件:")
>>> fo = open(fname, 'wr')                          # 打开文件
>>> ls = ['早餐', '午餐', '晚餐']
>>> fo.writelines(ls)                               # 将列表内容写入文件
>>> for line in fo:
>>>     print(line)
>>> fo.close()
请输入要写入的文件: test7_1.py
早餐午餐晚餐
```

在上述代码中，writelines()方法并没有将列表写入文件后增加换行，只是将列表内容直接排列并写入文件中。

程序举例：储存一句话。

通过键盘输入一个字符串，将大写字母全部转换成小写字母，然后输出到一个磁盘

文件“test”中保存。

本实例拟采用文件的读与写来完成。

其代码如下。

```
fp = open('test.txt','w')
string = input('请输入一个字符串:\n')
string = string.lower()
fp.write(string)
fp = open('test.txt','r')
print(fp.read())
fp.close()
```

运行结果如图 7-1 所示。

```
请输入一个字符串:
LIFE IS BEAUTIFUL,I STUDY PYTHON.
life is beautiful,I study Python.
>>> |
```

图 7-1　运行结果 1

（四）文件的定位读取

当读取文件内容时，会存在不能重复读取的问题。例如，两次读取同一个 txt 文件里的内容时，第一次会正常返回文件内容，第二次则返回“”。如果想要重复读取同一文件，就要利用文件指针。

文件指针标记了要从哪个位置开始读取文件中的数据，通常文件指针会指向文件的开始位置。但当执行完 read()方法后，文件指针会移动到文件末尾，从而影响第二次读取。

1. 文件的定位

在文件的一次打开与关闭之间进行的读写操作都是连续的，程序总是从上次读写的位置继续向下进行读写操作。

实际上，每个文件对象都有一个称为“文件读写位置”的属性，该属性用于记录文件当前读写的位置，通常称之为“文件指针”。

课堂检验 11

具体操作

```
>>> f=open("f1.txt",'w')
>>> f.write("hello! world.")
13
>>> f.close()
>>> f=open("f1.txt",'r')
>>> f.read(6)
'hello!'
>>> f.read(5)
'world'
>>>
```

2. 获取当前指针的位置

通过 tell()方法可以获取当前文件读写的位置，也就是指针的位置，其语法格式如下。

```
文件对象. tell()
```

课堂检验 12

具体操作

```
>>> f=open('abc.txt','w')
>>> f.write('白日依山尽，黄河入海流；欲穷千里目，更上一层楼。')
24
>>> f.close()
>>> f=open('abc.txt','r')
>>> f.read(6)
'白日依山尽，'
>>> f.tell()
12
```

3. 设置当前指针的位置

通过 seek()方法可以设置当前文件读写的位置，也就是指针的位置，其语法格式如下。

```
文件对象. seek(offset, from)
```

这里，offset 表示偏移量，即读写位置需要移动的字节数；from 用于指定文件读写的位置，该参数的取值有 0、1、2，其中 0 表示在开始位置读写；1 表示在当前位置读写；2 表示在末尾位置读写。

课堂检验 13

具体操作

```
>>> f=open('abc.txt','w')
>>> f.write('白日依山尽，黄河入海流；欲穷千里目，更上一层楼。')
24
>>> f.close()
>>> f=open('abc.txt','r')
>>> f.read(5)
'白日依山尽'
>>> f.seek(4,0)
4
>>> f.read(2)
'依山'
>>> f.seek(12,0)
12
>>> f.read(5)
'黄河入海流'
>>> f.read(1)
'；'
>>>
```

在一般情况下，利用解释器打开的文件都是文本文件，这些文件符合 ASCII 码、Unicode 码规范。如果文件的编码不符合任意一种文字编码规范，而且利用文本编辑器打开只能看到乱码，那么就可以认为它属于二进制文件。常见的二进制文件有图像、声音等。

在 Python 中，文本文件把内容表示为常规的字符串，自动执行 Unicode 编码和解码，并且默认执行末行转换。但在二进制文件中，内容会被表示为一个特殊的 bytes 字符串类型，并且允许程序不修改地访问文件内容。

如果打开的文件是二进制文件，那么文本文件的各种方法均可适用，不同的就是二进制文件读写的是 bytes 字符串。

课堂检验 14

具体操作

```
>>> # 二进制文件指针操作
>>> myfile = open('text7_4.txt', 'rb+')        # 打开二进制文件
>>> myfile.write(b'012345abc')
>>> myfile.seek(5)                              # 第六个字节
a
>>> myfile.read(1)
b'a'
>>>
```

（五）复制文件与重命名文件

对于用户而言，文件是以不同的形式展现的，Python 中除了内置方法，os 模块中也定义了与文件操作相关的函数，利用这些函数可以实现重命名文件、删除文件等操作。

1. 复制文件

复制文件即创建文件的副本，也是文件的打开、读或写、关闭的操作，基本逻辑如图 7-2 所示。

打开文件 → 读取文件内容 / 创建新文件，将数据写入到新文件中 → 关闭文件，保存数据

图 7-2　复制文件的基本逻辑

程序举例：信息安全之备份文件。

当前目录下有一个文本文件 test.txt，其内容包含小写字母和大写字母。请将该文件拷贝到另一文件 test_copy.txt 中，并将原文件中的小写字母全部转换为大写字母，其余格式均不变。

本实例拟采用上述基本逻辑完成文件的拷贝。

其代码如下。

```
f=open('test.txt','w')
f.write("Life is beautiful,")
f.write("I study Python.")
f = open('test.txt','r', encoding='utf-8')
file_one = f.readlines()
g= open("test_copy.txt",'w')
for line in file_one:
   g.write(line.upper())
g= open("test_copy.txt",'r')
text=g.read()
print(text)
f.close()
g.close()
```

运行结果如图 7-3 所示。

```
LIFE IS BEAUTIFUL,I STUDY PYTHON.
>>>
```

图 7-3　运行结果 2

2. 重命名文件

在 os 模块中，提供了 rename()函数，用来实现更改文件名的操作。

其语法格式如下。

```
rename(原文件名, 新文件名)
```

课堂检验 15

具体操作

```
>>> import os
>>> os.rename('test.txt','myfile.txt')
>>> new = open('myfile.txt','r',encoding='utf-8')
>>> new.read()
'Life is beautiful,I study Python.'
>>> os.rename('my_file.txt','myfile.txt')
Traceback (most recent call last):
  File "<pyshell#4>", line 1, in <module>
    os.rename('my_file.txt','myfile.txt')
FileNotFoundError: [WinError 2] 系统找不到指定的文件。: 'my_file.txt' ->
'myfile.txt'
```

专家点睛

需要重命名的文件必须存在，否则解释器会报错!

3. 删除文件

在 os 模块中，提供了 remove()函数，用来实现删除文件名的操作。

其语法格式如下。

```
remove(文件名)
```

这里，文件名为要删除的文件，它必须存在。

课堂检验 16

具体操作

```
>>> import os
>>> os.remove('test.txt')
>>>
```

任务实践

查询身份证归属地。居民身份证是用于证明持有人身份的一种特定证件，有身份证号码等标识。在我国身份证号码由 17 位数字本体码和 1 位校验码组成，其中前 6 位数字为地址码。地址码标识了编码对象常住户口所在县（市、旗、区）的行政区划代码，通过身份证号码的前 6 位便可以确定持有人的常住户口归属地。

本任务要求编写程序，实现根据地址码对照表和身份证号码查询居民常住户口归属地的功能。

本任务的查询功能是基于身份证码值实现的，这些码值都保存在“身份证码值对照表.txt”文件中，该文件的内容如图 7-4 所示。

```
{
    "110000": "北京市",
    "110101": "东城区",
    "110102": "西城区",
    "110105": "朝阳区",
    "110106": "丰台区",
    "110107": "石景山区",
    "110108": "海淀区",
    "110109": "门头沟区",
    "110111": "房山区",
    "110112": "通州区",
    "110113": "顺义区",
    "110114": "昌平区",
    "110115": "大兴区",
    "110116": "怀柔区",
    "110117": "平谷区",
    "110118": "密云区",
    "110119": "延庆区",
    "120000": "天津市",
```

图 7-4 “身份证码值对照表.txt”文件中的内容

从表中的数据可知，文件中的数据结构类似于包含多个键值对的字典，其中，每个键值对的键为身份证的地址码，值为地址码对应的归属地。具体操作步骤如下。

（1）读取“身份证码值对照表.txt”文件中的数据，并将读取后的数据通过 load()方法解码转换为 Python 中的字典类型。decode 解码和 encode 编码的关系如图 7-5 所示。

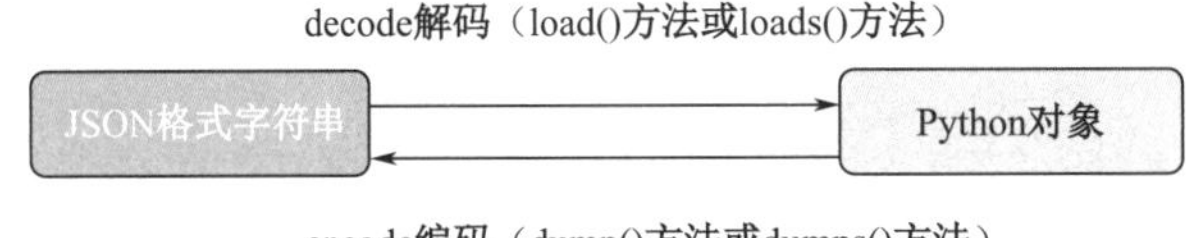

图 7-5 decode 解码和 encode 编码的关系

（2）将用户输入的内容作为键来获取字典中的值，从而实现通过地址码查询居民归属地的功能。

其代码如下。

```
# 查询身份证归属地
import json
f = open("身份证码值对照表.txt", 'r',encoding='utf-8')
content = f.read()
content_dict = json.loads(content)          # 转换为字典类型
address = input('请输入身份证前6位(地址码):')
for key, val in content_dict.items():
    if key == address:
        print(val)
f.close()
```

在以上代码中，首先导入将字符串转换为字典功能的模块 json。然后打开“身份证码值对照表.txt”文件读取数据，并调用 loads()方法将字符串类型的数据转换为字典类型。最后接收用户输入的身份证前 6 位数字，即地址码，将其与字典中的键逐个对比，若相等，则获取字典中该键对应的值，否则忽略不计，结束前关闭打开的文件。

运行结果如图 7-6 所示。

```
请输入身份证前6位(地址码):410105
金水区

====================== RESTART:
请输入身份证前6位(地址码):110105
朝阳区
```

图 7-6 运行结果 3

评价单

<table>
<tr><td>任务编号</td><td>7-1</td><td>任务名称</td><td>查询身份证归属地</td></tr>
<tr><td colspan="2">评价项目</td><td>自评</td><td>教师评价</td></tr>
<tr><td rowspan="3">课堂表现</td><td>学习态度（20 分）</td><td></td><td></td></tr>
<tr><td>课堂参与（10 分）</td><td></td><td></td></tr>
<tr><td>团队合作（10 分）</td><td></td><td></td></tr>
<tr><td rowspan="3">技能操作</td><td>创建 Python 文件（10 分）</td><td></td><td></td></tr>
<tr><td>编写 Python 代码（40 分）</td><td></td><td></td></tr>
<tr><td>运行并调试 Python 程序（10 分）</td><td></td><td></td></tr>
<tr><td>评价时间</td><td>年 月 日</td><td>教师签字</td><td></td></tr>
</table>

<table>
<tr><td colspan="7">评价等级划分</td></tr>
<tr><td colspan="2">项目</td><td>A</td><td>B</td><td>C</td><td>D</td><td>E</td></tr>
<tr><td rowspan="3">课堂表现</td><td>学习态度</td><td>在积极主动、虚心求教、自主学习、细致严谨上表现优秀</td><td>在积极主动、虚心求教、自主学习、细致严谨上表现良好</td><td>在积极主动、虚心求教、自主学习、细致严谨上表现较好</td><td>在积极主动、虚心求教、自主学习、细致严谨上表现尚可</td><td>在积极主动、虚心求教、自主学习、细致严谨上表现不佳</td></tr>
<tr><td>课堂参与</td><td>积极参与课堂活动，参与内容完成得很好</td><td>积极参与课堂活动，参与内容完成得好</td><td>积极参与课堂活动，参与内容完成得较好</td><td>能参与课堂活动，参与内容完成得一般</td><td>能参与课堂活动，参与内容完成得欠佳</td></tr>
<tr><td>团队合作</td><td>具有很强的团队合作能力、能与老师和同学进行沟通交流</td><td>具有良好的团队合作能力、能与老师和同学进行沟通交流</td><td>具有较好的团队合作能力、尚能与老师和同学进行沟通交流</td><td>能与团队进行合作、与老师和同学进行沟通交流的能力一般</td><td>不能与团队进行合作、不能与老师和同学进行沟通交流</td></tr>
<tr><td rowspan="3">技能操作</td><td>创建</td><td>能独立并熟练地完成</td><td>能独立并较熟练地完成</td><td>能在他人提示下顺利完成</td><td>能在他人帮助下完成</td><td>未能完成</td></tr>
<tr><td>编写</td><td>能独立并熟练地完成</td><td>能独立并较熟练地完成</td><td>能在他人提示下顺利完成</td><td>能在他人帮助下完成</td><td>未能完成</td></tr>
<tr><td>运行并调试</td><td>能独立并熟练地完成</td><td>能独立并较熟练地完成</td><td>能在他人提示下顺利完成</td><td>能在他人帮助下完成</td><td>未能完成</td></tr>
</table>

任务2　输出杨辉三角形

任务单

任务编号	7-2	任务名称	输出杨辉三角形
任务简介	数据不仅可以永久保存，还可以通过数据维度及数据格式化进行处理。本任务就是利用二维数组输出杨辉三角形		
设备环境	台式机或笔记本电脑，建议使用 Windows 10 以上操作系统		
所在班级		小组成员	
任务难度	中级	指导教师	
实施地点		实施日期	年　　月　　日
任务要求	创建 Python 文件，完成以下操作。 （1）在程序开头加入注释信息，说明程序功能 （2）定义二维数组 a[N][N] （3）利用 for 循环计算杨辉三角形中的数值并存入二维数组 （4）输出空格 （5）输出杨辉三角形中的数据 （6）运行 Python 程序，显示正确的运行结果		

信息单

一、目录操作

对于计算机而言，目录就是文件属性信息的集合，它在本质上也是一种文件。除了内置方法，在 Python 的 os 模块中也定义了与目录操作相关的函数，这些函数可以实现创建目录、删除目录、获取目录列表等操作。

（一）创建目录

os 模块中的 mkdir()函数用于创建目录，其语法格式如下。

```
os.mkdir(path, mode)
```

这里，path 表示要创建的目录。

mode 表示目录的数字权限，该参数在 Windows 系统下可忽略。

课堂检验 17

具体操作

```
>>> import os
>>> os.mkdir("e:\python")
>>>
```

（二）删除目录

利用 Python 内置模块 shutil 中的 rmtree()函数可以删除目录，其语法格式如下。

```
rmtree(path)
```

这里，参数 path 表示要删除的目录。

课堂检验 18

具体操作

```
>>> import shutil
>>> shutil.rmtree("e:\python")
>>>
```

（三）获取目录列表

os 模块中的 listdir()函数用于获取文件夹下的文件或文件夹名的列表，列表以字母顺序排序，其语法格式如下。

```
listdir(path)
```

这里，参数 path 表示要获取的目录列表。

课堂检验 19

具体操作

```
>>> import os
>>> os.listdir()
['18级UI设计毕业作品', '2021省级课题申报', '2023春季学生名单', '2023毕业设计
', '互联网+', '省级资源库课程思政']
>>> os.listdir("d:/python")
['python-3.10.2-amd64.exe','python-3.10.2-embed-amd64',
'python-3.10.2-embed-amd64.zip','python-3.10.4-amd64.exe',
'python-3.6.5.exe', 'python-3.9.0-amd64.exe.crdownload']
```

（四）相对路径与绝对路径

相对路径是指这个文件夹所在的路径与其他文件（或文件夹）路径的关系，如../img/photo.jpg。

绝对路径是指从盘符开始到当前位置的路径，如 C:/website/web/img/photo.jpg。

1. isabs()函数

在 Python 中，通过 os.path 模块中的 isabs()函数可以判断目标路径是否为绝对路径，若是绝对路径，则返回 True，否则返回 False。

课堂检验 20

具体操作

```
>>> import os
>>> print(os.path.isabs('new_file.txt'))
False
>>> print(os.path.isabs('d:\\python项目\new_file.txt'))
True
>>>
```

2. abspath()函数

当目标路径为相对路径时，利用 os.path 模块的 abspath()函数可将当前路径规范化为

绝对路径。

课堂检验 21

具体操作

```
>>> import os
>>> print(os.path.abspath('new_file.txt'))
F:\new_file.txt
>>>
```

（五）获取当前路径

当前路径即文件、程序或目录当前所处的路径。利用 os 模块中的 getcwd()函数可以获取当前路径。

课堂检验 22

具体操作

```
>>> import os
>>> current_path=os.getcwd()
>>> print(current_path)
F:\
>>>
```

（六）检测路径的有效性

os.path 模块中的 exists()函数用于判断路径是否存在，若当前路径存在，则该函数返回 True，否则返回 False。

课堂检验 23

具体操作

```
>>> import os
>>> current_path='d:\Python'
>>> current_path_file='d:\Python\new_file.txt'
>>> print(os.path.exists(current_path))
……
>>> print(os.path.exists(current_path_file))
False
>>>
```

（七）路径的拼接

os.path 模块中的 join()函数可以用于拼接路径，其语法格式如下。

```
os.path.join(path1[,path2[,…]])
```

这里，参数 path1、path2 表示要拼接的路径。

课堂检验 24

具体操作

```
>>> import os
>>> path_one='d:\\Python项目'
>>> path_two='new_file.txt'
>>> splicing_path=os.path.join(path_one,path_two)
```

```
>>> print(splicing_path)
d:\Python项目\new_file.txt
```

另外，若最后一个路径为空，则生成的路径将以一个“\”结尾。

课堂检验 25

具体操作

```
>>> import os
>>> path_one='d:\\Python项目'
>>> path_two=''
>>> splicing_path=os.path.join(path_one,path_two)
>>> print(splicing_path)
d:\Python项目\
```

二、数据维度与数据格式化

从广义上讲，维度是与事物“有联系”的概念的数量，根据“有联系”的概念的数量，事物可分为不同维度。例如，与线有联系的概念为长度，因此线为一维事物；与长方形面积有关的概念为长度和宽度，因此长方形面积为二维事物；与长方体体积有联系的概念为长度、宽度和高度，因此长方体体积为三维事物。

（一）数据维度

数据维度即与事物“有联系”的概念的数量，它可分为多种不同的维度，如一维、二维、三维、四维、五维……

（二）基于维度的数据分类

根据组织数据时与数据有联系的参数的数量，数据可分为一维数据、二维数据和多维数据。

一维数据：一维数据是具有对等关系的一组线性数据，如 Python 中的一维列表、一维元组、集合等。

例如，“新一线”城市的名称为一维数据，可以以列表的形式表示：[成都,杭州,重庆,武汉,苏州,西安,天津,南京,郑州,长沙,沈阳,青岛,宁波,东莞,无锡]。

二维数据：二维数据关联参数的数量为 2，这类数据对应到数学上就是矩阵和行列式，也就是关系数据表，如 Python 中的二维列表、二维元组等。

二维数据示例：这里以二维列表表示考生成绩表。

例如，[['刘静',100,128,145,260],['张慧',116,143,139,263],['邢华',120,130,148,255]]

多维数据：多维数据利用键值对等简单的二元关系展示数据间的复杂结构，如 Python 中字典类型的数据。

多维数据示例：“人工智能 1 班考试成绩”:[{“姓名”:“张一山”,“语文”:“124”,“数学”:“137”,“英语”:“145”,“理综”: “260” };{“姓名”:“胡一斌”,“语文”:“116”,“数学”: “143”,“英语”: “139”,“理综”: “263” };……]

多维数据在网络应用中非常常见，计算机中常见的多维数据格式有 HTML、JSON 等。例如，任务 1 的身份证码值对照表就是典型的 JSON 格式。

（三）维度数据的存储与读写

程序中与数据相关的操作分为数据的存储与读写。不同维度的数据是如何进行存储和读写的呢？下面进行讲解。

1. 数据的存储

数据通常存储在文件中，为了方便后续的读写操作，数据通常需要按照约定的组织方式进行存储。

一维数据呈线性排列，一般用特殊字符分隔。例如，上述的“新一线”城市。

（1）利用空格分隔：成都 杭州 重庆 武汉 苏州 西安 天津。

（2）利用逗号分隔：成都,杭州,重庆,武汉,苏州,西安,天津。

（3）利用&分隔：成都&杭州&重庆&武汉&苏州&西安&天津。

一维数据的存储需要注意以下几点。

- 同一文件或同组文件一般使用同一分隔符分隔。
- 分隔数据的分隔符不应出现在数据中。
- 分隔符为英文半角符号，一般不利用中文符号作为分隔符。

二维数据可视为多条一维数据的集合，当二维数据只有一个元素时，这个二维数据就是一维数据。

CSV（Commae-Separeted Values，逗号分隔值）是国际上通用的一维数据和二维数据的存储格式。

CSV 格式的规范如下。

- 以纯文本形式存储表格数据。
- 文件的每一行对应表格中的一条数据记录。
- 每条记录由一个或多个字段组成。
- 字段之间利用逗号（英文、半角）分隔。

CSV 也称字符分隔值，具体示例如下。

姓名,语文,数学,英语,理综

张一山, 124, 137, 145, 260

胡一斌, 116, 143, 139, 263

梁一光, 140, 136, 120, 288

……

CSV 广泛应用于不同体系结构下网络应用程序之间表格信息的交换中，它本身没有明确的格式标准，具体标准一般由传输双方协商决定。

2. 数据的读取

在 Windows 平台中，CSV 文件的后缀名为.csv，可通过 Office Excel 或记事本打开。Python 在程序中读取.csv 文件后会以二维列表的形式存储其中内容。

课堂检验 26

具体操作

```
>>> csv_file = open('score.csv')
    lines = []
    for line in csv_file:
```

```
            line = line.replace('\n','')
            lines.append(line.split(','))
        print(lines)
        csv_file.close()
    [['姓名\t语文\t数学\t英语\t理综'], ['张一山\t124\t137\t145\t260'], ['胡一斌
\t116\t143\t139\t263'], ['梁一光\t140\t136\t120\t288']]
    >>>
```

在以上代码中，首先打开“score.csv”文件，对文件对象进行迭代，在循环中逐条获取文件中的记录，并用“,”分隔符分隔记录。最后将记录存储在列表 lines 中，并在终端打印列表 lines。

3. 数据的写入

首先，将一维数据和二维数据写入文件中，即按照数据的组织形式在文件中添加新的数据（每人的总分）。最后，将数据保存在成绩表文件 score.csv 中。

课堂检验 27

具体操作

```
>>> csv_file = open('score.csv')
    file_new = open('count.csv','w+')
    lines = []
    for line in csv_file:
      line = line.replace('\n','')
      lines.append(line.split(','))
    lines[0].append('总分')
    for i in range(len(lines)-1):
      idx = i+1
      sun_score = 0
      for j in range(len(lines[idx])):
          if lines[idx][j].isnumeric():
              sun_score+=int(lines[idx][j])
      lines[idx].append(str(sun_score))
    for line in lines:
     print(line)
     file_new.write(','.join(line)+'\n')
    csv_file.close()
    file_new.close()
['姓名\t语文\t数学\t英语\t理综', '总分']
['张一山\t124\t137\t145\t260', '666']
['胡一斌\t116\t143\t139\t263', '661']
['梁一光\t140\t136\t120\t288', '684']
>>>
```

执行上述操作后，在当前目录中将新建文件“count.csv”，该文件为每科成绩和总分。

（四）多维数据的格式化

二维数据是一维数据的集合，由此类推，三维数据是二维数据的集合，四维数据是三维数据的集合。按照此种层层嵌套的方式组织数据，对于多维数据的表示将会变得非常复杂。为了直观地表示多维数据，并方便组织和操作多维数据，三维以上的多维数据将统一采用键值对的形式进行格式化。

在网络平台上传递的数据大多是多维数据，常见的多维数据格式就是 JSON 格式，它是一种轻量级的数据交换格式，本质上是一种被格式化的字符串，易于阅读和编写，以及机器解析和生成。JSON 以对象的形式表示数据。

JSON 格式的数据一般遵循以下语法规则。

- 数据存储在键值对（key:value）中，如“姓名”:“张一山”。
- 数据的字段由逗号分隔，如“姓名”:“张一山”,“语文”:124。
- 一个花括号保存一个 JSON 对象，如{“姓名”:“张一山”,“语文”:“124”}。
- 一个中括号保存一个数组，如[{“姓名”:“张一山”,“语文”:“124”}]。

除 JSON 格式外，网络平台还可以利用 XML、HTML 等格式组织数据，它们一般是通过标签来组织数据的。当然，利用 JSON 格式组织的数据更为直观，并且数据属性 key 只存储一次，在网络平台中进行数据交换时耗费的流量会更少，因此利用 JSON 格式会更好。

JSON 模块

利用 json 模块的 dumps()函数和 loads()函数可以实现 Python 对象和 JSON 数据之间的转换，这两个函数的功能如表 7-3 所示。

表 7-3　dumps()函数和 loads()函数的功能

函数	功能
dumps()	对 Python 对象进行转码，将其转化为 JSON 字符串
loads()	将 JSON 字符串解析为 Python 对象

Python 对象与 JSON 数据转换类型对照如表 7-4 所示。

表 7-4　Python 对象与 JSON 数据转换类型对照表

Python 对象	JSON 数据
dict	object
list,tuple	array
str,unicode	string
int,long,float	number
True	true
False	false
None	null

课堂检验 28

具体操作

```
>>> # 利用dumps()函数对Python对象进行转码
>>> import json
>>> pyobj=[[1,2,3],345,23.12,'qwe',{'key1':(1,2,3),'key2':(2,3,4)},
True, False, None]
>>> jsonstr = json.dumps(pyobj)
>>> print(jsonstr)
[[1, 2, 3], 345, 23.12, "qwe", {"key1": [1, 2, 3], "key2": [2, 3, 4]},
true, false, null]
>>>
```

课堂检验 29

具体操作

```
>>> # 使用loads()函数将JSON数据转换为符合Python语法要求的数据类型
>>> import json
>>> jsonstr = [[1, 2, 3], 345, 23.12, "qwe", {"key1": [1, 2, 3], "key2":
              [2, 3, 4]}, true, false, null]
>>> pydata = json.loads(jsonstr)
>>> print(pydata)
[[1, 2, 3], 345, 23.12, 'qwe', {'key1': [1, 2, 3], 'key2': [2, 3, 4]},
          True, False, None]
>>>
```

程序举例：获取转置矩阵。

编写一段程序，将一个 3 行 3 列的矩阵进行转置。

本实例可以利用数据的维度通过双循环和二维列表来实现。

其代码如下：

```
arr=[[1,2,3],[4,5,6],[7,8,9]]
arrt=[]
# 数据的第二维度
for i in range(len(arr[0])):
    temp=[]
    # 数据的第一维度
    for j in range(len(arr)):
        temp.append(arr[j][i])
    arrt.append(temp)
print(arrt)
```

运行结果如图 7-7 所示。

```
[[1, 4, 7], [2, 5, 8], [3, 6, 9]]
>>> |
```

图 7-7 运行结果 4

任务实践

输出杨辉三角形。杨辉三角形，又称贾宪三角形、帕斯卡三角形，是二项式系数在三角形中的一种几何排列。

以下显示了杨辉三角形的前 7 行，如图 7-8 所示。

```
                  1
               1     1
            1     2     1
         1     3     3     1
      1     4     6     4     1
   1     5    10    10     5     1
1     6    15    20    15     6     1
```

图 7-8 杨辉三角形的前 7 行

由于位于杨辉三角形两个腰上的数都为 1，其他位置上的数等于它肩上的两个数之和，基于杨辉三角形的这个特点，本任务拟采用二维数组输出杨辉三角形。

首先，定义二维数组 a[N][N]，N 为常量，大于要打印的行数 n。再将每行的第一个数和最后一个数赋值为 1，即 a[i][1]=a[i][i]=1。除了每行的第一个数和最后一个数，每行上的其他数都为其肩上的两数之和，即 a[i][j]=a[i-1][j-1]+a[i-1][j]。

其代码如下。

```
# 输出杨辉三角形
n=0
a=[([0]*10) for i in range(10)]        # 定义一个10×10的二维数组
while n<=0 or n>10:                    # 控制打印的行数
    n=int(input('请输入杨辉三角形的行数:'))
print('打印%d行杨辉三角形如下:'%n)
# 计算杨辉三角形的数值并存入数组a中
for row in range(1,n+1):
    a[row][1]=a[row][row]=1            # 每行两边的数为1
for row in range(3,n+1):
    for col in range(2,(row-1)+1):
        # 计算其他位置的值并存入二维数组中
        a[row][col]=a[row-1][col-1]+a[row-1][col]
# 打印杨辉三角形
for row in range(1,n+1):
    for k in range(1,(n-row)+1):
        print('  ',end='')             # 每行输出前先打印两个空格
    for col in range(1,row+1):
        print('%4d'%(a[row][col]),end='')
    print()
```

在以上代码中，定义 row 和 col 两个变量分别表示杨辉三角形的行和列，变量 n 表示要打印的行数。在每行输出之前，利用 k 循环先打印空格占位，使输出更美观。输出杨辉三角形每一行之前先打印空格，之后再利用 print 输出每行中的数值。

运行结果如图 7-9 所示。

```
请输入杨辉三角形的行数:7
打印7行杨辉三角形如下:
                 1
               1   1
             1   2   1
           1   3   3   1
         1   4   6   4   1
       1   5  10  10   5   1
     1   6  15  20  15   6   1
>>>
```

图 7-9 运行结果 5

评价单

任务编号	7-2	任务名称	输出杨辉三角形
评价项目		自评	教师评价
课堂表现	学习态度（20 分）		
	课堂参与（10 分）		
	团队合作（10 分）		
技能操作	创建 Python 文件（10 分）		
	编写 Python 代码（40 分）		
	运行并调试 Python 程序（10 分）		
评价时间	年　月　日	教师签字	

评价等级划分						
项目		A	B	C	D	E
课堂表现	学习态度	在积极主动、虚心求教、自主学习、细致严谨上表现优秀	在积极主动、虚心求教、自主学习、细致严谨上表现良好	在积极主动、虚心求教、自主学习、细致严谨上表现较好	在积极主动、虚心求教、自主学习、细致严谨上表现尚可	在积极主动、虚心求教、自主学习、细致严谨上表现不佳
	课堂参与	积极参与课堂活动，参与内容完成得很好	积极参与课堂活动，参与内容完成得好	积极参与课堂活动，参与内容完成得较好	能参与课堂活动，参与内容完成得一般	能参与课堂活动，参与内容完成得欠佳
	团队合作	具有很强的团队合作能力、能与老师和同学进行沟通交流	具有良好的团队合作能力、能与老师和同学进行沟通交流	具有较好的团队合作能力、尚能与老师和同学进行沟通交流	能与团队进行合作、与老师和同学进行沟通交流的能力一般	不能与团队进行合作、不能与老师和同学进行沟通交流
技能操作	创建	能独立并熟练地完成	能独立并较熟练地完成	能在他人提示下顺利完成	能在他人帮助下完成	未能完成
	编写	能独立并熟练地完成	能独立并较熟练地完成	能在他人提示下顺利完成	能在他人帮助下完成	未能完成
	运行并调试	能独立并熟练地完成	能独立并较熟练地完成	能在他人提示下顺利完成	能在他人帮助下完成	未能完成

项目小结

本项目主要介绍了文件与数据格式化的相关知识，包括计算机中文件的定义、文件的基本操作、文件与目录管理、数据维度与数据格式化等内容。

通过本项目的学习，能了解计算机中文件的意义、熟练地读取和管理文件，并掌握常见的数据组织形式。

巩固练习

一、判断题

1．open()函数用于建立文件对象，建立文件与内存缓冲区的联系。可以用于文本文件和二进制文件。（　　）

2．如果文件的打开方式为“rb+”，其中的加号“+”没有任何实际意义。（　　）

3．文件对象的 close()方法用于关闭文件，在实际操作中，不这样做，程序也可以正常运行，这说明有无文件关闭操作都可行。（　　）

4．文件打开的默认方式是只读。（　　）

5．利用 write()方法写入文件时，数据会追加到文件的末尾。（　　）

二、填空题

1．在 Python 中，内置函数________用来打开或创建文件并返回文件对象。

2．在 Python 中，内置函数________用来修改文件指针。

3．利用________方法来实现读文件中的每一行文本。

4．seek()方法用于指定文件的读写位置，该方法的________参数表示要偏移的字节数。

5．os 模块中的 mkdir()函数用于________。

三、选择题

1．打开一个已有文件，在文件末尾添加信息，正确的打开模式是（　　）。

A．r　　B．w　　C．a　　D．w+

2．假设 file 是文本文件对象，下面（　　）选项可读取 file 的一行内容。

A．file.read()　　B．file.read(200)

C．flie.readline()　　D．file.readlines()

3．下列方法中，用于向文件中写入数据的是（　　）。

A．open()　　B．write()　　C．close()　　D．read()

4．下列方法中，用于获取当前目录的是（　　）。

A．open()　　B．write()　　C．getcwd()　　D．read()

5．假设文件不存在，如果利用 open()函数打开文件会报错，那么该文件的打开模式是（　　）。

A．r　　B．w　　C．a　　D．w+

四、程序设计题

1．在文件的访问模式中，r 和 r+有什么区别。

2．简单解释文本文件与二进制文件的区别。

3．假设有一个英文文本文件，编写程序读取其内容，并将其中的大写字母转换为小写字母，小写字母转换为大写字母。

4．编写程序，实现文件的备份功能。

5．编写程序，读取一个存储若干数字的文件，对其中的数字排序后输出。

项目 8
活学活用面向对象

项目目标

知识目标

熟悉面向对象的概念
熟悉类的创建和对象的访问方法
熟悉构造方法和析构方法
熟悉类的继承和方法的重写
了解类方法和静态方法

技能目标

会创建类和定义对象
会通过访问对象的成员进行数据处理
会利用构造方法和析构方法解决实际问题
会利用类的继承及多态处理问题

情感目标

激发使命担当、科技报国的爱国情怀

职业目标

树立正确的价值观
培养高度的社会责任感

项目引导

完成任务

获取网页数据

设计人机猜拳游戏

学习路径

通过信息单学习相关的预备知识

通过任务单进行实践操作掌握相关技能

通过评价单获知学习中的不足和改进方法

通过巩固练习完成课后再学习再提高

配套资源

理实一体化教室

视频、PPT、习题答案等

项目实施

面向对象的程序设计是目前主流的程序设计方法，其本质是以建立模型体现出来的抽象思维过程和面向对象的方法。模型是用来反映客观现实世界中事物特征的。任何一个模型都不可能反映客观事物的一切具体特征，只是对事物特征和变化规律的一种抽象，能在它所涉及的范围内更普遍、更集中、更深刻地描述客体的特征，通过建立模型而达到的抽象是人们对客体认识的深化。

本项目将通过 2 个任务的讲解，介绍 Python 中面向对象的基本概念、类的定义、对象的创建与使用、构造方法及析构方法、类的继承及多态。

任务1 获取网页数据

任务单

任务编号	8-1	任务名称	获取网页数据
任务简介	运用面向对象的编程思想，通过定义类和创建对象，以及构造方法获取百度网站的数据		
设备环境	台式机或笔记本电脑，建议使用 Windows 10 以上操作系统		
所在班级		小组成员	
任务难度	初级	指导教师	
实施地点		实施日期	年　月　日
任务要求	创建 Python 文件，完成以下操作。 （1）在程序开头加入注释信息，说明程序功能 （2）定义网页类 page_data （3）创建网页类及获取网页状态码方法、获取网页内容方法，以及计算网页链接数目方法 （4）通过构造方法获得百度网页的上述数据 （5）运行 Python 程序，显示正确的运行结果		

信息单

一、面向对象概述

面向对象是程序开发领域中的重要思想，这种思想模拟了人类认识客观世界的逻辑，是当前计算机软件工程学的主流方法。

（一）面向对象

说起面向对象，自然会想到面向过程，它们是两种不同的程序设计方法。

面向过程的编程思想是首先分析解决问题的步骤，利用函数实现步骤相应的功能，然后按照步骤的先后顺序依次调用函数。面向过程编程只考虑如何解决当前问题，它着眼于问题本身。

面向对象的编程思想首先会从问题之中提炼出问题涉及的角色，将不同角色的特征和关系进行封装。然后以角色为主体，通过描述角色的行为去描述解决问题的过程。面向对象编程着眼于角色及角色之间的联系。

下面以五子棋为例说明面向过程编程和面向对象编程的区别。

面向过程编程。游戏开始后黑子一方先落棋，棋子落在棋盘后棋盘发生变化，棋盘更新并判断输赢。若本轮落棋的一方胜利，则输出结果并结束游戏，否则白子一方落棋、棋盘更新、判断输赢，如此往复，直至分出胜负。

面向对象编程。五子棋游戏中的角色分为两个，即玩家和棋盘。不同的角色负责不同的工作。玩家角色负责控制棋子落下的位置，棋盘角色负责保存棋盘状况、绘制画面、判断输赢。

由游戏获知，由面向过程转向面向对象时，角色之间互相独立，但相互协作，游戏的流程不再由单一的功能函数来实现，而是通过调用与角色相关的方法来完成。面向对象保证了功能的统一性，基于面向对象实现的代码更容易维护。例如，现在要加入悔棋的功能，两者的改动各有不同。面向过程的程序的改动会涉及到游戏的整个流程，包括输入、判断、显示这一系列步骤都需要修改，而面向对象的程序中由于棋盘状况由棋盘角色负责，因此，只需要为棋盘角色添加回溯功能即可，玩家不需要做任何修改。

（二）面向对象的基本概念

1. 对象（object）

对象是现实世界中可描述的事物，可以是有形的也可以是无形的。

对象可以是有生命的个体，如一个人或一只鸟。

对象也可以是无生命的个体，如一辆车或一台电脑。

对象还可以是一个抽象的概念，如天气的变化或一场运动会。

对象是构成现实世界的一个独立单位，它由数据（描述事物的属性）和作用于数据的操作（体现事物的方法）构成一个独立整体。

2. 类（class）

具有相同属性及相同行为的一组对象称为类（class）。

类提供一个抽象的描述，其内部包括属性和方法两个主要部分，类可以说是创建对象时所使用的模板。

3. 抽象（abstract）

抽象是抽取特定实例的共同特征，形成概念的过程。

例如，百果园中有苹果、香蕉、菠萝、葡萄、蜜瓜等，抽取出它们的共同特性就得出“水果”这一类，那么得出水果概念的过程就是一个抽象的过程。

4. 封装（encapsulation）

封装是面向对象编程的核心思想。将对象的属性和行为封装起来，无须让外界知道具体的实现细节，这就是封装思想。

例如，计算机的封装，用户只需利用鼠标和键盘就可以操作计算机，而无须知道计算机内部是如何工作的。

5. 继承（inheritance）

继承描述的是类与类之间的关系。通过继承，新生类可以在无须赘述原有类的情况下，对原有类的行为进行扩展，如动物类与虎类的继承关系，如图 8-1 所示。

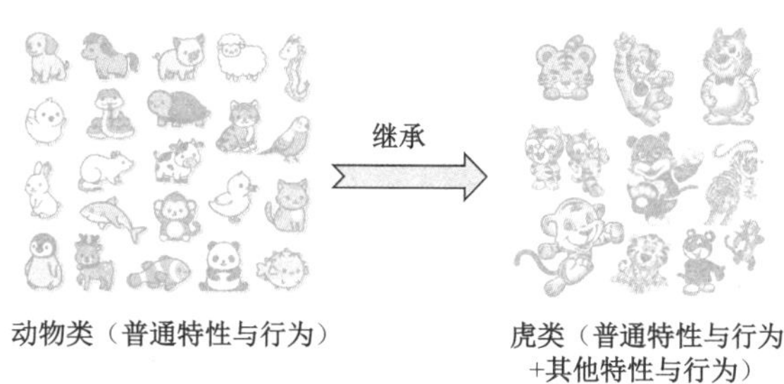

图 8-1 动物类与虎类的继承关系

6. 多态（polymorphism）

多态是指同一个属性或行为在父类及其各派生类中具有不同的语义。

例如，以交通规则为例，某十字路口安装交通信号灯，汽车和行人收到信号时的不同行为就是多态的一种体现。

二、类与对象

在面向对象的思想中提出了两个概念：类和对象，其中对象映射了现实生活中真实存在的事物，它可以看得见摸得着，如我们手里的书、操作的电脑等；类是抽象的，它是对一些具有相同特征和行为的事物的统称。简单地说，类是现实世界中具有相同特征的一些事物的抽象；对象是类的实例。

类是对多个对象共同特征的抽象描述，是对象的模板。

对象用于描述现实世界中的个体，是类的实例。

这里，通过日常场景来解释类和对象的关系。例如，厂商在生产汽车之前会根据用户的需求设计汽车模型，制作设计图样；设计图样通过之后，工厂再依照图纸批量生产汽车。

（一）类的定义

类中可以定义数据成员（即属性）和成员函数（即方法），属性用于描述对象特征，方法用于描述对象行为。

其语法格式如下。

```
class 类名:
    属性名 = 属性值
    def 方法名(self):
        方法体
```

或者：

```
class 类名(object):
    属性名 = 属性值
    def 方法名(self):
        方法体
```

专家点睛

类名采用驼峰命名法。

课堂检验 1

具体操作

```
>>> class Car:
        wheel = 4
        name = '比亚迪'
        def drive(self):
                print('开车')
        def stop(self):
                print('停车')
>>>
```

上面定义了一个表示汽车的类 Car，该类中包含描述汽车轮子数量的属性 wheel 及汽车名称的属性 name，还有两个描述汽车行为的方法 drive()和 stop()。

课堂检验 2

具体操作

```
>>> class Student(object):
        age = 19
        grade = '大二'
        def study(self):
                print('我热爱学习')
        def exper(self):
                print('我热爱实验')
>>>
```

上面定义了一个表示学生的类 Student，该类中包含描述学生年龄的属性 age 及年级的属性 grade，还有两个描述学生行为的方法 study()和 exper()。

（二）对象的创建与使用

类定义完成后不能直接使用，需要实例化为对象才能实现其意义。

1. 对象的创建

在程序中，若想要使用类，需要根据类创建一个对象，其语法格式如下。

```
对象名 = 类名()
```

例如，根据前面定义的汽车类 Car，创建两个汽车对象 my_car1 和 my_car2；根据前面定义的学生类 Student，创建两个学生对象 stu1 和 stu2。

课堂检验 3

具体操作

```
>>> my_car1 = Car()
>>> my_car2 = Car()
……
>>> stu1 = Student()
>>> stu2 = Student()
>>>
```

2. 访问对象成员

若想在程序中真正地使用对象，则需要掌握访问对象成员的方法。对象成员分为属性和方法，其语法格式分别如下。

```
对象名.属性
对象名.方法()
```

例如，分别访问两个汽车对象 my_car1 和 my_car2。

课堂检验 4

具体操作

```
>>> my_car1.name
'比亚迪'
>>> my_car1.drive()
开车
```

```
>>> my_car2.wheel
4
>>> my_car2.stop()
停车
>>>
```

例如，分别访问两个学生对象 stu1 和 stu2。

课堂检验 5

具体操作

```
>>> stu1.grade
'大二'
>>> stu1.study()
我热爱学习
>>> stu2.age
19
>>> stu2.study()
我热爱学习
>>>
```

（三）访问限制

类中定义的属性和方法都默认为公有属性和方法，由该类创建的对象可以任意访问类的公有成员。为了契合封装原则，保证类成员不被对象轻易访问，Python 支持将类中的成员设置为私有成员，在一定程度上限制了对象对类成员的访问。

1. 定义私有成员

Python 通过在类成员名前添加双下画线（__）来限制成员的访问权限。

其语法格式如下。

```
__属性名
__方法名
```

例如，定义一个包含私有属性__weight 和私有方法__info()的类 PersonInfo。

课堂检验 6

具体操作

```
>>> class PersonInfo(object):
        __weight = 55                # 私有属性
        def __info(self):            # 私有方法
            print(f"我的体重是：{__weight}kg")
>>>
```

2. 访问私有成员

创建 PersonInfo 类的对象 person，通过该对象访问类的属性。

课堂检验 7

具体操作

```
>>> person = PersonInfo()
>>> person.__weight
  Traceback (most recent call last):
```

```
  File "<pyshell#10>", line 1, in <module>
    person.__weight
AttributeError: 'PersonInfo' object has no attribute '__weight'
>>> person.__info()
Traceback (most recent call last):
  File "<pyshell#11>", line 1, in <module>
    person.__info()
AttributeError: 'PersonInfo' object has no attribute '__info'
>>>
```

由上可知，对象无法直接访问类的私有成员。

私有属性可在公有方法中通过指代对象本身的默认参数“self”访问，类外部可通过公有方法间接获取类的私有属性。私有方法同样可在公有方法中通过参数“self”访问。

课堂检验 8

具体操作

```
>>> class PersonInfo(object):
        __weight = 55                    # 私有属性
        def __info(self):                # 私有方法
            print(f"我的体重是：{__weight}kg")
        def get_weight(self):            # 公有方法
                print(f"我的体重是：{self.__weight}kg")
                self.__info()
>>> person = PersonInfo()
>>> person.get_weight()
我的体重是55kg
>>>
```

三、特殊方法

Python 中有几个特殊方法，它们是构造方法与析构方法、类方法与静态方法，它们都是系统内置的方法。

（一）构造方法

每个类都有一个默认的__init__()方法，即构造方法。

如果定义类时显式地定义__init__()方法，那么创建对象时 Python 解释器会调用显式定义的__init__()方法；如果定义类时没有显式定义的__init__()方法，那么 Python 解释器会调用默认的__init__()方法。

__init__()方法按照参数的有无（self 除外）可分为无参构造方法和有参构造方法。

无参构造方法是指在无参构造方法中可以为属性设置初始值，此时利用该方法创建的所有对象都具有相同的初始值。

有参构造方法是指在有参构造方法中可以利用参数为属性设置初始值，此时利用该方法创建的所有对象都具有不同的初始值。

例如，定义一个 Information 类，在该类中显式地定义一个带有 3 个参数的__init__()方法。

课堂检验 9

具体操作

```
>>> class Information(object):
        def __init__(self, name, sex):
                self.name = name
                self.sex = sex
>>> infomation = Information('武婉儿', '女')
>>> infomation.name
'武婉儿'
>>> infomation.sex
'女'
>>>
```

专家点睛

前面在类中定义的属性是类属性，可以通过对象或类进行访问；在构造方法中定义的属性是实例属性，只能通过对象进行访问。

程序举例：计算学生平均成绩。

定义一个学生类，具体要求如下。

（1）有如下属性：姓名、年龄、成绩（语文，数学，英语），其中每科成绩的类型为整数。

（2）用如下方法获取学生的信息：获取学生的姓名利用 get_name()方法，返回值类型为 str；获取学生的年龄利用 get_age()方法，返回值类型为 int；获取 3 门科目的平均分利用 get_course()方法，返回值类型为 int。

本实例要求写好类以后，定义一个学生实例进行测试。

其代码如下。

```
class Student(object):
  def __init__(self, name, age, score):
    self.name = name
    self.age = age
    self.score = score
  def get_name(self):
    return self.name
  def get_age(self):
    return self.age
  def get_course(self):
    return sum(self.score)/3

zm = Student('王一冰', 18, [82, 96, 88])
print(zm.get_name())
print(zm.get_age())
print('%.2f'%zm.get_course())
```

运行结果如图 8-2 所示。

```
王一冰
18
88.67
>>> |
```

图 8-2　运行结果 1

（二）析构方法

在介绍析构方法之前，首先来了解 Python 的垃圾回收机制。

Python 中的垃圾回收主要采用的是引用计数。引用计数是一种内存管理技术，它通过引用计数器记录所有对象的引用数量，当对象的引用计数器数值为 0 时，就会将该对象视为垃圾进行回收。

getrefcount()函数是 sys 模块中用于统计对象引用数量的函数，其返回结果通常比预期的结果大 1，这是因为 getrefcount()函数也会统计临时对象的引用。

那么，什么是析构方法？当一个对象的引用计数器数值为 0 时，就会调用__del__()方法，这个方法就是类的析构方法。

课堂检验 10

具体操作

```
>>> import sys
>>> class Destruction(object):
        def __del__(self):
                print('对象被释放')

>>> destruction = Destruction()
>>> print(sys.getrefcount(destruction))
2
>>>
```

在上述操作中，对象的 getrefcount()函数值比预期的结果大 1。

（三）类方法

类方法是定义在类内部、利用装饰器@ classmethod 修饰的方法，其语法格式如下。

```
@ classmethod
def 类方法名(cls):
    方法体
```

在类方法中，参数列表的第 1 个参数为 cls，代表类本身，它会在类方法被调用时自动接收由系统传递的调用该方法的类。

而实例方法是定义时只比普通函数多一个 self 参数的方法，实例方法只能通过类实例化的对象调用。

课堂检验 11

具体操作

```
>>> class Car:
        Wheels = 4              # 属性
        Def drive(self):        # 实例方法
                print('开车方法')
```

```
>>> f.write("hello! world.")
13
>>> f.close()
```

类方法与实例方法的不同点如表 8-1 所示。

表 8-1 类方法与实例方法的不同点

类方法	实例方法
利用装饰器@classmethod 修饰	—
类方法的第一个参数为 cls，它代表类本身	实例方法的第一个参数为 self，它代表对象本身
既可以由对象调用，也可以直接由类调用	只能由对象调用
可以修改类属性	无法修改类属性

1. 定义类方法

类方法可以被类名或对象名调用，其语法格式如下。

```
类名.类方法
对象名.类方法
```

课堂检验 12

具体操作

```
>>> class Apple(object):
        count = 0
        def add_one(self):     # 实例方法
                self.count = 1
        @classmethod
        def add_two(cls):      # 类方法
                cls.count = 2
>>>
```

2. 修改类属性

在实例方法中无法修改类属性的值，但在类方法中可以修改类属性的值。

课堂检验 13

具体操作

```
>>> apple = Apple()
>>> apple.add_one()
>>> print(Apple.count)
0
>>> Apple.add_two()
>>> print(Apple.count)
2
>>>
```

（四）静态方法

静态方法是定义在类内部、利用装饰器@staticmethod 修饰的方法，其语法格式如下。

```
@ staticmethod
def  静态方法名();
        方法体
```

与实例方法和类方法相比，静态方法没有任何参数，它适用于与类无关的操作，或者无须利用类成员的操作，常见于工具类中。

静态方法与实例方法的不同点如表 8-2 所示。

表 8-2 静态方法与实例方法的不同点

静态方法	实例方法
利用装饰器@staticmethod 修饰	—
方法中需要以“类名.方法/属性名”的形式访问类的成员	方法中需要以“self.方法/属性名”的形式访问类的成员
既可以由对象调用，亦可以由类调用	只能由对象调用

例如，定义一个包含属性 num 与静态方法 static_method()的类 Example。

课堂检验 14

具体操作

```
>>> class Example:
        num = 10                    # 类属性
        @ staticmethod              # 定义静态方法
        def static_method():
                print(f"类属性的值为：{Example.num}")
                print("---静态方法")
>>>
```

任务实践

获取网页数据。编写一个网页数据操作类（提示：需要用到 urllib 模块），完成以下功能。

（1）get_httpcode()：获取网页的状态码并返回结果，如 200，301，404 等，类型为 int。

（2）get_htmlcontent()：获取网页的内容，返回类型为 str。

（3）get_linknum()：计算网页的链接数目。

本任务要求编写程序，定义网页类 page_data，分别创建 get_httpcode()方法、get_htmlcontent()方法和 get_linknum()方法，完成通过构造方法获取百度网页的数据的功能。

其代码如下。

```
# 获取网页数据
import urllib.request
class Page_data(object):
    def __init__(self,url_add):
        self.url=url_add
    def get_httpcode(self):
        status=urllib.request.urlopen(self.url).code
        return status
    def get_htmlcontent(self):
        contentstr=urllib.request.urlopen(self.url).read()
        return contentstr
    def get_linknum(self):
        content=urllib.request.urlopen(self.url).read()
        return len(content.decode('utf-8').split('<a href'))-1
```

```
    A=Page_data('http://www.baidu.com')
    print(A.get_httpcode())
    print(A.get_htmlcontent())
    print(A.get_linknum())
```

在以上代码中，首先导入网络资源的访问 urllib 模块。然后定义网页类 page_data，分别创建构造类和 3 个网络资源类，利用构造方法调用百度网页，输出该网页的状态码、网页的内容及链接数目等数据。

运行结果如图 8-3 所示。

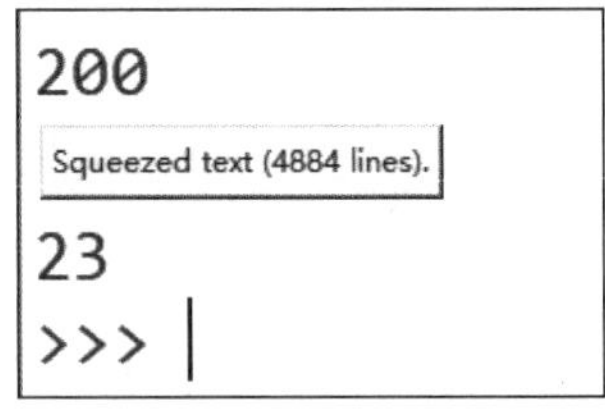

图 8-3　运行结果 2

评价单

任务编号	8-1	任务名称	获取网页数据
评价项目		自评	教师评价
课堂表现	学习态度（20 分）		
	课堂参与（10 分）		
	团队合作（10 分）		
技能操作	创建 Python 文件（10 分）		
	编写 Python 代码（40 分）		
	运行并调试 Python 程序（10 分）		
评价时间	年　月　日	教师签字	

评价等级划分						
项目		A	B	C	D	E
课堂表现	学习态度	在积极主动、虚心求教、自主学习、细致严谨上表现优秀	在积极主动、虚心求教、自主学习、细致严谨上表现良好	在积极主动、虚心求教、自主学习、细致严谨上表现较好	在积极主动、虚心求教、自主学习、细致严谨上表现尚可	在积极主动、虚心求教、自主学习、细致严谨上表现不佳
	课堂参与	积极参与课堂活动，参与内容完成得很好	积极参与课堂活动，参与内容完成得好	积极参与课堂活动，参与内容完成得较好	能参与课堂活动，参与内容完成得一般	能参与课堂活动，参与内容完成得欠佳
	团队合作	具有很强的团队合作能力、能与老师和同学进行沟通交流	具有良好的团队合作能力、能与老师和同学进行沟通交流	具有较好的团队合作能力、尚能与老师和同学进行沟通交流	能与团队进行合作、与老师和同学进行沟通交流的能力一般	不能与团队进行合作、不能与老师和同学进行沟通交流
技能操作	创建	能独立并熟练地完成	能独立并较熟练地完成	能在他人提示下顺利完成	能在他人帮助下完成	未能完成
	编写	能独立并熟练地完成	能独立并较熟练地完成	能在他人提示下顺利完成	能在他人帮助下完成	未能完成
	运行并调试	能独立并熟练地完成	能独立并较熟练地完成	能在他人提示下顺利完成	能在他人帮助下完成	未能完成

任务2　设计人机猜拳游戏

任务单

任务编号	8-2	任务名称	设计人机猜拳游戏
任务简介	在 Python 中，类与类之间同样具有继承关系，本任务就是利用类的继承设计人机猜拳游戏		
设备环境	台式机或笔记本电脑，建议使用 Windows 10 以上操作系统		
所在班级		小组成员	
任务难度	中级	指导教师	
实施地点		实施日期	年　　月　　日
任务要求	创建 Python 文件，完成以下操作。 （1）在程序开头加入注释信息，说明程序功能 （2）定义玩家 Player 类及机器玩家 AIPlayer 子类 （3）Player 类含有字典属性 dict 和手势方法 gesture()；AIPlayer 子类含有机器手势方法 ai_gesture() （4）定义游戏类 Game，它含有游戏裁判方法 game_judge()和游戏开始方法 game_start() （5）在以上方法中，分别运用选择结构确定输赢，运用循环结构控制游戏结束 （6）运行 Python 程序，显示正确的运行结果		

信息单

一、继承

俗话说“老猫房上睡，一辈传一辈”，这句话说出了自然界的继承关系。在 Python 中，类与类之间同样具有继承关系，其中被继承的类称为父类或基类，继承的类称为子类或派生类。子类在继承父类时，会自动拥有父类的属性和方法。

（一）单继承

单继承指的是子类只继承一个父类，其语法格式如下。

```
class 子类(父类)
```

例如，定义一个表示两栖动物的父类 Amphibian 和一个表示青蛙的子类 Frog。

课堂检验 15

具体操作

```
>>> class Amphibian(object):
    name = "两栖动物"
    def features(self):
        print("幼年用鳃呼吸")
        print("成年用肺兼皮肤呼吸")
>>> class Frog(Amphibian):
     def attr(self):
         print(f"青蛙是{self.name}")
```

```
        print("我会呱呱叫")
>>> frog = Frog()
>>> print(frog.name)
两栖动物
>>> frog.features()
幼年用鳃呼吸
成年用肺兼皮肤呼吸
>>> frog.attr()
青蛙是两栖动物
我会呱呱叫
>>>
```

在以上操作，首先定义的 Amphibian 类中含有属性 name 和方法 features()，子类 Frog 继承了父类 Amphibian，并定义了自己的方法 attr。然后创建了 Frog 类的对象 frog，利用该对象分别调用 Amphibian 类与 Frog 类中的方法。从结果中可以看到，子类继承父类后，就拥有了从父类继承的属性和方法，它既可以调用自己的方法，也可以调用从父类继承的方法。

专家点睛

子类继承父类的同时会自动拥有父类的属性和方法。定义类默认继承基类 object。

另外，子类在继承父类时，会自动拥有父类的公有成员，而不会拥有父类的私有成员，也不能访问父类的私有成员。

例如，现实生活中，小学生、中学生、大学生都属于学生类，它们之间存在的继承关系即为单继承关系，如图 8-4 所示。

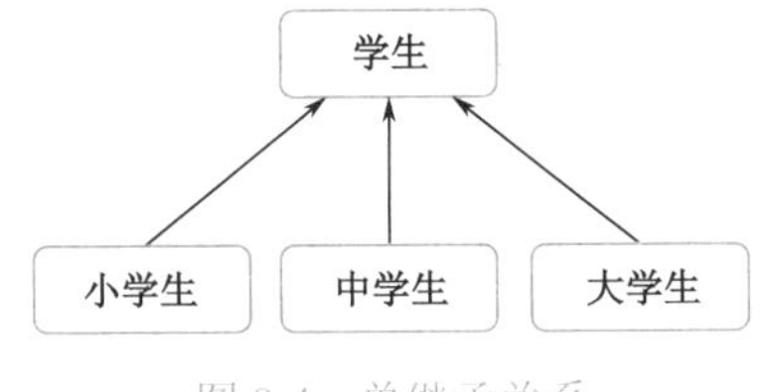

图 8-4 单继承关系

课堂检验 16

具体操作

```
>>> import shutil
>>> shutil.rmtree("e:\ppython")
>>> class Student(object):
    def __init__(self, grade):
        self.grade = grade
    def study(self):
        print("刻苦学习~")
>>> class Ss(Student):
    pass
>>> ss = Ss("小学")                        # 创建子类的对象
>>> print(f"{ss.grade}里的学生")           # 子类访问从父类继承的属性
小学里的学生
```

```
>>> ss.study()                          # 子类调用从父类继承的方法
刻苦学习~
>>>
```

例如，在父类中增加私有属性和私有方法。

课堂检验 17

具体操作

```
>>> class Student(object):
    def __init__(self, grade):
        self.grade = grade
        self.__age = 10
    def study(self):
        print("刻苦学习~")
    def __test(self):
        print("测试")
>>> class Ss(Student):
    pass
>>> ss = Ss("小学")
>>> print(f"{ss.grade}里的学生")
小学里的学生
>>> ss.study()
刻苦学习~
>>> print(ss.__age)
Traceback (most recent call last):
  File "<pyshell#7>", line 1, in <module>
    print(ss.__age)
AttributeError: 'Ss' object has no attribute '__age'
>>> ss.__test()
Traceback (most recent call last):
  File "<pyshell#11>", line 1, in <module>
    ss.__test()
AttributeError: 'Ss' object has no attribute '__test'
>>>
```

（二）多继承

多继承是指一个子类继承多个父类，其语法格式如下。

```
class 子类(父类A, 父类B, ...):
```

例如，定义English类、Math类与Student类，使Student类继承English类与Math类。

课堂检验 18

具体操作

```
>>> class English:
    def eng_know(self):
        print('具备英语知识。')
>>> class Math:
    def math_know(self):
        print('具备数学知识。')
>>> class Student(English, Math):
    def study(self):
```

```
        print('学生的任务是学习。')
>>> stu = Student()
>>> stu.eng_know()
具备英语知识。
>>> stu.math_know()
具备数学知识。
>> stu.study()
学生的任务是学习。
>>>
```

如果子类具有多个父类，那么也就自动拥有所有父类的公有成员。

例如，在现实生活中，房屋是用来居住的，汽车是用来行驶的，那么房车同时具有房屋的功能和汽车的功能，它们之间的继承关系可视为多继承关系，如图 8-5 所示。

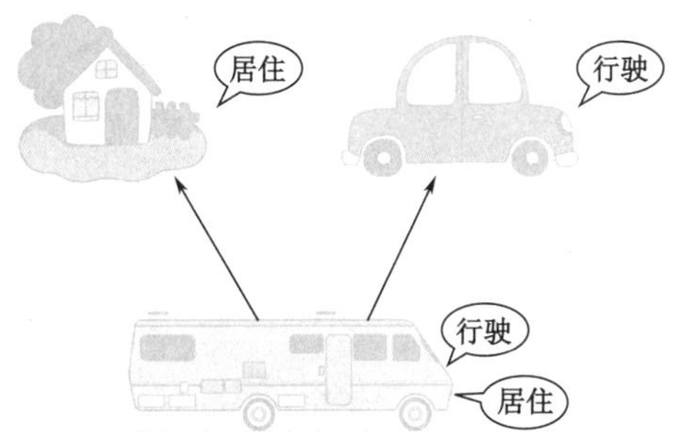

图 8-5　多继承关系

课堂检验 19

具体操作

```
>>> class House(object):
    def live(self):
        print("供人居住")
>>> class Car(object):
    def drive(self):
        print("行驶")
>>> class HCar(House, Car):
    Pass
>>> tour_car = HCar()
>>> tour_car.live()
供人居住
>>> tour_car.drive()
行驶
>>>
```

如果多个父类有一个同名的方法，那么子类会调用哪个父类的同名方法呢？

阅读下面的程序，列出程序执行的结果。

课堂检验 20

具体操作

```
class Horse(object):
    def run(self):
        print("马儿奔跑")
class Donkey(object):
```

```
    def run(self):
        print("驴儿打滚")
class Mule(Horse, Donkey):
    pass
mule = Mule()
mule.run()
```

运行结果如下。

```
马儿奔跑
>>>
```

如果子类继承的多个父类是平行关系的类，那么子类先继承哪个类，便会先调用哪个类的方法。

课堂检验 21

具体操作

```
class Person(object):
    def travel(self):
        print("世界这么大")
class Chinese(Person):
    def travel(self):
        print("我想去看看")
chi = Chinese()
chi.travel()
```

运行结果如下。

```
我想去看看
>>>
```

如果父类和子类中有一个同名的方法，那么由子类创建的对象会访问子类的方法。

课堂检验 22

具体操作

```
class Animal(object):
    def call(self):
        print("动物call")
class Cat(Animal):
    def call(self):
        print("猫call")
animal = Animal()
animal.call()
cat = Cat()
cat.call()
```

运行结果如下。

```
动物call
猫call
>>>
```

由上可见，子类继承多个父类后自动拥有了多个父类的公有成员。如果多个父类有一个同名的方法，那么子类会调用第一个父类的同名方法。如果父类和子类有一个同名的方法，那么各自调用自己的方法。

（三）方法的重写

子类可以继承父类的属性和方法，如果父类的方法不能满足子类的要求，那么子类可以重写父类的方法，以达到理想的需求。

例如，定义父类 Felines 和子类 Cat，Cat 类继承自父类 Felines，并重写自父类 Felines 继承的方法 speciality()。

课堂检验 23

具体操作

```
# 父类定义如下
class Felines:
    def speciality(self):
        print("猫科动物的特长是爬树")
# 子类定义如下
class Cat(Felines):
    name = "猫"
    def speciality(self):
        print(f'{self.name}会抓老鼠')
        print(f'{self.name}会爬树')
cat = Cat()
cat.speciality()
```

运行结果如下。

```
猫会抓老鼠
猫会爬树
>>>
```

从运行结果可以看到，子类 Cat 重写了父类 Felines 的 speciality()方法。

（四）super()函数

如果子类重写了父类的方法，但仍希望调用父类中的方法，那么可以利用 super()函数来实现。super()函数只能在子类中使用，用于调用父类中的方法，其语法格式如下。

```
super().方法名()
```

课堂检验 24

具体操作

```
class Felines:
    def speciality(self):
        print("猫科动物的特长是爬树")
class Cat(Felines):
    name = "猫"
    def speciality(self):
        print(f'{self.name}会抓老鼠')
        print(f'{self.name}会爬树')
        super().speciality()
cat = Cat()
cat.speciality()
```

运行结果如下。

```
猫会抓老鼠
猫会爬树
猫科动物的特长是爬树
```

```
>>>
```

从运行结果可以看到，通过 super()函数可以访问被重写的父类方法。

二、多态

在 Python 中，多态是指在不考虑对象类型的情况下使用对象。相比于强类型，Python 更推崇“鸭子类型”。

“鸭子类型”是这样推断的：如果一只生物走起路来像鸭子，游起泳来像鸭子，叫起来也像鸭子，那么它就可以被当作鸭子。也就是说，“鸭子类型”不关注对象的类型，而是关注对象具有的行为。

在 Python 中，并不需要显式指定对象的类型，只要对象具有预期的方法和表达式操作符就可以使用对象。也就是说，只要对象支持所预期的“接口”就可以使用，从而实现多态。

例如，Rabbit 类和 Snail 类中都有 move()方法，都可以传递给 move()函数。

课堂检验 25

具体操作

```
class Rabbit(object):
    def move(self):
        print("兔子蹦蹦跳跳")
class Snail(object):
    def move(self):
        print("蜗牛缓慢爬行")
def move(obj):
     obj.move()
rb=Rabbit()
sn=Snail()
move(rb)
move(sn)
```

运行结果如下。

```
兔子蹦蹦跳跳
蜗牛缓慢爬行
>>>
```

例如，Cat 类和 Dog 类中都有 shout()方法，都可以传递给 shout()函数。

课堂检验 26

具体操作

```
class Cat:
    def shout(self):
        print("喵喵喵~")
class Dog:
    def shout(self):
        print("汪汪汪！")
def shout(obj):
    obj.shout()
cat = Cat()
dog = Dog()
shout(cat)
shout(dog)
```

运行结果如下。

```
喵喵喵~
汪汪汪!
>>>
```

程序举例：统计参加长跑的名单及人数。

学校举办十公里长跑活动，在报名的过程中允许报过名的同学退出，在活动当天会报出参加活动的运动员名单和人数。

本实例要求使用类的继承来编程，完成统计参加长跑的名单和人数的功能。

其代码如下。

```
class Marathon(object):
    def __init__(self,name,yn):
        self.yn=yn
        self.name=name
    def ins(self):
        if(self.yn=='y'):
            list1.append(self.name)
        else:
            list1.remove(self.name)
        return list1
class Sportsman(Marathon):
    pass
ss=0
list1 = []
while True:
    g=input('参加/退出/停止（y/n/s）:')
    if(g=='s'):
        break
    n=input('姓名:')
    person = Sportsman(n,g)
    person.ins()
print('参加长跑的名单如下:')
for na in list1:
    print(na,end=' ')
print(f'\n参加人数有:{len(list1)}人')
```

在上述代码中，首先定义马拉松长跑 Marathon 类，该类含有姓名 name 和是否参加 yn 两个属性，以及一个统计名单的方法 ins()，另外定义了一个运动员 Sportman 子类，该子类直接继承父类的属性和方法。然后设置名单初值为一个空列表，人数 ss 为 0；通过循环来统计名单和人数。最后输出结果。

运行结果如图 8-6 所示。

```
参加/退出/停止（y/n/s）:y
姓名:马赛
参加/退出/停止（y/n/s）:y
姓名:张三丰
参加/退出/停止（y/n/s）:y
姓名:郝静
参加/退出/停止（y/n/s）:y
姓名:常静奇
参加/退出/停止（y/n/s）:n
姓名:张三丰
参加/退出/停止（y/n/s）:s
参加长跑的运动员名单如下:
马赛 郝静 常静奇
参加人数有:3人
>>>
```

图 8-6 运行结果 3

任务实践

设计人机猜拳游戏。猜拳游戏是我们经常玩的一种游戏。猜拳游戏又称"猜丁壳"，是一个古老、简单的游戏，常用来解决争议的情况。猜拳游戏由三种手势表示，即剪刀、石头、布。游戏规则是剪刀胜布、石头胜剪刀、布胜石头。本任务要求编写程序，实现人机猜拳游戏的功能，同时要求采用面向对象的程序设计思想。

由于是人机之间的游戏，因此，首先定义人类玩家 Player 类，它含有字典属性 dict 和手势方法 gesture()；同时定义机器玩家 AIPlayer 子类，它含有机器手势方法 ai_gesture()。然后定义游戏类 Game，它包含游戏裁判方法 game_judge()和游戏开始方法 game_start()。在游戏裁判方法 game_judge()中，运用选择结构确定输赢，出拳由随机函数控制；在游戏开始方法 game_start()中，运用循环结构来控制游戏结束，程序流程图如图 8-7 所示。

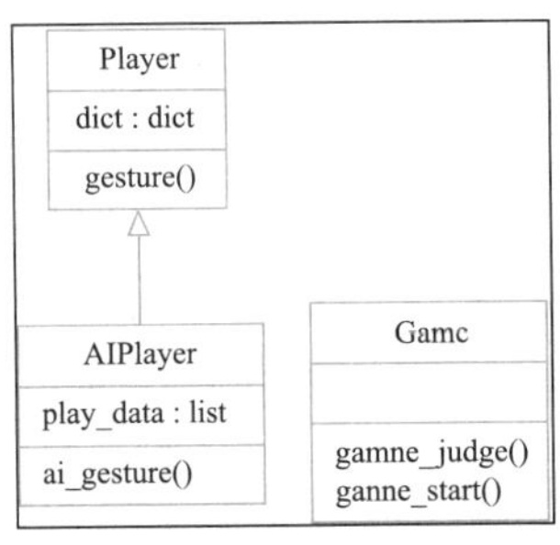

图 8-7　程序流程图

其代码如下。

```
# 设计人机猜拳游戏
import random
class Player:
    def __init__(self):
        self.dict = {0: '剪刀', 1: '石头', 2: '布'}
    # 手势
    def gesture(self):
        player_input = int(input("请输入(0剪刀、1石头、2布):"))
        return self.dict[player_input]
class AIPlayer(Player):
    play_data = []
    def ai_gesture(self):
        while True:
            computer = random.randint(0, 2)
            if len(self.play_data) >= 4:
                # 获取玩家出拳的最大概率
                max_prob = max(self.play_data, key=self.play_data.count)
                if max_prob == '剪刀':
                    return '石头'
                elif max_prob == '石头':
                    return '布'
                else:
                    return '剪刀'
            else:
                return self.dict[computer]
```

```
class Game:
    def game_judge(self):
        player = Player().gesture()
        AIPlayer().play_data.append(player)
        aiplayer = AIPlayer().ai_gesture()
        if (player == '剪刀' and aiplayer == '布') or \
                (player == '石头' and aiplayer == '剪刀') \
                or (player == '布' and aiplayer == '石头'):
            print(f"电脑出的手势是{aiplayer},恭喜，你赢了!")
        elif (player == '剪刀' and aiplayer == '剪刀') or \
                (player == '石头' and aiplayer == '石头') \
                or (player == '布' and aiplayer == '布'):
            print(f"电脑出的手势是{aiplayer},打成平局了！")
        else:
            print(f"电脑出的手势是{aiplayer},你输了，再接再厉！")
    def game_start(self):
        self.game_judge()
        while True:
            option = input("是否继续:y/n\n")
            if option=='y':
                self.game_judge()
            else:
                break
g = Game()
g.game_start()
```

在上述代码中，导入随机模块，作用是利用随机整数函数确定手势类型。

运行结果如图 8-8 所示。

```
请输入(0剪刀、1石头、2布:)1
电脑出的手势是石头,打成平局了!
是否继续:y/n
y
请输入(0剪刀、1石头、2布:)0
电脑出的手势是石头,你输了, 再接再厉!
是否继续:y/n
y
请输入(0剪刀、1石头、2布:)2
电脑出的手势是布,打成平局了!
是否继续:y/n
n
>>> |
```

图 8-8 运行结果 4

评价单

<table>
<tr><td>任务编号</td><td colspan="2">8-2</td><td>任务名称</td><td colspan="3">设计猜拳游戏</td></tr>
<tr><td colspan="3">评价项目</td><td>自评</td><td colspan="3">教师评价</td></tr>
<tr><td rowspan="3">课堂表现</td><td colspan="2">学习态度（20分）</td><td></td><td colspan="3"></td></tr>
<tr><td colspan="2">课堂参与（10分）</td><td></td><td colspan="3"></td></tr>
<tr><td colspan="2">团队合作（10分）</td><td></td><td colspan="3"></td></tr>
<tr><td rowspan="3">技能操作</td><td colspan="2">创建 Python 文件（10分）</td><td></td><td colspan="3"></td></tr>
<tr><td colspan="2">编写 Python 代码（40分）</td><td></td><td colspan="3"></td></tr>
<tr><td colspan="2">运行并调试 Python 程序（10分）</td><td></td><td colspan="3"></td></tr>
<tr><td>评价时间</td><td colspan="2">年　　月　　日</td><td>教师签字</td><td colspan="3"></td></tr>
<tr><td colspan="7">评价等级划分</td></tr>
<tr><td colspan="2">项目</td><td>A</td><td>B</td><td>C</td><td>D</td><td>E</td></tr>
<tr><td rowspan="3">课堂表现</td><td>学习态度</td><td>在积极主动、虚心求教、自主学习、细致严谨上表现优秀</td><td>在积极主动、虚心求教、自主学习、细致严谨上表现良好</td><td>在积极主动、虚心求教、自主学习、细致严谨上表现较好</td><td>在积极主动、虚心求教、自主学习、细致严谨上表现尚可</td><td>在积极主动、虚心求教、自主学习、细致严谨上表现不佳</td></tr>
<tr><td>课堂参与</td><td>积极参与课堂活动，参与内容完成得很好</td><td>积极参与课堂活动，参与内容完成得好</td><td>积极参与课堂活动，参与内容完成得较好</td><td>能参与课堂活动，参与内容完成得一般</td><td>能参与课堂活动，参与内容完成得欠佳</td></tr>
<tr><td>团队合作</td><td>具有很强的团队合作能力、能与老师和同学进行沟通交流</td><td>具有良好的团队合作能力、能与老师和同学进行沟通交流</td><td>具有较好的团队合作能力、尚能与老师和同学进行沟通交流</td><td>能与团队进行合作、与老师和同学进行沟通交流的能力一般</td><td>不能与团队进行合作、不能与老师和同学进行沟通交流</td></tr>
<tr><td rowspan="3">技能操作</td><td>创建</td><td>能独立并熟练地完成</td><td>能独立并较熟练地完成</td><td>能在他人提示下顺利完成</td><td>能在他人帮助下完成</td><td>未能完成</td></tr>
<tr><td>编写</td><td>能独立并熟练地完成</td><td>能独立并较熟练地完成</td><td>能在他人提示下顺利完成</td><td>能在他人帮助下完成</td><td>未能完成</td></tr>
<tr><td>运行并调试</td><td>能独立并熟练地完成</td><td>能独立并较熟练地完成</td><td>能在他人提示下顺利完成</td><td>能在他人帮助下完成</td><td>未能完成</td></tr>
</table>

项目小结

本项目主要介绍了面向对象程序设计的知识，包括面向对象概述、类与对象、类的定义、对象的创建与使用、类成员的访问限制、构造方法、析构方法、类方法、静态方法、继承、多态等知识。

通过本项目的学习，理解面向对象的思想，能够熟练地定义和使用类，并具备开发面向对象项目的能力。

巩固练习

一、判断题

1. Python 通过类可以创建对象，有且只有一个对象。（ ）
2. 实例方法可以由类和对象调用。（ ）
3. 子类能继承父类全部的属性和方法。（ ）
4. 创建类的对象时，系统会自动调用构造方法进行初始化。（ ）
5. 子类中不能重新实现从父类继承的方法。（ ）

二、填空题

1. 在 Python 中，使用________关键字来声明一个类。
2. 类的成员包括________和________。
3. Python 可以通过在类成员名称之前添加________的方式将公有成员改为私有成员。
4. 被继承的类称为________，继承其他类的类称为________。
5. 子类中利用________函数可以调用父类的方法。

三、选择题

1. 下列关于类的说法，错误的是（ ）。

   A．类中可以定义私有方法和属性　　B．类方法的第一个参数是 cls

   C．实例方法的第一个参数是 self　　D．类的实例无法访问类属性

2. 下列方法中，只能由对象调用的是（ ）。

   A．类方法　　B．实例方法

   C．静态方法　　D．析构方法

3. 下列方法中，负责初始化属性的是（ ）。

   A．_del__()　　B．__init__()

   C．__init()　　D．__add__()

4. 下列选项中，不属于面向对象三大重要特性的是（ ）。

   A．抽象　　B．封装　　C．继承　　D．多态

5. 请阅读下面的代码。

```
class Test:
    count = 21
```

```
    def print_num(self):
        count = 20
        self.count += 20
        print(count)
test= Test()
test.print_num()
```

运行代码，输出结果为（　　）。

A. 20　　B. 40　　C. 21　　D. 41

四、程序设计题

1. 简述实例方法、类方法、静态方法的区别。
2. 简述构造方法、析构方法的特点。
3. 简述面向对象的三大特性。
4. 设计一个 Circle（圆）类，该类中包含属性 radius（半径），还包含__init__()、get_perimeter()（求周长）和 get_area()（求面积）共三个方法。设计完成后，创建 Circle 类的对象求圆的周长和面积。
5. 设计一个 Course（课程）类，该类中包含 number（编号）、name（名称）、teacher（任课教师）、location（上课地点）共 4 个属性，其中 location 是私有属性；还包含__init__()、show_info()（显示课程信息）共两个方法。设计完成后，创建 Course 类的对象显示课程的信息。

项目9
处理异常

项目目标

知识目标

熟悉异常的含义及捕获异常的方法
熟悉处理异常的方法
熟悉抛出异常的方法
熟悉自定义异常的方法
了解 with 语句及上下文管理

技能目标

会捕获异常并处理异常
会抛出异常
会自定义异常

情感目标

激发使命担当、科技报国的爱国情怀

职业目标

养成缜密严谨的科学态度
培养直面困难、迎难而上的奋斗精神

项目引导

完成任务

为查询身份证归属地添加异常

检测系统密码异常

学习路径

通过信息单学习相关的预备知识

通过任务单进行实践操作掌握相关技能

通过评价单获知学习中的不足和改进方法

通过巩固练习完成课后再学习再提高

配套资源

理实一体化教室

视频、PPT、习题答案等

项目实施

现实生活并不是一帆风顺的，总会遇到各种突发情况，如航班延误、火车晚点、上下班路上堵车等。这些情况都会导致上班迟到、会议错过、约会赶不上等。同样，程序在运行过程中也会遇到各种各样的问题，如访问一个格式损坏的文件、连接一个断开的网络、文件被计算机病毒感染而打不开等。对于一个Python程序而言，如果出现上述情况，Python会检测到程序出现错误而中止运行，并提供诊断信息，帮助开发人员尽快解决问题，恢复程序的正常运行。

本项目将通过2个任务的讲解，介绍Python中异常的种类、异常的捕获、异常的处理、异常的抛出及自定义等内容。

任务 1　为查询身份证归属地添加异常

任务单

任务编号	9-1	任务名称	为查询身份证归属地添加异常
任务简介	在程序运行过程中有可能因为语法错误而发生异常，使程序中止运行。本任务通过异常的捕获和处理为查询身份证的归属地添加异常，以此来完善程序，避免因错误而使程序被中止		
设备环境	台式机或笔记本电脑，建议使用 Windows 10 以上操作系统		
所在班级		小组成员	
任务难度	中级	指导教师	
实施地点		实施日期	年　月　日
任务要求	创建 Python 文件，完成以下操作。 （1）在程序开头加入注释信息，说明程序功能 （2）利用 try-except 语句在程序的执行部分捕获并处理 FileNotFoundError 异常 （3）运行 Python 程序，显示正确的运行结果		

信息单

一、认识异常

在 Python 程序中最常见的问题就是语法错误。当程序遇到语法错误时就会被中止运行。

语法错误也叫解析错误，是指因开发人员编写了不符合 Python 语法格式的代码而引起的错误。含有语法错误的程序无法被解释器解释，在运行时会被中止并抛出异常，必须经过修正后程序才能正常运行。

课堂检验 1

具体操作

```
>>> while True
SyntaxError: invalid syntax
>>>
```

在以上操作中，While 循环语句后缺少冒号“:”，不符合 Python 的语法格式，语法分析器会检测到错误。运行上述代码，错误信息会显示在结果输出区，如图 9-1 所示。

以上错误信息包括错误位置、错误类型及错误信息，方便开发人员快速定位错误并进行修正。

在 Python 代码中，语法格式正确但在运行时仍发生的错误称为逻辑错误。逻辑错误可能是由于外界条件，如网络断开、文件损坏等引起的，也有可能是由于程序本身设计不严谨导致的。

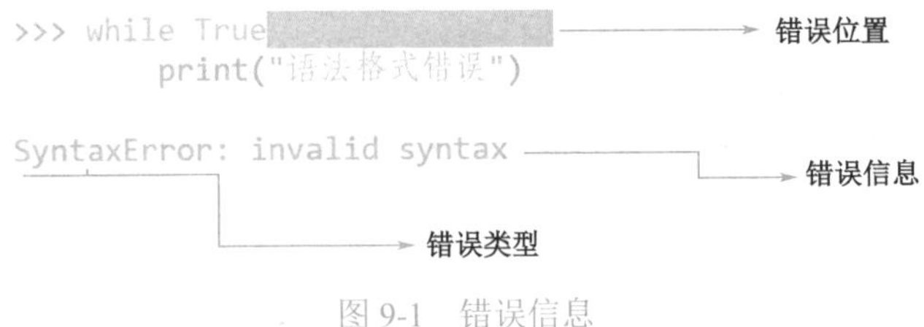

图 9-1 错误信息

课堂检验 2

具体操作

```
>>> for i in 3:
 print(i)

Traceback (most recent call last):
  File "<pyshell#3>", line 1, in <module>
    for i in 3:
TypeError: 'int' object is not iterable
>>>
```

以上代码没有任何的语法错误，但在执行后仍然出现 TypeError 异常，这是因为在代码中利用 for 循环遍历整数 3，而 for 循环不支持遍历整数数据。

专家点睛

无论是语法错误还是逻辑错误，都会导致程序无法正常运行。

（一）什么是异常

在程序运行过程中检测到的错误称为**异常**。如果异常不被处理，那么默认情况下就会导致程序崩溃而中止运行。

（二）异常的种类

Python 中的所有异常均由类实现，而所有的异常类都继承自基类 BaseException。在基类 BaseException 中包含 4 个子类，其中子类 Exception 是大多数常见异常类的父类。Python 中异常类的继承关系如图 9-2 所示。

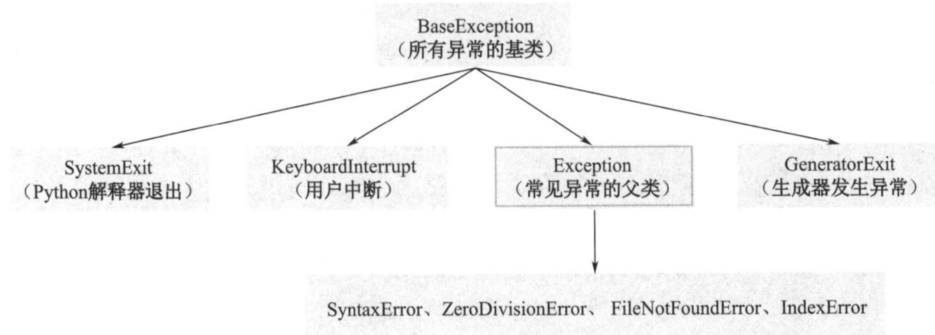

图 9-2 Python 中异常类的继承关系

由于 SyntaxError、FileNotFoundError 等常见异常均继承自 Exception，因此，这里所介绍的异常均基于 Exception 类及其子类。Exception 中常见的子类及描述如表 9-1 所示。

表 9-1 Exception 中常见的子类及描述

类名	描述
SyntaxError	发生语法错误时引发
FileNotFoundError	未找到指定文件或路径时引发
NameError	未找到指定变量时引发
ZeroDivisionError	除数为 0 时引发
IndexError	索引超出范围时引发
AttributeError	访问了未知的对象属性时引发
KeyError	当映射的键不存在时引发
TypeError	使用的数据类型不符时引发

二、捕获异常

若 Python 程序在运行时发生异常，则会导致程序被中止，不能正常运行，需要程序开发人员进行处理。在 Python 中可以利用 try-except 语句捕获异常，当然，try-except 语句也可以与 else 子句、finally 子句组合使用，实现更强大的异常处理功能。

（一）try-except 语句

try-except 语句用于捕获程序运行过程中出现的异常，其语法格式如下。

```
try:
    可能出错的代码
    ......
except [异常类型]:
    错误处理语句
    ......
```

这里，try 子句后面是可能出错的代码，except 子句后面是捕获的异常类型和捕获到异常后的处理语句。

课堂检验 3

具体操作

```
try:
    for i in 3:
        print(i)
except TypeError:
    print('整数3不能被遍历，因为int类型不支持迭代操作')
```

运行结果如图 9-3 所示。

```
整数3不能被遍历，因为int类型不支持迭代操作
>>> |
```

图 9-3 运行结果 1

try-except 语句的执行过程如下。

（1）解释器优先执行 try 子句中的代码。

（2）若 try 子句未产生异常，则忽略 except 子句中的代码。

（3）若 try 子句产生异常，则忽略 try 子句的剩余代码，转而执行 except 子句中的代码。

（二）捕获异常信息

try-except 语句既可以捕获和处理程序运行时的单个异常、多个异常、所有异常，也可以在 except 子句中通过关键字 as 获取系统反馈的异常的具体信息。

1. 捕获单个异常

捕获程序运行过程中的单个异常时，需要指定具体的异常。

课堂检验 4

具体操作

```
try:
    for i in 3:
        print(i)
except TypeError as e:
    print(f"异常原因：{e}")
```

运行结果如图 9-4 所示。

```
异常原因：'int' object is not iterable
>>> |
```

图 9-4　运行结果 2

当程序在运行过程中捕获到 TypeError 异常时，转而执行 except 子句后面的代码。由于 except 子句指定处理 TypeError 异常，并且通过关键字 as 获取了异常信息 e，因此，程序执行了 except 子句中的输出函数，显示异常信息，程序本身没有被中止。

专家点睛

如果指定的异常与程序产生的异常不一致，程序运行时仍会崩溃。

2. 捕获多个异常

程序中有可能会产生多个异常，因此，在捕获程序运行过程中的多个异常时，既可以将多个异常以元组的形式放在 except 语句后面来处理，也可以联合利用多个 except 语句来处理。

课堂检验 5

具体操作

```
try:
    print(count)
except (NameError,IndexError) as error:
    print(f"异常原因：{error}")
```

运行结果如图 9-5 所示。

```
异常原因：name 'count' is not defined
>>> |
```

图 9-5　运行结果 3

以上代码是将多个异常以元组的形式放在 except 语句后面来处理的。

课堂检验 6

具体操作

```
try:
    print(count)
except NameError as error:
    print(f"异常原因：{error}")
except IndexError as error:
    print(f"异常原因：{error}")
```

运行结果如图 9-6 所示。

```
异常原因：name 'count' is not defined
>>> |
```

图 9-6 运行结果 4

以上代码是联合利用多个 except 语句来依次捕获多个异常的。

3. 捕获所有异常

在捕获程序运行过程中的所有异常时，既可以将所有异常的父类 Exception 置于 except 后面来处理，也可以采用省略 except 后面的异常类型的方式来处理。

课堂检验 7

具体操作

```
try:
    print(count)
except Exception as error:
    print(f"异常原因：{error}")
```

运行结果如图 9-7 所示。

```
异常原因：name 'count' is not defined
>>>
```

图 9-7 运行结果 5

在以上代码中，try 子句访问了没有声明的变量 count，导致程序捕获到异常 NameError 和 IndexError，转而执行 except 子句的代码，由于 except 指定了处理异常类 Exception，而 IndexError 类恰恰是 Exception 的子类，因此，程序将执行 except 子句中的输出函数而不会中止程序的运行。

课堂检验 8

具体操作

```
try:
    print(count)
except :
    print("程序出现异常，原因未知")
```

运行结果如图 9-8 所示。

```
程序出现异常，原因未知
>>>
```

图 9-8　运行结果 6

以上代码通过在 except 子句后面省略异常类型的方式，虽然能处理所有的异常，但是不能获取异常的详细信息。

（三）else 子句

异常处理的主要目的是防止因外部环境变化而导致程序产生无法控制的错误，并不是处理程序设计自身的错误。因此，将所有的代码都用 try 子句包含起来是不可取的，应尽量保证 try 子句只包含可能产生异常的代码。Python 中 try-except 语句还可以与 else 子句联合使用，在 else 子句与 try-except 语句联合使用时，其中的代码会在 try 子句未出现异常时执行，其语法格式如下。

```
try:
    可能出错的语句
    ......
except:
    出错后的执行语句
else:
    未出错时的执行语句
```

例如，获取某个字符串的一个字符，需要用户输入该字符串所在的位置，即索引，当索引为非整数或超出字符串的长度时，就会使程序发生 TypeError 异常或 NameError 异常。利用 except 子句进行捕获异常，利用 else 子句控制没有发生异常的情况。

课堂检验 9

具体操作

```
try:
    alp="ABCDEFGHIJKLMNOPQRSTUVWXYZ"
    n=eval(input("请输入一个整数: "))
    print(alp[n])
except (NameError,TypeError):
    print("输入错误，请输入一个整数")
else:
    print("没有发生异常")
```

如果用户输入的索引符合要求，那么运行结果如图 9-9 所示。

```
请输入一个整数: 8
I
没有发生异常
>>>
```

图 9-9　运行结果 7

如果用户输入的索引不符合要求，那么运行结果如图 9-10 所示。

```
请输入一个整数: 3.6
输入错误，请输入一个整数
>>>
```

图 9-10　运行结果 8

从以上两次输入的索引可知，如果用户输入的索引符合要求，那么程序没有发生异常，从而执行 else 子句中的代码；如果用户输入的索引不符合要求，那么程序就会发生异常，转而执行 except 子句的代码。

（四）finally 子句

finally 子句与 try-except 语句联合使用时，无论 try-except 是否捕获到异常，finally 子句中的代码都要执行，其语法格式如下。

```
try:
    可能出错的语句
    ......
except:
    出错后的执行语句
finally:
    无论是否出错都会执行的语句
```

例如，在上述字符串中，如果索引无论是否符合要求都显示程序执行结束，那么就可以把该信息放在 finally 子句的后面。

课堂检验 10

具体操作

```
try:
    alp="ABCDEFGHIJKLMNOPQRSTUVWXYZ"
    n=eval(input("请输入一个整数："))
    print(alp[n])
except (NameError,TypeError):
    print("输入错误，请输入一个整数")
else:
    print("没有发生异常")
finally:
    print("程序执行完毕")
```

如果用户输入的索引符合要求，那么运行结果如图 9-11 所示。

```
请输入一个整数：6
G
没有发生异常
程序执行完毕
>>>
```

图 9-11　运行结果 9

如果用户输入的索引不符合要求，那么运行结果如图 9-12 所示。

```
请输入一个整数:2.5
输入错误，请输入一个整数
程序执行完毕
>>>
======================
请输入一个整数:no
输入错误，请输入一个整数
程序执行完毕
>>> |
```

图 9-12　运行结果 10

从运行结果可知，无论是否发生异常，都会执行 finally 子句。

程序举例：异常处理。

编写程序，检测输入的数是否为整数，如果是整数，就显示出来，否则捕获错误并报错。

本实例拟采用 try-except 语句来完成。

其代码如下。

```
def inn(ch):
    try:
        ch=int(ch)
        print("%d"%ch)
    except ValueError:
        print('出错，您输入的不是整数')

x = input('请输入一个整数：')
inn(x)
```

运行结果如图 9-13 所示。

```
请输入一个整数：10
10
>>>
========================
请输入一个整数：11
出错，您输入的不是整数
>>> |
```

图 9-13　运行结果 11

程序举例：异常嵌套处理。

以下是两数相加的程序。

```
x = int(input("x="))
y = int(input("y="))
print("x+y=",x+y)
```

该程序要求接收两个整数，并输出相加的结果。但如果输入的不是整数（如字母、浮点数等），程序就会终止执行并输出异常信息。请对程序进行修改，要求输入非整数时，给出“输入内容必须为整数！”的提示，并提示用户重新输入，直至输入正确。

本实例拟采用 try-except 语句的嵌套来完成，其代码如下。

```
while True:
    try:
        x = int(input('x='))
    except ValueError:
        print('输入内容必须为整数！')
    else:
        while True:
            try:
                y = int(input('y='))
            except ValueError:
                print('输入内容必须为整数')
            else:
                break
        print('x+y=',x+y)
        break
```

运行结果如图 9-14 所示。

```
x=3
y=8
x+y= 11
>>>
======================
x=2.3
输入内容必须为整数!
x=10
y=7
x+y= 17
>>>
```

图 9-14 运行结果 12

任务实践

为查询身份证归属地添加异常。在项目 7 的任务 1 中，用户通过输入身份证前 6 位数字就可以查询到身份证归属地，此任务实现了归属地查询的功能。如果用户访问的“身份证码值对照表.txt”文件不在当前路径下，就会引发异常。

本任务要求通过添加异常处理的功能，完善查询身份归属地的程序。

由于“查询身份证归属地”的程序需要访问当前路径下的“身份证码值对照表.txt”文件，如果在读取时没有在当前路径下找到该文件，那么就会引发 FileNotFoundError 异常，所以本实例直接利用 try-except 语句捕获并处理 FileNotFoundError 异常即可。

其代码如下。

```
# 为查询身份证归属地添加异常
import json
try:
    f = open("身份证码值对照表.txt", 'r', encoding='utf-8')
    content = f.read()
    content_dict = json.loads(content)         # 转换为字典类型
    address = input('请输入身份证前6位: ')
    for key, val in content_dict.items():
        if key == address:
            print(val)
    f.close()
except FileNotFoundError:
    print("文件不存在")
```

以上代码对打开文件操作部分进行异常捕获与处理，并指定捕获的异常为 FileNotFoundError。

运行程序，若文件存在，运行结果如图 9-15 所示。

```
请输入身份证前6位:410102
中原区
>>>
```

图 9-15 运行结果 13

运行程序，若文件不存在，运行结果如图 9-16 所示。

```
文件不存在
>>>
```

图 9-16 运行结果 14

评价单

任务编号	9-1	任务名称	为查询身份证归属地添加异常
评价项目		自评	教师评价
课堂表现	学习态度（20分）		
	课堂参与（10分）		
	团队合作（10分）		
技能操作	创建Python文件（10分）		
	编写Python代码（40分）		
	运行并调试Python程序（10分）		
评价时间	年　月　日	教师签字	

评价等级划分						
项目		A	B	C	D	E
课堂表现	学习态度	在积极主动、虚心求教、自主学习、细致严谨上表现优秀	在积极主动、虚心求教、自主学习、细致严谨上表现良好	在积极主动、虚心求教、自主学习、细致严谨上表现较好	在积极主动、虚心求教、自主学习、细致严谨上表现尚可	在积极主动、虚心求教、自主学习、细致严谨上表现不佳
	课堂参与	积极参与课堂活动，参与内容完成得很好	积极参与课堂活动，参与内容完成得好	积极参与课堂活动，参与内容完成得较好	能参与课堂活动，参与内容完成得一般	能参与课堂活动，参与内容完成得欠佳
	团队合作	具有很强的团队合作能力、能与老师和同学进行沟通交流	具有良好的团队合作能力、能与老师和同学进行沟通交流	具有较好的团队合作能力、尚能与老师和同学进行沟通交流	能与团队进行合作、与老师和同学进行沟通交流的能力一般	不能与团队进行合作、不能与老师和同学进行沟通交流
技能操作	创建	能独立并熟练地完成	能独立并较熟练地完成	能在他人提示下顺利完成	能在他人帮助下完成	未能完成
	编写	能独立并熟练地完成	能独立并较熟练地完成	能在他人提示下顺利完成	能在他人帮助下完成	未能完成
	运行并调试	能独立并熟练地完成	能独立并较熟练地完成	能在他人提示下顺利完成	能在他人帮助下完成	未能完成

任务2 检测系统密码异常

任务单

任务编号	9-2	任务名称	检测系统密码异常
任务简介	异常不仅可以由系统抛出，还可以由开发人员手工抛出。本任务利用手工抛出来检测系统密码是否异常		
设备环境	台式机或笔记本电脑，建议使用 Windows 10 以上操作系统		
所在班级		小组成员	
任务难度	中级	指导教师	
实施地点		实施日期	年 月 日
任务要求	创建 Python 文件，完成以下操作。 （1）在程序开头加入注释信息，说明程序功能 （2）定义输入密码函数 input_password() （3）当密码超过 8 位时系统正常 （4）当密码少于 8 位时抛出自定义异常 （5）捕获 input_password()函数的异常，保证系统运行顺利 （6）运行 Python 程序，显示正确的运行结果		

信息单

一、抛出异常

Python 程序中的异常不仅可以由系统抛出，还可以由开发人员利用关键字 raise 主动抛出。在程序中，只要异常没有被处理，异常就会向上传递直至最顶级，如果此时还没有被处理，那么就会利用系统默认的方式抛出异常。另外，在程序开发阶段还可以利用 assert 语句检测某个表达式是否符合要求，如果不符合要求，就抛出异常。

（一）raise 语句

当程序发生错误时会主动抛出异常，而这里的抛出异常则是在程序中手动抛出的。在 Python 中利用 raise 语句完成手动抛出异常。

raise 语句主要引发特定的异常，一般有以下 3 种方式。

（1）利用异常类引发异常

（2）利用异常对象引发异常

（3）重新引发异常

下面就通过检验来对以上异常进行验证。

1. 利用异常类引发异常

在 raise 语句后可以添加具体的异常类，从而引发相应的异常，其语法格式如下。

```
raise 异常类名
```

课堂检验 11

具体操作

```
>>> raise NameError
Traceback (most recent call last):
  File "<pyshell#1>", line 1, in <module>
    raise NameError
NameError
>>>
```

在以上操作中，由异常类手动引发 NameError 异常。

2. 利用异常对象引发异常

在 raise 语句后添加异常对象，从而引发相应的异常，其语法格式如下。

```
raise 异常对象
```

课堂检验 12

具体操作

```
>>> raise NameError()
Traceback (most recent call last):
  File "<pyshell#2>", line 1, in <module>
    raise NameError()
NameError
>>>
```

在以上操作中，由异常对象手动引发 NameError 异常。

3. 重新引发异常

raise 语句后若不添加任何内容，可重新引发刚才发生的异常，即由异常引发异常，其语法格式如下。

```
raise
```

课堂检验 13

具体操作

```
try:
    num=10
    print(n)
except NameError as e:
    print(f'异常的原因是{e}')
    raise
```

在以上代码中，变量 n 没有被定义，引发了 NameError 异常。raise 语句的出现再一次引发 NameError 异常。

运行结果如图 9-17 所示。

```
异常的原因是name 'n' is not defined
Traceback (most recent call last):
  File "C:/Users/zyl/Desktop/1.py", line 3, in <module>
    print(n)
NameError: name 'n' is not defined
>>> |
```

图 9-17　运行结果 15

（二）异常的传递

如果程序中的异常没有被处理，就会将该异常传递给上一级，如果上一级也没有处理异常，就会继续向上传递，直至异常被处理或程序被中止。

课堂检验 14

具体操作

```
# 一个边长为10的正方形被无限分割，求最小正方形的面积
def get_width():
    num = int(input("请输入除数: "))
    width_len=10/num
    return width_len
def calc_area():
    width_len=get_width()
    return width_len*width_len
def show_area():
    area_val=calc_area()
    print(f"正方形的面积是: {area_val}")
show_area()
```

在以上代码中，正方形的边长为 10 的 num 等分，当变量 num 为 0 时会引发 ZeroDivisionError 异常，该异常由第 3 行传递到第 7 行，再传递到第 11 行，最后传递到第 14 行，逐层传递。由于在程序的调用过程中一直没有被处理，所以最终引发异常，使程序被中止。

运行结果如图 9-18 所示。

```
请输入除数: 6
正方形的面积是2.78
>>>
===================== RESTART: C:/Users/zyl/Desktop/1.py
请输入除数: 0
Traceback (most recent call last):
  File "C:/Users/zyl/Desktop/1.py", line 11, in <module>
    show_area()
  File "C:/Users/zyl/Desktop/1.py", line 9, in show_area
    area_val=calc_area()
  File "C:/Users/zyl/Desktop/1.py", line 6, in calc_area
    width_len=get_width()
  File "C:/Users/zyl/Desktop/1.py", line 3, in get_width
    width_len=10/num
ZeroDivisionError: division by zero
>>>
```

图 9-18 运行结果 16

程序举例：异常传递。

边长为 10 的正方形被分割成若干份，求最小正方形的面积。

本实例在最后一层通过 try-except 语句对 ZeroDivisionError 异常进行了处理，避免因异常而使程序被中止。

其代码如下。

```
def get_width():
    num = int(input("请输入份数: "))
```

```
    width_len=10/num
    return width_len
def calc_area():
    width_len=get_width()
    return width_len*width_len
def show_area():
    try:
        area_val=calc_area()
        print("正方形的面积是:%.2f"%area_val)
    except ZeroDivisionError as e:
        print(f"捕捉到异常:{e}")
show_area()
```

运行结果如图 9-19 所示。

```
请输入份数: 3
正方形的面积是:11.11
>>>
====================== RESTART:
请输入份数: 0
捕捉到异常:division by zero
>>> |
```

图 9-19　运行结果 17

在以上代码中，当除数 num 为 0 时产生 ZeroDivisionError 异常，函数中并没有对这一异常进行处理，所以就会向上层传递这个异常到变量 width_len 上，由于该层函数也未处理异常，因此继续向上传递这个异常到变量 area_val 上。由于该层包含了异常处理 try 子句并捕获了 ZeroDivisionError 异常，因此，程序不会因为 num 为 0 而引发异常，程序没有被中止。

（三）assert 断言语句

assert 断言语句用于判定一个表达式是否为真，如果表达式为 True，就不做任何操作，否则引发 AssertionError 异常，其语法格式如下。

```
assert 表达式[,参数]
```

这里，表达式是 assert 语句的判定对象，参数通常是一个自定义异常或显示异常描述信息的字符串。

课堂检验 15

具体操作

```
>>> # 表达式不带参数的情况
>>> assert 1>0
>>> assert 1<0
Traceback (most recent call last):
  File "<pyshell#1>", line 1, in <module>
    assert 1<0
AssertionError
>>> age = int(input('输入年龄:'))
输入年龄:19
>>> assert age>=18
```

```
>>> print('可以参加')
可以参加
>>> age = int(input('输入年龄:'))
输入年龄:17
>>> assert age>=18
Traceback (most recent call last):
  File "<pyshell#6>", line 1, in <module>
    assert age>=18
AssertionError
>>>
```

因为以上代码都显示 assert 语句后面的表达式为真，所以不做任何操作，否则引发 AssertionError 异常。

课堂检验 16

具体操作

```
# 表达式带参数的情况
age=int(input('请输入年龄:'))
assert age>=18,'年龄必须在18岁及以上'
print("可以参加")
```

运行结果如图 9-20 所示。

```
请输入年龄:16
Traceback (most recent call last):
  File "C:/Users/zyl/Desktop/2.py", line 2, in <module>
    assert age>=18,'年龄必须在18岁及以上'
AssertionError: 年龄必须在18岁及以上
======================
请输入年龄:18
可以参加
>>>
```

图 9-20 运行结果 18

在以上代码中，当 assert 语句后面的表达式为真时，不做任何操作，继续执行下一个语句，输出“可以参加”，否则引发 AssertionError 异常，并在异常之后显示该处的描述“年龄必须在 18 岁及以上”。

二、自定义异常

Python 虽然提供了许多内置的异常类，但在实际开发中可能出现的问题并不是内置异常类能够解决的，需要开发人员自定义异常后才能解决。例如，在设计用户注册账户时，需要限定用户名和密码等信息的类型和长度。

Python 允许开发人员自定义异常。自定义异常的方法很简单，只需创建一个类，让它继承 Exception 异常类或其他异常类即可。

例如，下面就自定义了一个 CustomError 异常。

```
class CustomError(Exception):
pass  # 空语句，保证程序结构的完整性
```

课堂检验 17

具体操作

```
# 自定义异常
class CustomError(Exception):
    pass
raise CustomError
```

运行结果如图 9-21 所示。

```
Traceback (most recent call last):
  File "C:/Users/zyl/Desktop/1.py", line 3, in <module>
    raise CustomError
CustomError
>>> |
```

图 9-21　运行结果 19

以上代码的运行结果抛出了 CustomError 异常，表示自定义异常成功。

课堂检验 18

具体操作

```
# 本程序为自定义异常的应用
class CustomError(Exception):
    pass
try:
    raise CustomError('错误代码')
except CustomError as e:
    print(e)
    raise
```

运行结果如图 9-22 所示。

```
错误代码
Traceback (most recent call last):
  File "C:/Users/zyl/Desktop/1.py", line 4, in <module>
    raise CustomError('错误代码')
CustomError: 错误代码
>>> |
```

图 9-22　运行结果 20

以上代码自定义 CustomError 异常，当程序捕捉到该异常时，会抛出异常并显示异常信息。

任务实践

检测系统密码异常。输入密码，密码少于 8 位时抛出异常并输出异常。

其代码如下。

```
# 检测系统密码异常
def input_password():
    pas=input("请输入密码: ")
    if len(pas)>=8:
        return pas
```

```
        else:
            ex=Exception("密码长度小于8")
            raise ex
    try:
        print(input_password())
    except Exception as result:
        print(result)
```

在以上代码中，首先定义密码输入函数 input_password()，当输入的密码 pas 长度不足 8 位时，则自定义异常 ex 并抛出异常。主程序利用 try-except 语句捕获调用密码输入函数的异常，并输出异常。

运行结果如图 9-23 所示。

```
请输入密码:123456789
123456789
>>>
=====================
请输入密码:156
密码长度小于8
>>>
```

图 9-23 运行结果 21

评价单

任务编号	9-2	任务名称	检测系统密码异常
评价项目		自评	教师评价
课堂表现	学习态度（20 分）		
	课堂参与（10 分）		
	团队合作（10 分）		
技能操作	创建 Python 文件（10 分）		
	编写 Python 代码（40 分）		
	运行并调试 Python 程序（10 分）		
评价时间	年　月　日	教师签字	

评价等级划分						
项目		A	B	C	D	E
课堂表现	学习态度	在积极主动、虚心求教、自主学习、细致严谨上表现优秀	在积极主动、虚心求教、自主学习、细致严谨上表现良好	在积极主动、虚心求教、自主学习、细致严谨上表现较好	在积极主动、虚心求教、自主学习、细致严谨上表现尚可	在积极主动、虚心求教、自主学习、细致严谨上表现不佳
	课堂参与	积极参与课堂活动，参与内容完成得很好	积极参与课堂活动，参与内容完成得好	积极参与课堂活动，参与内容完成得较好	能参与课堂活动，参与内容完成得一般	能参与课堂活动，参与内容完成得欠佳
	团队合作	具有很强的团队合作能力、能与老师和同学进行沟通交流	具有良好的团队合作能力、能与老师和同学进行沟通交流	具有较好的团队合作能力、尚能与老师和同学进行沟通交流	能与团队进行合作、与老师和同学进行沟通交流的能力一般	不能与团队进行合作、不能与老师和同学进行沟通交流
技能操作	创建	能独立并熟练地完成	能独立并较熟练地完成	能在他人提示下顺利完成	能在他人帮助下完成	未能完成
	编写	能独立并熟练地完成	能独立并较熟练地完成	能在他人提示下顺利完成	能在他人帮助下完成	未能完成
	运行并调试	能独立并熟练地完成	能独立并较熟练地完成	能在他人提示下顺利完成	能在他人帮助下完成	未能完成

项目小结

本项目主要介绍了 Python 异常的相关知识，包括异常概述、捕获异常、抛出异常、自定义异常等知识，同时结合实训案例演示了异常的用法。

通过本项目的学习，能够掌握如何处理异常。

巩固练习

一、判断题

1．在异常处理结构中，不论是否发生异常，finally 块中的代码总是会执行。（　　）

2．在 try-except-else 结构中，如果 try 块的语句引发了异常则会执行 else 块中的代码。（　　）

3．在异常处理结构中，finally 块中代码仍然有可能出错从而再次引发异常。（　　）

4．assert 在断言语句中，表达式的值为 True 时会触发 AssertionError 异常。（　　）

5．raise 语句可以抛出指定的异常。（　　）

二、选择题

1．下面程序运行后，会产生的异常是（　　）。

```
print(a)
```

A．SyntaxError　　B．NameError

C．IndexError　　D．KeyError

2．下列选项中，用于触发异常的是（　　）。

（A．try　　B．catch　　C．raise　　D．except

3．下列选项中，关于异常的描述错误的是（　　）。

A．错误就是异常，异常就是错误

B．异常是程序运行时产生的

C．IndexError 是 Exception 的子类

D．except 子句一定位于 else 和 finally 子句之前

4．当 try 子句中的代码没有任何错误时，一定不会执行（　　）子句。

A．try　　B．except　　C．else　　D．finally

5．若执行代码“1/0”，会引发什么异常？（　　）

A．ZeroDivisionError　　B．NameError

C．KeyError　　D．IndexError

三、填空题

1．Python 中的所有异常类都是________的子类。

2．当使用序列不存在的________时，会引发 IndexError 异常。

3. 自定义异常需要继承________类。

4. 若不满足 assert 语句中的表达式会引发________异常。

5. 当程序中使用了一个未定义的变量时会引发________异常。

四、程序设计题

1. 编写程序，输入半径，计算圆的面积。若半径为负值，则抛出异常。

2. 编写程序，输入三角形的三条边，判断其是否构成三角形，若构成三角形，则计算三角形的面积和周长，否则引发异常。

3. 检测输入的是否为整数，如果是整数，就通过，否则捕获错误并报错。

项目 10
构建与发布生态库

项目目标

知识目标

熟悉 Python 的计算生态
熟悉 Python 各应用领域的常用库
熟悉 Python 生态库的构建与发布
熟悉常用内置库的使用方法
熟悉常用第三方库的使用方法

技能目标

会处理随机问题
会进行时间管理
会利用计算机绘图
会制作简单的二维游戏

情感目标

激发使命担当、科技报国的爱国情怀

职业目标

养成缜密严谨的科学态度
培养努力攀登科学高峰的勇气和能力

项目引导

完成任务

随机生成验证码

绘制指定颜色的 *N* 边形

模拟时钟

制作猴子接桃游戏

学习路径

通过信息单学习相关的预备知识

通过任务单进行实践操作掌握相关技能

通过评价单获知学习中的不足和改进方法

通过巩固练习完成课后再学习再提高

配套资源

理实一体化教室

视频、PPT、习题答案等

项目实施

Python 的生态库非常丰富，内容包含了当今新一代信息技术，为各个领域 Python 的应用提供了极大便利。

本项目将通过 4 个任务的讲解，介绍 Python 的计算生态、生态库的构建与发布、Python 常用的内置库、常用的 Python 第三方库等内容。

任务1 随机生成验证码

任务单

任务编号	10-1	任务名称	随机生成验证码
任务简介	Python 内置库中的 random 库可以生成随机数据。本任务利用 random 库中的 randint()函数生成随机整数的功能来生成随机验证码，以完成随机生成验证码的功能		
设备环境	台式机或笔记本电脑，建议使用 Windows 10 以上操作系统		
所在班级		小组成员	
任务难度	中级	指导教师	
实施地点		实施日期	年 月 日
任务要求	创建 Python 文件，完成以下操作。 （1）在程序开头加入注释信息，说明程序功能 （2）导入 random 模块 （3）创建一个空字符串 code_list （4）生成 6 个随机字符，逐个拼接到 code_list 后面 （5）运行 Python 程序，显示正确的运行结果		

信息单

一、Python 的计算生态

Python 的计算生态涵盖网络爬虫、数据分析、数据可视化、游戏开发、文本处理、图形艺术、图形用户界面、图像处理、机器学习、虚拟现实、Web 前端开发、网络应用开发等领域，为各领域的 Python 应用提供了便利，这里仅介绍部分生态库的功能和应用。

（一）网络爬虫

网络爬虫是一种按照一定的规则，自动从网络上抓取信息的程序或脚本。通过网络爬虫可以代替手工完成很多工作。

网络爬虫程序涉及 HTTP 请求、Web 信息提取、网页数据解析等操作，Python 计算生态通过 Requests 库、Python-Goose 库、Re 库、Beautiful Soup 库、Scrapy 库和 PySpider 库为网络爬虫提供了强有力的支持，这些生态库的功能如表 10-1 所示。

表 10-1 Python 网络爬虫生态库的功能

库名	功能
Requests	Requests 库提供了简单易用的类 HTTP 协议，支持连接池、SSL、Cookies，是 Python 最主要的、功能最丰富的网络爬虫功能库
Python-Goose	Python-Goose 库专用于从文章、视频类型的 Web 页面中提取数据
Re	Re 库提供了定义和解析正则表达式的一系列通用功能，除网络爬虫外，还适用于各类需要解析数据的场景

续表

库名	功能
Beautiful Soup	Beautiful Soup 库用于从 HTML、XML 等 Web 页面中提取数据，它提供一些便捷的、Python 式的函数，使用起来非常简单
Scrapy	Scrapy 库支持快速、高层次的屏幕抓取和批量、定时的 Web 抓取，以及结构性数据的抓取，是一款优秀的网络爬虫框架
PySpider	PySpider 库也是一款网络爬虫框架，它支持数据库后端、消息队列、优先级、分布式架构等功能。与 Scrapy 库相比，PySpider 库灵活便捷，更适合小规模的抓取工作

（二）数据分析

数据分析是指利用适当的统计分析方法对收集来的大量数据进行分析，将它们加以汇总、理解与消化，以求最大化地发挥数据的作用。

Python 计算生态通过 Numpy 库、Pandas 库、SciPy 库为数据分析领域提供支持，这些生态库的功能如表 10-2 所示。

表 10-2　Python 数据分析生态库的功能

库名	功能
Numpy	数据分析离不开科学计算，Numpy 定义了表示 N 维数组对象的类型 ndarray，通过 ndarray 对象可以便捷地存储和处理大型矩阵；包含了成熟的用于实现线性代数、傅里叶变换和生成随机数的函数，能以优异的效率实现科学计算
Pandas	Pandas 库是一个基于 Numpy 库开发的、用于分析结构化数据的工具集，它为解决数据分析任务而生，同时提供数据挖掘和数据清洗功能
Scipy	Scipy 库是 Python 科学计算程序中的核心库，它用于有效地计算 Numpy 矩阵，可以处理插值、积分、优化等问题，也能处理图像和信号、求解常微分方程数值

（三）数据可视化

数据可视化是一门关于数据视觉表现形式的科学技术研究，它既要有效地传达数据信息，也要兼顾信息传达的美学形式，二者缺一不可。

Python 计算生态主要通过 Matplotlib 库、Seaborn 库、Mayavi 库为数据可视化领域提供支持，这些生态库的功能如表 10-3 所示。

表 10-3　Python 数据可视化生态库的功能

库名	功能
Matplotlib	Matplotlib 库是一个基于 Numpy 开发的 2D Python 绘图库，该库提供了上百种图形化的数据展示形式。Matplotlib 库中的 pyplot 包内包含一系列类似 MATLAB 中绘图功能的函数，利用 Matplotlib.pyplot，开发者编写几行代码便可生成可视化图表
Seaborn	Seaborn 库在 Matplotlib 的基础上进行了更高级的封装，支持 Numpy 和 Pandas，但它比 Matplotlib 调用更简单，效果更丰富，多数情况下可利用 Seaborn 绘制具有吸引力的图表
Mayavi	Mayavi 库是一个用于实现可视化功能的 3D Python 绘图库，它包含用于实现图形可视化和处理图形操作的 mlab 模块，支持 Numpy 库

（四）游戏开发

游戏开发是 Python 的一项重要功能，Python 计算生态通过 PyGame 库、Panda3D 库为游戏开发领域提供支持，这些生态库的功能如表 10-4 所示。

表 10-4 Python 游戏开发生态库的功能

库名	功能
Pygame	Pygame 库是为开发二维游戏而设计的 Python 第三方库，开发人员利用 Pygame 库中定义的接口，可以方便快捷地实现图形用户界面的创建、图形和图像的绘制、用户键盘和鼠标操作的监听、播放音频等游戏中常用的功能
Panda3D	Panda3D 库是由迪士尼 VR 工作室和卡耐基梅隆娱乐技术中心开发的一个三维渲染和游戏开发库，该库强调能力、速度、完整性和容错能力，提供场景浏览器、性能监视器和动画优化工具，并通过完善代码来有效降低开发者跟踪和分析错误的难度

（五）图形艺术

图形艺术是一种通过标志来表现意义的艺术。标志是一些单纯、显著、易识别的具有指代性或具有表达意义、情感、指令等作用的物象、图形或文字符号，也是图形艺术的表现手段。

Python 计算生态通过 Quads 库、ascii_art 库和 turtle 库为图形艺术领域提供支持，这些生态库的功能如表 10-5 所示。

表 10-5 Python 图形艺术生态库的功能

库名	功能
Quads	Quads 库是一个基于四叉树和迭代操作的图形艺术库，它以图像作为输入，将输入的图像分为 4 个象限，根据输入图像中的颜色为每个象限分配平均颜色，误差最大的象限会被分成 4 个子象限以完善图像，以上过程重复 n 次
ascii_art	ascii_art 库是一种利用纯字符表示图像的技术，ascii_art 库可对接收到的图片进行转换，以字符的形式重构图片并输出
turtle	turtle 库提供了绘制线、圆及其他形状的函数，利用该库可以创建图形窗口，在图形窗口中通过简单重复的动作直观地绘制界面与图形

（六）图像处理

图像处理是指数字图像处理。图像处理技术一般包括图像压缩、增强和复原，以及图像匹配、描述和识别。

Python 计算生态通过 Numpy 库、Scipy 库、Pillow 库、OpenCV-Python 库为图像处理领域提供支持，这些生态库的功能如表 10-6 所示。

表 10-6 Python 图像处理生态库的功能

库名	功能
Numpy	数字图像的本质是数组，Numpy 库定义的数组类型非常适用于存储图像；Numpy 库提供基于数组的计算功能，利用这些功能可以很方便地修改图像的像素值
Scipy	Scipy 库提供了对 N 维 Numpy 数组进行运算的函数，这些函数实现的功能包括线性和非线性滤波、二值形态、B 样条插值等，它们都适用于图像处理
Pillow	Pillow 库是 PIL 库的一个分支，也是支持 Python 3 的图像处理库，该库提供了对不同格式图像文件的打开和保存操作，还提供了包括点运算、色彩空间转换等基本的图像处理功能

续表

库名	功能
OpenCV-Python	OpenCV-Python 库是 OpenCV 的 Python 版 API，OpenCV 是基于 BSD 许可发行的跨平台计算机视觉库，该库的内部代码由 C/C++编写，实现了图像处理和计算机视觉方面的很多通用算法；OpenCV-Python 库以 Python 代码对 OpenCV 进行封装，因此该库既方便使用又非常高效

二、生态库的构建与发布

库是 Python 中常常提及的概念，但事实上 Python 中的库只是一种对特定功能集合的统一说法而不是严格定义，其具体表现形式为模块和包。

（一）模块

基于案例原因，项目 1 的任务 4 曾经对模块的概念、安装和导入做了简单地介绍，这里不再介绍这些内容，只介绍模块的使用。

1. 模块的使用

所谓模块是指 Python 中的每个.py 文件。用户可以通过在当前.py 文件中导入其他.py 文件来使用被导入的内容。

假设有 Python 模块 test.py，其包含的代码如下。

课堂检验 1

具体操作

```
# test.py 模块
def swap(x,y):
    x,y=y,x
    return x,y
```

利用 import 语句或 from-impor 语句在当前程序中导入 test.py 模块，就可以在当前程序中使用模块中包含的代码。

课堂检验 2

具体操作

```
import test
print(test.swap(2,78))
```

运行结果如图 10-1 所示。

```
(78, 2)
>>>
```

图 10-1　运行结果 1

模块既可以被导入到其他程序中使用，也可以作为脚本直接使用。在实际开发中，为了保证模块实现的功能达到预期效果，开发人员通常会在模块文件中添加若干测试代码，从而对模块中的功能代码进行测试。

例如，如下的 sum()函数为一个模块 sum.py，在模块中添加了测试代码来对 sum()函数的功能代码进行测试。

课堂检验 3

具体操作

```
# 功能代码
def sum(n):
    sum=0
    for i in range(1,n+1):
        sum+=i
    return sum
# 测试代码
result=sum(100)
print(f'function test:{result}')
```

运行结果如图 10-2 所示。

```
function test:5050
>>> |
```

图 10-2 运行结果 2

由以上操作可知，将以上文件作为脚本直接执行，就可利用测试代码测试 sum()函数的功能，但此时会出现一个问题，就是在其他文件中导入 sum.py 模块，模块中的测试代码会在其他文件执行时一起执行。

例如，导入 sum.py 模块，利用模块中的 sum()函数。

课堂检验 4

具体操作

```
import sum
s=sum.sum(10)
print(s)
```

运行结果如图 10-3 所示。

```
function test:5050
55
>>> |
```

图 10-3 运行结果 3

为了解决以上出现的问题，Python 为.py 文件定义了一个名字属性“__name__”，在文件中对“__name__”属性的取值进行判断，当“__name__”的值为“__main__”时，说明.py 文件以脚本的形式执行，否则，说明.py 文件作为模块被导入其他程序中。根据以上原理对模块进行修改。

课堂检验 5

具体操作

```
# 功能代码
def sum(n):
    sum=0
    for i in range(1,n+1):
        sum+=i
```

```
    return sum
# 测试代码
if __name__ == '__main__':
    result=sum(100)
    print(f'function test:{result}')
```

当再次导入 sum.py 模块调用其中的 sum()函数时，运行结果如图 10-4 所示。

```
55
>>>
```

图 10-4　运行结果 4

2. 模块的分类

在 Python 中，模块可分为三类，分别是内置模块、第三方模块和自定义模块。

（1）内置模块

内置模块是指 Python 安装时自带的模块，可直接导入程序供开发人员使用，如 random 模块、time 模块等。

（2）第三方模块

第三方模块是指由第三方制作发布的、提供给大家使用的 Python 模块，在使用前需要开发人员自行安装。

（3）自定义模块

自定义模块是指开发人员在编写程序的过程中自行编写的、存放功能性代码的.py 文件。

（二）包

Python 中的包是一个包含__init__.py 文件的目录，该目录下还包含一些模块及子包，package 包如图 10-5 所示。

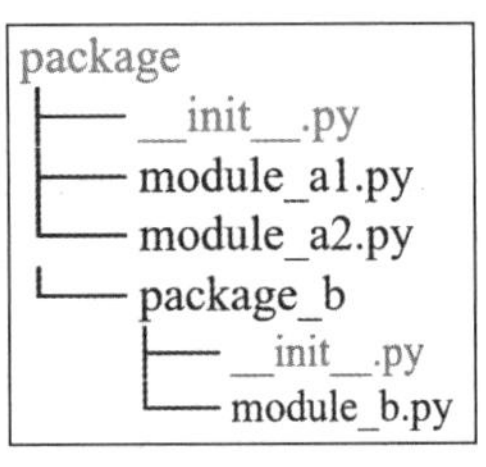

```
package
├── __init__.py
├── module_a1.py
├── module_a2.py
└── package_b
    ├── __init__.py
    └── module_b.py
```

图 10-5　package 包

专家点睛

包中的__init__.py 文件可以为空，但必须存在，否则包将退化为一个普通目录。

__init__.py 文件有两个作用，一个是标识当前目录是一个 Python 的包；另一个是模糊导入。如果__init__.py 文件中没有声明__all__属性，那么使用 from...import *导入的内容为空 。

包的导入有两种方法，一是利用 import 导入，二是利用 from...import...导入。

1. 利用 import 导入

利用 import 导入包中的模块时，需要在模块名的前面加上包名，格式为“包名.模块名”。若要使用已导入模块中的函数，则需要通过“包名.模块.函数”来实现，代码如下。

```
import package_demo.module
package_demo.module.test(1, 3)
```

2. 利用 from...import...导入

利用 from...import...导入包中模块包含的内容时，若要使用导入模块中的函数，则需要通过“模块.函数”来实现，代码如下。

```
from package_demo import operation_demo
operation_demo.test(2, 3)
```

（三）库的发布

Python 中的第三方库是由使用者自行编写与发布的模块或包，同样的，我们也可以将自己编写的模块与包作为库发布，具体操作步骤如下。

（1）在与待发布的包同级的目录中创建 setup.py 文件。

（2）编辑 setup.py 文件，在该文件中设置包中包含的模块。

（3）在 setup.py 文件所在目录下打开命令行，利用 python setup.py build 命令构建 Python 库。

（4）在 setup.py 文件所在目录下打开命令行，利用 python setup.py sdist 命令创建库的安装包。

三、常用的内置库

Python 中常用的内置库有 random 库、turtle 库、time 库等。

random 库

random 库是 Python 内置的标准库，在程序中导入该库，可利用库中的函数生成随机数据。random 库中常用的函数如表 10-7 所示。

表 10-7 random 库中常用的函数

函数	说明
random()	返回(0,1]之间的随机小数
randint(*x*,*y*)	返回[*x*,*y*]之间的整数
choice(seq)	从序列 seq 中随机返回一个元素
uniform(*x*,*y*)	返回[*x*,*y*]之间的浮点数

程序举例：随机生成旅游信息。

计划出去旅游，但时间还没有确定，需要在 10～19 号挑选一个时间作为出游时间，同时在北京、云南、浙江、海南、四川中挑选一个出游地点。

本实例拟采用 random 库的函数来完成。

其代码如下。

```
import random
print("旅游的时间为:",end='')
print(random.randint(10,19),"号",sep='')
```

```
place=['北京','云南','浙江','海南','四川']
print("出游的地点是:",end='')
print(random.choice(place))
```

在以上代码中，由于旅游的时间和地点没有确定，但范围给出，对于时间而言，采用随机整数函数 randint()在给定范围内确定，对于地点，由于是列表，采用随机选择函数 choice()在给定范围内进行选择，最终确定旅游的时间和地点。

运行结果如图 10-6 所示。

```
旅游的时间为:11号
出游的地点是:北京
>>> |
```

图 10-6　运行结果 5

程序举例：生成随机密码。

编写程序，在 26 个大小写字母和 9 个数字组成的列表中随机生成 10 个 8 位密码。注意：在 Python 中，所有字符是按照 unicode 码进行编码而非 ASCII 码。

本实例拟采用随机整数 randint()函数来完成。

其代码如下。

```
import random
def rancre():
    password=''
    for i in range(8):
        u=random.randint(0,62)
        if u>=10:
            if 90<(u+55)<97:
                password+=chr(u+62)
            else:
                password+=chr(u+55)
        else:
            password+='%d'%u
    return password
def main():
    for i in range(1,11):
        print('生成的第{}个密码是:{}'.format(i,rancre()))
main()
```

运行结果如图 10-7 所示。

```
生成的第1个密码是:08eFDOkV
生成的第2个密码是:sRccR55s
生成的第3个密码是:ZSqr3c0u
生成的第4个密码是:tVHpV7pa
生成的第5个密码是:ruK25V7q
生成的第6个密码是:sZkbnruY
生成的第7个密码是:qFIYfeH3
生成的第8个密码是:FXPtoJs9
生成的第9个密码是:2SXLrCIU
生成的第10个密码是:6rdgEeGg
>>> |
```

图 10-7　运行结果 6

任务实践

随机生成验证码。很多网站的注册登录业务都加入了验证码技术，以区分用户是人还是计算机，有效地防止刷票、论坛灌水、恶意注册等行为。目前，验证码的种类层出不穷，其生成方式也越来越复杂，常见的验证码是由大写字母、小写字母和数字组成的6位验证码。

本任务要求编写程序，实现随机生成6位验证码的功能。

本任务的6位验证码是由6个字符组成的，每个字符都是随机字符，要实现随机字符的功能需要用到随机数random库。

利用random库的randint()函数随机生成6位验证码的基本实现思路如下。

（1）导入random模块。

（2）创建一个空字符串code_list。

（3）生成6个随机字符，逐个拼接到code_list后面。

在以上思路中，步骤（3）是随机生成验证码功能的核心部分，其主要功能是生成6个随机字符。为了确保每次生成的字符类型只能为大写字母、小写字母或数字的任意一种，这里可利用1、2、3分别代表这3种类型。

若产生随机数1，则代表生成大写字母；若产生随机数2，则代表生成小写字母；若产生随机数3，则代表生成数字。

为了确保每次生成的是所选类型中的字符，需要按3种类型给随机数指定范围，即数字类型对应的数值范围为0～9，大写字母对应的ASCII码范围为65～90，小写字母对应的SACII码范围为97～122。这样就可以利用randint()函数生成一个随机类型中的随机字符。

其代码如下。

```
# 随机生成验证码
import random
def verify_code():
    code_list = ''
    for i in range(6):                                    # 控制验证码生成的位数
        state = random.randint(1,3)
        if state == 1:
            first_kind = random.randint(65, 90)          # 大写字母
            random_uppercase = chr(first_kind)
            code_list = code_list + random_uppercase
        elif state == 2:
            second_kinds = random.randint(97, 122)       # 小写字母
            random_lowercase = chr(second_kinds)
            code_list = code_list + random_lowercase
        elif state == 3:
            third_kinds = random.randint(0, 9)           # 阿拉伯数字
            code_list = code_list + str(third_kinds)
    return code_list
if __name__ == '__main__':
    verifycode = verify_code()
    print(verifycode)
```

在以上代码中，首先定义了一个生成6位验证码的函数verify_code()，该函数定义了

一个空字符串 code_list。然后利用 for 语句控制循环执行的次数，即字符的个数，每次循环的基本过程为：根据生成的随机数 1、2 或 3 执行不同的分支；生成指定范围内的随机数；将该随机数转换为字符后拼接到 code_list 中。最后返回 code_list。

运行结果如图 10-8 所示。

```
zKfNO4
>>> |
```

图 10-8　运行结果 7

评价单

任务编号	10-1	任务名称	随机生成验证码
评价项目		自评	教师评价
课堂表现	学习态度（20 分）		
	课堂参与（10 分）		
	团队合作（10 分）		
技能操作	创建 Python 文件（10 分）		
	编写 Python 代码（40 分）		
	运行并调试 Python 程序（10 分）		
评价时间	年 月 日	教师签字	

评价等级划分

项目		A	B	C	D	E
课堂表现	学习态度	在积极主动、虚心求教、自主学习、细致严谨上表现优秀	在积极主动、虚心求教、自主学习、细致严谨上表现良好	在积极主动、虚心求教、自主学习、细致严谨上表现较好	在积极主动、虚心求教、自主学习、细致严谨上表现尚可	在积极主动、虚心求教、自主学习、细致严谨上表现不佳
	课堂参与	积极参与课堂活动，参与内容完成得很好	积极参与课堂活动，参与内容完成得好	积极参与课堂活动，参与内容完成得较好	能参与课堂活动，参与内容完成得一般	能参与课堂活动，参与内容完成得欠佳
	团队合作	具有很强的团队合作能力、能与老师和同学进行沟通交流	具有良好的团队合作能力、能与老师和同学进行沟通交流	具有较好的团队合作能力、尚能与老师和同学进行沟通交流	能与团队进行合作、与老师和同学进行沟通交流的能力一般	不能与团队进行合作、不能与老师和同学进行沟通交流
技能操作	创建	能独立并熟练地完成	能独立并较熟练地完成	能在他人提示下顺利完成	能在他人帮助下完成	未能完成
	编写	能独立并熟练地完成	能独立并较熟练地完成	能在他人提示下顺利完成	能在他人帮助下完成	未能完成
	运行并调试	能独立并熟练地完成	能独立并较熟练地完成	能在他人提示下顺利完成	能在他人帮助下完成	未能完成

任务 2 绘制指定颜色的 *N* 边形

任务单

任务编号	10-2	任务名称	绘制指定颜色的 *N* 边形
任务简介	turtle 库是 Python 内置的标准库，它提供了绘制线条、圆或弧、其他形状的函数。本任务利用 turtle 库的函数绘制指定颜色的 *N* 边形		
设备环境	台式机或笔记本电脑，建议使用 Windows 10 以上操作系统		
所在班级		小组成员	
任务难度	初级	指导教师	
实施地点		实施日期	年 月 日
任务要求	创建 Python 文件，完成以下操作。 （1）在程序开头加入注释信息，说明程序功能 （2）指定绘制 *N* 边形的边数 *N* 和填充的颜色 c （3）根据边数计算出旋转角度 angle （4）利用 for 循环绘制长度为 150 的 *N* 边形 （5）填充指定的颜色 c （6）运行 Python 程序，显示正确的运行结果		

信息单

turtle 库

turtle 是英文“海龟”的意思。turtle 库是 Python 中一个很流行的绘制图像的外部函数库。将 Python 程序导入 turtle 库，可利用库中的函数创建图形窗口，在图形窗口中通过简单重复的动作直观地绘制界面和图形。turtle 库的逻辑非常简单，利用其内置的函数，用户可以像用笔在纸上绘图一样在 turtle 画布上绘制图形。turtle 库的使用主要分为创建窗口、设置画笔和绘制图形（移动画笔）。turtle 库中常用的函数如表 10-8 所示。

表 10-8 turtle 库中常用的函数

函数	说明
shape(name)	设置海龟展示的形状。默认形状为箭头。这里，name 必须为 TurtleScreen 形状库里的形状，可以填写以下形状：arrow（箭头），turtle（海龟），circle（圆），square（方块），triangle（三角形），classic（带尾箭头）
setup(width,height,startx,starty)	设置主窗体的大小和位置
screensize(width,height,color)	设置画布的大小为 width*height，颜色为 color
pensize(width)或 turtle.width()	设置画笔宽度，若为 None 或者为空，则为当前画笔宽度
pencolor(colorstring)或 pencolor((r,g,b))	设置画笔颜色，若为空，则为当前画笔颜色。grey（灰）、darkgreen（深绿）、gold（金）、violet（紫罗兰）、purple（紫）
penup()或 pu()或 up()	抬起画笔，之后移动画笔不绘制形状

续表

函数	说明
goto(x,y)	将画笔移到绝对坐标（x,y）处
pendown()或 pd()或 down()	落下画笔，之后移动画笔绘制形状
forward(distance)或 fd(distance)	沿着前进的方向行进 distance 像素的距离。当为负数时，表示向相反方向行进
back(distance)或 bk(distance)	沿着后退的方向行进 distance 像素的距离。当为负数时，表示向相反方向行进
setheading(to_angle) 或 seth(to_angle)	设置当前行进的方向为 to_angle（按逆时针方向）绝对角度
left(to_angle)或 right(to_angle)	设置当前行进的方向为向左（或右）to_angle 度
circle(radius,extent/None)	根据半径 radius 绘制 extent 角度的弧形。当 radius 为正数时，半径在左侧（沿逆时针方向画弧），当 radius 为负数时，半径在右侧（沿顺时针方向画弧）。当 extent 为空或为 None 时，绘制圆形
turtle.fillcolor(color)	设置要填充的颜色
turtle.begin_fill() 或 end_fill()	开始填充或结束填充

程序举例：绘制星星。

利用所学函数绘制规定的图形：在蓝色的天空中有一颗闪耀的小星星。

本实例首先绘制蓝色窗口，设置图形填充的颜色为黄色，设置海龟形状后，利用前进 fd()函数和左转 left()函数完成星星的绘制。

其代码如下。

```
import turtle
turtle.screensize(None,None,"blue")
turtle.fillcolor("yellow")
turtle.shape("turtle")
turtle.pencolor("yellow")
turtle.begin_fill()
for i in range(4):
    turtle.fd(100)
    turtle.left(144)
turtle.fd(100)
turtle.end_fill()
```

运行结果如图 10-9 所示。

图 10-9 运行结果 8

程序举例：绘制 Python 蟒蛇。

利用所学函数绘制紫色的 Python 蟒蛇。

本实例首先创建一个宽 650、高 350、边距 200 的活动窗口，然后将光标水平移动至窗口左侧，利用 circle()函数绘制 4 条下圆弧到上圆弧的波浪线作为蛇身，最后利用 fd()函数和 circle()函数绘制蛇头。

其代码如下。

```
import turtle
turtle.setup(650, 350, 200, 200)          # 创建活动窗口
turtle.penup()
turtle.fd(-250)                           # 设置起始点
turtle.pendown()
turtle.pensize(25)                        # 设置笔的宽度
turtle.pencolor("purple")                 # 设置笔的颜色
turtle.seth(-40)
for i in range(4):
  turtle.circle(40, 80)                   # 绘制蛇身
  turtle.circle(-40, 80)
turtle.circle(40, 80/2)                   # 绘制蛇头
turtle.fd(40)
turtle.circle(16, 180)
turtle.fd(40* 2/3)
```

在上面代码中，首先导入 turtle 库，创建窗口，调整起始点，然后利用圆弧和移动绘制紫色蟒蛇。

运行结果如图 10-10 所示。

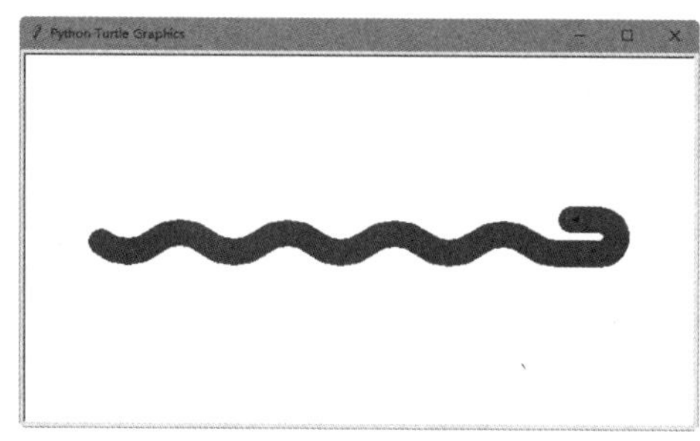

图 10-10　运行结果 9

任务实践

绘制指定颜色的 *N* 边形。如果你喜欢绘画，那么一定要尝试使用 Python 的内置模块 turtle 模块。turtle 是一个专门绘图的模块，可以利用该模块通过程序绘制一些简单的图形。

本任务要求编写程序，完成利用 turtle 模块绘制一个如图 10-11 所示的指定颜色的 *N* 边形的功能。

绘制 *N* 边形可以视为将画笔沿顺时针方向旋转固定角度绘制指定颜色的直线的操作，直到绘制完指定边数为止结束绘图，之后在画好的图形上填充指定的颜色即可。此 *N* 边形在绘制的过程中涉及到的 turtle 模块中的函数及说明如下。

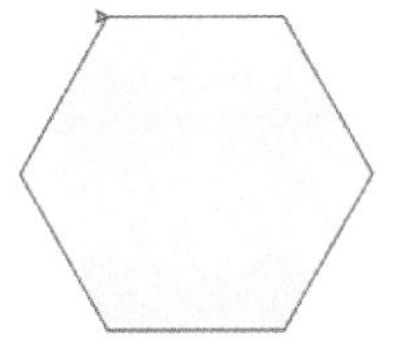

图 10-11 绘制指定颜色的 *N* 边形

（1）begin_fill()：开始填充。

（2）end_fill()：停止填充。

（3）fillcolor()：设置填充的颜色。

（4）forward()：将画笔向前方移动指定的距离。

（5）right()：将画笔顺时针旋转指定的角度。

（6）done()：启动事件循环，必须位于末尾位置。

其代码如下。

```
# 绘制指定颜色的N边形
import turtle
n=int(input('请输入边数N='))
c=input('请输入颜色:')
turtle.fillcolor(c)
angle=180-(n-2)*180/n
turtle.begin_fill()
for i in range(n):
    turtle.forward(150)
    turtle.right(angle)
turtle.end_fill()
turtle.done()
```

在以上代码中，首先利用 import 语句导入了 turtle 模块，通过 input()函数确定绘制的边数和颜色。然后调用 fillcolor()函数设置填充的颜色，根据边数计算顺时针旋转的角度 angle，调用 beglin_fill()/end_fill()开始/结束填色，利用 for 语句绘制指定边数的多边形。最后调用 done()函数停止绘制，保持主窗口不关闭。

运行结果如图 10-12～图 10-17 所示。

```
请输入边数N=5
请输入颜色:red
```

图 10-12 运行结果 10

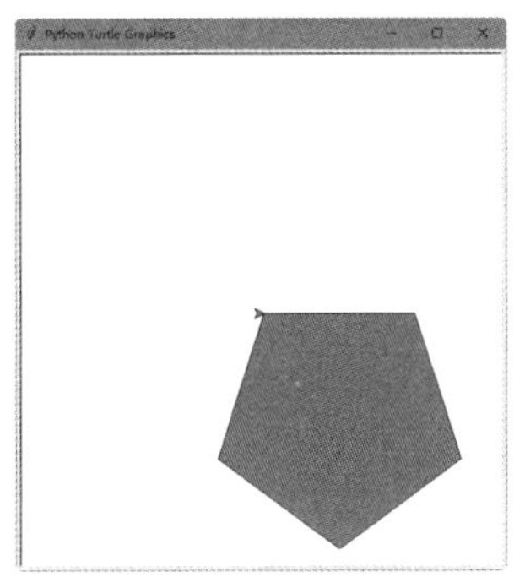

图 10-13 运行结果 11

```
请输入边数N=6
请输入颜色:yellow
```

图 10-14　运行结果 12

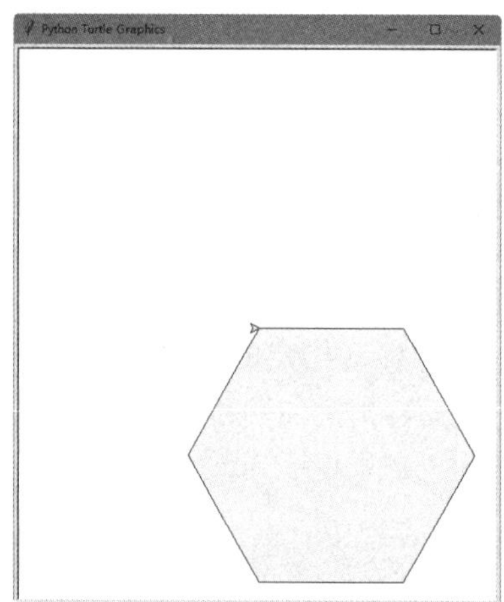

图 10-15　运行结果 13

```
请输入边数N=8
请输入颜色:purple
```

图 10-16　运行结果 14

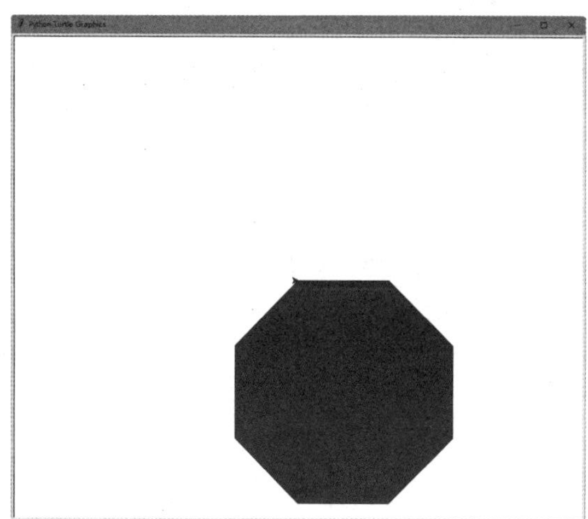

图 10-17　运行结果 15

评价单

任务编号	10-2	任务名称	绘制指定颜色的N边形
评价项目		自评	教师评价
课堂表现	学习态度（20分）		
	课堂参与（10分）		
	团队合作（10分）		
技能操作	创建Python文件（10分）		
	编写Python代码（40分）		
	运行并调试Python程序（10分）		
评价时间	年 月 日	教师签字	

评价等级划分						
项目		A	B	C	D	E
课堂表现	学习态度	在积极主动、虚心求教、自主学习、细致严谨上表现优秀	在积极主动、虚心求教、自主学习、细致严谨上表现良好	在积极主动、虚心求教、自主学习、细致严谨上表现较好	在积极主动、虚心求教、自主学习、细致严谨上表现尚可	在积极主动、虚心求教、自主学习、细致严谨上表现不佳
	课堂参与	积极参与课堂活动，参与内容完成得很好	积极参与课堂活动，参与内容完成得好	积极参与课堂活动，参与内容完成得较好	能参与课堂活动，参与内容完成得一般	能参与课堂活动，参与内容完成得欠佳
课堂表现	团队合作	具有很强的团队合作能力、能与老师和同学进行沟通交流	具有良好的团队合作能力、能与老师和同学进行沟通交流	具有较好的团队合作能力、尚能与老师和同学进行沟通交流	能与团队进行合作、与老师和同学进行沟通交流的能力一般	不能与团队进行合作、不能与老师和同学进行沟通交流
技能操作	创建	能独立并熟练地完成	能独立并较熟练地完成	能在他人提示下顺利完成	能在他人帮助下完成	未能完成
	编写	能独立并熟练地完成	能独立并较熟练地完成	能在他人提示下顺利完成	能在他人帮助下完成	未能完成
	运行并调试	能独立并熟练地完成	能独立并较熟练地完成	能在他人提示下顺利完成	能在他人帮助下完成	未能完成

任务 3　模拟时钟

任务单

任务编号	10-3	任务名称	模拟时钟
任务简介	time 库、datetime 库、calendar 库是 Python 内置的用于时间管理的标准库，是与时间处理相关的库。本任务利用 turtle 库与 datetime 库的函数绘制并控制时钟运动		
设备环境	台式机或笔记本电脑，建议使用 Windows 10 以上操作系统		
所在班级		小组成员	
任务难度	中级	指导教师	
实施地点		实施日期	年　　月　　日
任务要求	创建 Python 文件，完成以下操作。 （1）在程序开头加入注释信息，说明程序功能 （2）利用 import 语句导入 turtle 模块和 datetime 模块 （3）定义设定指针跳动距离的函数 skip() （4）定义绘制表盘外框的函数 setup_clock() （5）定义绘制表盘的函数 make_hand() （6）定义绘制指针初始化函数 init() （7）分别定义获取星期的函数 week()和获取日期的函数 day() （8）定义动态显示指针的函数 tick() （9）通过主函数 main()调用以上自定义函数 （10）运行 Python 程序，显示正确的运行结果		

信息单

time 库、datetime 库、calendar 库

在 Python 程序开发过程中，根据时间来选择不同的处理场景的情况很多，如动态时钟秒针的运动时间、游戏的防沉迷控制、外卖平台店铺的营业时间管理、数据的记录及日志的处理等。Python 提供了 3 个与时间管理有关的库，它们是 time 库、datetime 库和 calendar 库。

1. time 库

time 库是 Python 库中最常用的与时间处理相关的库。time 库中常用的函数如表 10-9 所示。

表 10-9　time 库中常用的函数

函数	说明
time()	获取当前时间，结果为实数，单位为秒
sleep(secs)	进入休眠状态，时长由 secs 确定，单位为秒
strptime(string[,format])	将一个年月日时间格式的字符串解析为时间元组

续表

函数	说明
localtime([secs])	以 struct_time 类型输出本地时间
asctime([tuple])	获取时间字符串，或将时间元组转换为字符串
mktime(tuple)	将时间元组转换为秒数
strftime(format[,tuple])	返回字符串表示的当地时间，格式由 format 决定

程序举例：计算时间。

时间是可以进行加减运算的，一般情况下，时间以时间戳的形式进行加减运算。

本实例首先导入 time 库，获取系统的第一个当前时间，这个时间是以时间戳的形式表示的。然后让系统等待几秒，再获取系统的第二个当前时间，计算这两个时间的和与差，即完成时间的计算。

其代码如下。

```
import time
time_1=time.time()
time.sleep(3)
time_2=time.time()
print(time_1+time_2)
print(time_1-time_2)
```

运行结果如图 10-18 所示。

```
3441345706.121371
-3.01486873626709
>>>
```

图 10-18 运行结果 16

2. datetime 库

以不同格式显示日期和时间是程序中最常用到的功能。Python 提供了一个处理时间的标准函数库 datetime，它提供了一系列由简单到复杂的时间处理方法。datetime 库可以从系统中获得时间，并以用户选择的格式进行输出。

datetime 库中常用的函数如表 10-10 所示。

表 10-10 datetime 库中常用的函数

函数	说明
MINYEAR	该量为常量，是获取能表示的最小年份
MAXYEAR	该量为常量，是获取能表示的最大年份
date()	获取当前的日期
time()	获取当前的时间
datetime()	获取当前的日期和时间
timedelta()	获取两个时间的时间差
tzinfo()	获取时区信息

程序举例：确定某天是该年的第几天。

时间和日期是可以进行操作的。

本实例首先导入 datetime 库，获取指定的日期，然后从这一年的 1 月 1 日起计算天数。

其代码如下。

```
import datetime
def day_year(year,month,day):
    date1=datetime.date(year=int(year),month=int(month),day=int(day))
    date2=datetime.date(year=int(year),month=1,day=1)
    return (date1-date2).days+1
y=input('请输入年份:')
m=input('请输入月份:')
d=input('请输入日期:')
n=day_year(y,m,d)
print(f'{y}年{m}月{d}日是这一年的第{n}天')
```

在以上代码中，定义了一个根据指定年月日计算第几天的函数 day_year()，函数中通过 date()函数获取指定年月日的日期和当年 1 月 1 日的起止日期，两个日期的差加 1 即为当年的天数。

运行结果如图 10-19 所示。

```
请输入年份:2024
请输入月份:12
请输入日期:27
2024年12月27日是这一年的第362天
```

图 10-19　运行结果 17

3. calendar 库

calendar 库是 python 中常用的标准库，该库包含了很多方法和类，用来处理年历和月历，可以生成文本形式的日历、月历等。

calendar 库中常用的函数如表 10-11 所示。

表 10-11　calendar 库中常用的函数

函数	说明
Calendar(year,w=2,l=1,c=6)	返回一个多行字符串的 year 年历，3 个月一行，间隔距离为 c，每日宽度间隔为 w 字符，每行长度为 21*w+18+2*c，1 是每星期的行数
firstweekday()	返回当前每周起始日期的设置。默认情况下，首次载入 calendar 模块时返回 0，即星期一
isleap(year)	如果 year 是闰年，就返回 True，否则返回 False
leapdays(y1,y2)	返回在 y1,y2 两年间的闰年总数
month(year,month,w=2,l=1)	返回一个多行字符串格式的年月日历，两行标题，一周一行，每日宽度间隔为 w 字符，每行的长度为 7*w+6.。1 是每星期的行数
monthcalendar(year,month)	返回一个整数的单层嵌套列表。每个子列表装载代表一个星期的整数。year 年、month 月外的日期都设为 0，范围内的日子都由该月第几日表示，从 1 开始
monthrange(year,month)	返回两个整数，第一个是该月的星期几的日期，第二个是该月的日期码，日从 0（星期一）到 6（星期日），月从十二月（一月）1 到 12
prcal(year,w=2,l=1,c=6)	相当于 print(calendar.calendar(year,w,l,c))
prmonth(year,month,w=2,l=1)	相当于 print(calendar.calendar(year,w,l,c))
setfirstweekday(weekday)	设置每周的起止日期码，0（星期一）到 6（星期日）
timegm(tupletime)	接受一个时间组，返回该时刻的时间戳（1970 纪元后经历的浮点秒数）
weekday(year,month,day)	返回给定日期的日期码，日从 0（星期一）到 6（星期日），月从 1（一月）到 12（十二月）

程序举例：打印月历及日期码。

利用 calendar 库中的函数返回给定日期的日期码，日为 0（星期一）到 6（星期日），月份为 1（一月）到 12（十二月）。

其代码如下。

```
import calendar
#返回给定年的某月
def get_month(year,month):
    return calendar.month(year,month)
#返回给定年的日历
def get_calendar(year):
    return calendar.calendar(year)
#判定某年是否为闰年
def is_leap(year):
    return calendar.isleap(year)
#返回某月weekday的第一天和这个月的所有天数
def get_month_range(year,month):
    return calendar.monthrange(year,month)
#返回某月以每周为元素的序列
def get_month_calendar(year,month):
    return calendar.monthcalendar(year,month)

def main():
    year=int(input('year='))
    month=int(input('month='))
    test_month=get_month(year,month)
    print(test_month)
    print('#'*50)
    #print(get_calendar(year))
    print('{0}这一年是否为闰年?:{1}'.format(year,is_leap(year)))
    print(get_month_range(year,month))
    print(get_month_calendar(year,month))
if __name__=='__main__':
    main()
```

运行结果如图 10-20 所示。

```
year=2025
month=01
    January 2025
Mo Tu We Th Fr Sa Su
       1  2  3  4  5
 6  7  8  9 10 11 12
13 14 15 16 17 18 19
20 21 22 23 24 25 26
27 28 29 30 31

##################################################
2025这一年是否为闰年?:False
(2, 31)
[[0, 0, 1, 2, 3, 4, 5], [6, 7, 8, 9, 10, 11, 12], [13, 14, 15, 16, 17, 18, 19],
[20, 21, 22, 23, 24, 25, 26], [27, 28, 29, 30, 31, 0, 0]]
>>>
```

图 10-20　运行结果 18

任务实践

模拟时钟。钟表是一种计时装置，其样式千变万化，但用来显示时间的表盘却相差无几。对于指针式钟表的表盘一般是由刻度、时针、分针、秒针、星期显示、日期显示组成的。指针式钟表表盘如图 10-21 所示。

图 10-21　指针式钟表表盘

图 10-21 所示的表盘有 3 根指针：时针、分针、秒针，它们的一端被固定在表盘中心，另一端可以沿顺时针方向进行旋转。表盘中最顶端的刻度为 12，它是所有指针的起始点，指针按顺时针的刻度依次是 1，2，3，…，59。这里，秒针旋转一周，分针移动一个刻度，同样，分针移动一周，时针移动一个刻度。

本任务要求编写程序，完成利用 turtle 模块绘制一个图 10-21 所示的表盘的功能。利用 datetime 模块控制时钟的动态显示，即日期、星期、时间跟随本地时间实时变化。

其代码如下。

```
# 模拟时钟
from turtle import *
from datetime import *
def skip(step):
    '''
    跳跃给定的距离
    '''
    penup()
    forward(step)
    pendown()
def setup_clock(radius):
    '''
    建立钟表的外框
    '''
    reset()
    pensize(7)                  # 设置画笔线条的粗细
    for i in range(60):
        skip(radius)            # 在距离圆心为r的位置落笔
        if i % 5 == 0:          # 若能整除5，则画一条短直线
            forward(20)
            skip(- radius - 20)
        else:                   # 否则画点
            dot(5)
            skip(-radius)
        right(6)
```

```
def make_hand(name, length):
    '''
    注册turtle的形状，建立名字为name的形状
    '''
    reset()
    skip(-0.1 * length)
    # 开始记录多边形的顶点
    begin_poly()
    forward(1.1 * length)
    # 停止记录多边形的顶点,并与第一个顶点相连
    end_poly()
    # 返回最后记录的多边形
    handForm=get_poly()
    # 注册形状，命名为name
    register_shape(name, handForm)
def init():
    global secHand, minHand, hurHand, printer
    # 重置turtle指针向北
    mode("logo")
    # 建立3个表示表针的Turtle对象并初始化
    secHand = Turtle()
    make_hand("secHand", 130)          # 秒针
    secHand.shape("secHand")
    minHand = Turtle()
    make_hand("minHand", 125)          # 分针
    minHand.shape("minHand")
    hurHand = Turtle()
    make_hand("hurHand", 90)           # 时针
    hurHand.shape("hurHand")
    for hand in secHand, minHand, hurHand:
        hand.shapesize(1, 1, 3)        # 调整3根指针的粗细
        hand.speed(0)                  # 设置移动速度
    # 建立并输出文字的Turtle对象
    printer = Turtle()
    printer.hideturtle()
    printer.penup()
def week(t):
    week=["星期一","星期二","星期三","星期四","星期五","星期六","星期日"]
    return week[t.weekday()]
def day(t):
    return "%s %d %d" %(t.year,t.month,t.day)
def tick():
    '''
    绘制钟表的动态显示
    '''
    t = datetime.today()               # 获取本地当前的日期与时间
    # 处理时间的秒数、分钟数、小时数
    second = t.second + t.microsecond * 0.000001
    minute = t.minute + t.second / 60.0
    hour = t.hour + t.minute / 60.0
    # 将secHand 、minHand 和hurHand 的方向设置为指定的角度
```

```
        secHand.setheading(second * 6)
        minHand.setheading(minute * 6)
        hurHand.setheading(hour * 30)
        tracer(False)
        printer.fd(70)                          # 向前移动指定的距离
        # 根据 align（对齐方式）和font（字体），在当前位置写入文本
        printer.write(week(t),align="center",font=("Courier", 14, "bold"))
        printer.back(130)
        printer.write(day(t),align="center",font=("Courier", 14, "bold"))
        # 调用 home() 方法将位置和方向恢复到初始状态，位置的初始坐标为（0,0 ），
        # 初始方向有两种情况：若为"standard" 模式，则初始方向为right,表示朝向东；
        # 若为 "logo" 模式，则初始方向是up，表示朝向北
        printer.home()
        tracer(True)
        # 设置计时器，100ms 后继续调用 tick() 函数
        ontimer(tick,100)
    def main():
        # 关闭绘画追踪，可以用于加速绘制复杂图形
        tracer(False)
        init()
        # 画表框
        setup_clock(200)
        # 开启动画
        tracer(True)
        tick()
        # 启动事件循环,开始接收鼠标和键盘的操作
        done()
```

在以上代码中，首先利用 import 语句导入 turtle 模块和 datetime 模块。然后定义指针跳动距离的函数 skip()，定义绘制表盘外框的函数 setup_clock()，定义绘制表盘的函数 make_hand()，定义绘制指针的初始化函数 init()；定义获取星期的函数 week()，定义获取日期的函数 day()，定义动态显示指针的函数 tick()。最后通过主函数 main()调用各自定义的函数完成动态钟表的制作。

运行结果如图 10-21 所示。

评价单

任务编号	10-3	任务名称	模拟时钟
评价项目		自评	教师评价
课堂表现	学习态度（20 分）		
	课堂参与（10 分）		
	团队合作（10 分）		
技能操作	创建 Python 文件（10 分）		
	编写 Python 代码（40 分）		
	运行并调试 Python 程序（10 分）		
评价时间	年　月　日	教师签字	

评价等级划分						
项目		A	B	C	D	E
课堂表现	学习态度	在积极主动、虚心求教、自主学习、细致严谨上表现优秀	在积极主动、虚心求教、自主学习、细致严谨上表现良好	在积极主动、虚心求教、自主学习、细致严谨上表现较好	在积极主动、虚心求教、自主学习、细致严谨上表现尚可	在积极主动、虚心求教、自主学习、细致严谨上表现不佳
	课堂参与	积极参与课堂活动，参与内容完成得很好	积极参与课堂活动，参与内容完成得好	积极参与课堂活动，参与内容完成得较好	能参与课堂活动，参与内容完成得一般	能参与课堂活动，参与内容完成得欠佳
	团队合作	具有很强的团队合作能力、能与老师和同学进行沟通交流	具有良好的团队合作能力、能与老师和同学进行沟通交流	具有较好的团队合作能力、尚能与老师和同学进行沟通交流	能与团队进行合作、与老师和同学进行沟通交流的能力一般	不能与团队进行合作、不能与老师和同学进行沟通交流
技能操作	创建	能独立并熟练地完成	能独立并较熟练地完成	能在他人提示下顺利完成	能在他人帮助下完成	未能完成
	编写	能独立并熟练地完成	能独立并较熟练地完成	能在他人提示下顺利完成	能在他人帮助下完成	未能完成
	运行并调试	能独立并熟练地完成	能独立并较熟练地完成	能在他人提示下顺利完成	能在他人帮助下完成	未能完成

任务4　制作猴子接桃游戏

任务单

任务编号	10-4	任务名称	制作猴子接桃游戏
任务简介	pygame 库是 Python 专为开发 2D 游戏而设计的第三方库，pygame 库是跨平台模块，该模块定义了多个接口，开发人员利用模块中定义的这些接口，可以方便快捷地实现游戏开发的一些常用功能。本任务就是利用 pygame 库的接口开发简单的 2D 游戏		
设备环境	台式机或笔记本电脑，建议使用 Windows 10 以上操作系统		
所在班级		小组成员	
任务难度	高级	指导教师	
实施地点		实施日期	年　　月　　日
任务要求	创建 Python 文件，完成以下操作。 （1）在程序开头加入注释信息，说明程序功能 （2）利用 import 语句导入 random 模块、pygame 模块和 sys 模块 （3）初始化模块并设置游戏屏幕为 450×560 像素 （4）绘制游戏窗口，标题为“猴子接桃” （5）设置分数的字体和大小 （6）定义游戏函数，加载游戏图片背景、猴子和桃，设置桃下落的速度及猴子的位置 （7）通过边界检测控制猴子位移及桃随机下落的数量和位置 （8）刷新游戏，释放模块 （9）定义主函数调用游戏函数 （10）运行 Python 程序，显示正确的运行结果		

信息单

常用的 Python 第三方库

Python 第三方库在使用前需要进行安装，安装方法在项目 1 的任务 4 中已经介绍过，这里就不再赘述了。有关第三方库，由于篇幅所限仅介绍 pygame 库。

pygame 库

pygame 库是为了开发 2D 游戏而设计的 Python 跨平台模块，该模块定义了多个接口，开发人员利用 pygame 模块中定义的这些接口，可以方便快捷地实现游戏开发的一些常用功能，如创建图形用户界面、绘制图形和图像、监听用户的键盘和鼠标操作及播放音频等。

利用 pygame 库开发游戏前需要掌握 pygame 库的相关知识，下面就进行介绍。

1. 初始化和退出 pygame

针对不同的开发需求，pygame 库中定义了不同的子模块，有些子模块在使用前必须进行初始化。

为了方便开发人员能快速使用 pygame 库，pygame 库提供了两个初始化函数，如表 10-12 所示。

表 10-12 pygame 库中的初始化函数

函数	说明
init()	一次性初始化 pygame 中的所有模块。该函数使得开发人员在开发程序时无须再单独调用每个子模块进行初始化，而是可以直接使用所有子模块
quit()	卸载之前被初始化的所有 pygame 模块。该函数并非必须调用，但在谁申请谁释放的原则下，开发人员应当在需要时主动调用 quit()函数卸载模块资源

课堂检验 6

具体操作

```
import pygame          # 导入pygame
def main():
    pygame.init()      # 初始化所有模块
    pygame.quit()      # 卸载所有模块
if __name__ == '__main__':
  main()
```

在以上代码中，导入 pygame 模块，并在主函数中实现 pygame 库的初始化和退出。

2. 创建游戏窗口

当需要开发带图形界面的游戏时，应当首先创建一个图形界面窗口。

pygame 库通过 display 子模块创建图形界面窗口，该子模块中与窗口相关的常用函数如表 10-13 所示。

表 10-13 display 模块中与窗口相关的常用函数

函数	说明
set_mode()	初始化游戏窗口
set_caption()	设置窗口标题
update()	更新屏幕显示内容

（1）创建图形窗口。

set_mode()函数用于为游戏创建图形窗口，其语法格式如下。

```
set_mode(resolution=(0,0), flags=0, depth=0) —> Surface
```

这里，resolution 表示图形窗口的分辨率。以元组(宽,高)表示，单位为像素。默认与屏幕大小一致。

flags 表示标志位。用于设置窗口特性，默认为 0。

depth 表示色深。该参数只取整数，范围为[8,32]。

set_mode()函数的返回值为 Surface 对象。开发者可以将 Surface 对象看作一个画布，只有画布，绘制的图形才能够被呈现。

set_mode()函数创建的窗口默认为黑色背景，可以利用 Surface 对象的 fill()方法填充画布，从而修改窗口颜色。

课堂检验 7

具体操作

```
import pygame                             # 导入pygame
import sys
WINWIDTH = 640                            # 窗口宽度
WINHEIGHT = 480                           # 窗口高度
BGCOLOR = (33,199,51)                     # 预设颜色
def main():
    pygame.init()                         # 初始化所有模块
    # 创建窗体，即创建Surface对象
    WINSET = pygame.display.set_mode((WINWIDTH, WINHEIGHT))
    WINSET.fill(BGCOLOR)                  # 填充背景颜色
    while True:
        for event in pygame.event.get():
            if event.type == pygame.QUIT:
                sys.exit()
    pygame.quit()                         # 卸载所有模块
if __name__ == '__main__':
    main()
```

运行结果如图 10-22 所示。

图 10-22　运行结果 19

在以上代码中，创建了一个窗体并修改了其背景颜色。

实际上在以上代码中利用 fill()方法填充背景后，背景颜色并未改变，原因是程序中未调用该函数对窗口进行刷新。

另外，由于程序执行速度太快，窗口弹出后自动关闭，因此，代码中添加了一个死循环，让窗口持续显示。

（2）设置窗口标题。

set_caption()函数用于设置窗口标题，其语法格式如下。

```
set_caption(title, icontitle=None) —> None
```

这里，title 用于设置显示在窗口标题栏上的标题。

icontitle 用于设置显示在任务栏上的程序标题，默认与 title 一致。

课堂检验 8

具体操作

```
import pygame              # 导入pygame
import sys
WINWIDTH = 640             # 窗口宽度
WINHEIGHT = 480            # 窗口高度
BGCOLOR = (33,199,51)      # 预设颜色
def main():
    pygame.init()          # 初始化所有模块
    WINSET = pygame.display.set_mode((WINWIDTH, WINHEIGHT))
    WINSET.fill(BGCOLOR) # 填充背景颜色
    pygame.display.set_caption('小游戏')       # 设置窗口标题
    while True:
        for event in pygame.event.get():
            if event.type == pygame.QUIT:
                sys.exit()
    pygame.quit()          # 卸载所有模块
if __name__ == '__main__':
    main()
```

运行结果如图 10-23 所示。

图 10-23 运行结果 20

在以上代码中，在 pygame.quit()语句之前调用 set_caption()函数，它打开一个标题为“小游戏”的图形窗口，该窗口在打开的同时立即关闭，原因是程序在设置标题后就结束了。

（3）刷新窗口。

update()函数用于刷新窗口，以便显示修改后的新窗口。例如，在以上代码中，利用 fill()方法填充背景后，背景颜色并未改变，正是因为在程序中未调用 update()函数对窗口进行刷新。若在 pygame.quit()语句前调用 update()函数，即可呈现绿色窗口。

课堂检验 9

具体操作

```
import pygame              # 导入pygame
import sys
WINWIDTH = 640             # 窗口宽度
WINHEIGHT = 480            # 窗口高度
```

```
    BGCOLOR = (33,199,51)    # 预设颜色
    def main():
        pygame.init()          # 初始化所有模块
        WINSET = pygame.display.set_mode((WINWIDTH, WINHEIGHT))
        WINSET.fill(BGCOLOR) # 填充背景颜色
        pygame.display.set_caption('小游戏')       # 设置窗口标题
        while True:
            for event in pygame.event.get():
                if event.type == pygame.QUIT:
                    sys.exit()
        pygame.quit()          # 卸载所有模块
    if __name__ == '__main__':
        main()
```

运行结果如图 10-24 所示。

图 10-24　运行结果 21

3. 游戏循环

游戏的启动和关闭一般是由玩家手动完成的。但目前在启动游戏窗口后程序就结束了。若想使游戏继续运行，则需要在程序中添加一个游戏循环。

课堂检验 10

具体操作

```
while True:
  pass
```

该循环应加在 pygame.display.update()之后，这样游戏就会一直保持运行。

4. 游戏时钟

为了降低游戏循环的频率，需要在循环中设置游戏时钟。游戏时钟用于控制帧率，利用人类眼睛的视觉暂留形成动画。如果帧率大于 60 帧/每秒，就能实现连续、高品质动画效果。但帧率过高就意味高负荷，需要设置游戏时钟来解决。

pygame 库的 time 模块专门提供了一个 Clock 类，通过 Clock 类的 tick()方法可以方便地设置游戏循环的执行频率。

课堂检验 11

具体操作

```
FPS = 60                              # 预设频率
```

```
FPSCLOCK = pygame.time.Clock()         # 创建Clock对象
FPSCLOCK.tick(FPS)                     # 为Clock对象设置帧率
```

修改程序代码，为其添加帧率控制语句。

课堂检验 12

具体操作

```
FPS = 60                                    # 预设频率
def main():
    pygame.init()                           # 初始化所有模块
    FPSCLOCK = pygame.time.Clock()          # 创建Clock对象
    ……
    pygame.display.update()
    i = 0
    while True:
        i=i+1
        print(i)
        FPSCLOCK.tick(FPS)                  # 控制帧率
    pygame.quit()                           # 卸载所有模块
if __name__ == "__main__":
    main()
```

经过上面的修改，程序中的 while 循环内的代码由高频执行变为每秒执行 FPS(60)次。

5. 图形绘制

图形化窗口是绘制文本和图形的前提，只有在创建窗口之后方可在其中绘制文本、图形等元素。由于 pygame 库中的图形窗口是一个 Surface 对象，所以在窗口中进行绘制实质上就是在 Surface 对象上进行绘制。

在 Surface 对象上绘制图形需要经过加载图片和绘制图片两个步骤。

（1）加载图片。

加载图片是指将图片读取到程序中，需要利用 pygame 库中 image 类的 load()方法向程序中加载图片，生成 Surface 对象，其语法格式如下。

```
load(filename)  —> Surface
```

这里，参数 filename 是被加载的文件名，返回值是一个 Surface 对象。

课堂检验 13

具体操作

```
img_surf = pygame.image.load("aa.jpg") # 加载一个名为"aa.jpg"的图片
    ……
pygame.display.update()
```

（2）绘制图片。

绘制图片是将一个 Surface 对象叠加在另一个 Surface 对象上，类似于将不同尺寸的图片进行堆叠。通过 Surface 对象的 blit()方法可以实现图片绘制，其语法格式如下。

```
blit(source, dest, area=None, special_flags = 0)  —> Rect
```

这里，source 用于接收被绘制的 Surface 对象。

dest 用于接收一个表示位置的元组(left,top)，或接收一个表示矩形的元组(left,top,width,height)，将矩形的位置作为绘制图片的位置。

area 为一个可选参数，通过该参数可以设置矩形区域。若设置的矩形区域小于 source 所设置 Surface 对象的区域，则仅绘制 Surface 对象的部分内容。

special_flags 是标志位。

课堂检验 14

具体操作

```
#利用blit()方法将加载生成的imgSurf对象绘制到窗口WINSET中
import pygame               # 导入pygame
import sys
WINWIDTH = 640              # 窗口宽度
WINHEIGHT = 480             # 窗口高度
BGCOLOR = (33,199,51)       # 预设颜色
def main():
    pygame.init()           # 初始化所有模块
    WINSET = pygame.display.set_mode((WINWIDTH, WINHEIGHT))
    WINSET.fill(BGCOLOR)                        # 填充背景颜色
    pygame.display.set_caption('小游戏')         # 设置窗口标题
    image = pygame.image.load('aa.jpg')         # 加载图片
    WINSET.blit(image,(0,0))                    # 绘制图片
    pygame.display.update()
    while True:
        for event in pygame.event.get():
            if event.type == pygame.QUIT:
                sys.exit()
    pygame.quit()           # 卸载所有模块
if __name__ == '__main__':
    main()
```

运行结果如图 10-25 所示。

图 10-25　运行结果 22

6. 文本绘制

pygame 库的 font 模块提供了一个 Font 类，利用该类可以创建系统字体对象，进而实现在游戏窗口中绘制文字的功能。

利用 Font 类在窗口中绘制文本需要经过创建字体对象、渲染文本内容生成一张图像和将生成的图像绘制到游戏主窗口中 3 个步骤。

文本绘制实际上也是图片的叠加，只是在绘制之前需要先结合字体将文本内容制作

成图片。那么，如何利用代码实现上述步骤呢？下面将进行详细介绍。

（1）创建字体对象。

调用 font 模块的 Font()函数可以创建一个字体对象，其语法格式如下。

```
Font(filename, size) —> Font
```

这里，filename 用于设置字体对象的字体。

size 用于设置字体对象的大小。

课堂检验 15

具体操作

```
BASICFONT = pygame.font.Font('JDJZONGYI.TTF', 25)
……
```

以上代码将在程序所在路径的字体文件下创建一个字体为“JDJZONGYI.TTF”、大小为 25 的字体对象。

另外，还可以通过调用 font 模块的 SysFont()函数创建一个字体对象，其语法格式如下。

```
SysFont(name, size, bold=False, italic=False)—-> Font
```

这里，name 是系统字体的名称。可以设置的字体与操作系统有关，开发者可以通过 pygame.font.get_fonts()函数获取当前系统的所有可用字体列表。name 可接收字体路径名。

Size 是字体大小。

bold 为是否设置为粗体，默认为否。

italic 为是否设置为斜体，默认为否。

Font()函数和 SysFont()函数都可以创建字体对象，但 SysFont()函数对系统依赖度较高，而 Font()函数则可以在设置字体对象时将字体文件存储到程序路径中，使用自定义的字体。当然了，Font()函数更加灵活，也更利于游戏程序的打包和移植，因此，若无特别声明，字体对象均通过 Font()函数来创建。

（2）渲染文本内容。

渲染是计算机多媒体中经常提到的名词，文本经过渲染后会生成一张图像（Surface 对象）。

在 pygame 模块中，可通过字体对象的 render()方法进行渲染，其语法格式如下。

```
render(text, antialias, color, background=None) —> Surface
```

这里，text 为文字内容。

antialias 为是否抗锯齿（抗锯齿效果会让绘制的文字看起来更加平滑）。

color 为文字颜色。

Background 为背景颜色，默认为 None，表示无颜色。

课堂检验 16

具体操作

```
YELLOW = (255, 255, 193)        # 预设颜色
MSGCOLOR = DARKTURQUOISE        # 设置字体颜色
MSGBGCOLOR = YELLOW             # 按钮背景颜色
msgSurf = BASICFONT.render('游戏开始...',True,MSGCOLOR,MSGBGCOLOR)
```

在以上代码中，预设颜色为“黄色”，字体颜色为 MSGCOLOR，按钮背景颜色为

MSGBGCOLOR，通过 render()方法将文本信息“游戏开始”渲染成背景为黄色，字体为宝石绿的图片。

（3）存储图片。

通过 image 类的 save()方法可以将渲染生成的 Surface 对象作为图片存储到本地，其语法格式如下。

```
save(Surface, filename) —> None
```

课堂检验 17

具体操作

```
import pygame                               # 导入pygame
pygame.init()                               # 初始化所有模块
BASICFONT = pygame.font.Font('JDJZONGYI.TTF', 25)
MSGCOLOR = (255, 255, 255)                  # 设置字体颜色
MSGBGCOLOR = (23,78,20)                     # 设置字体背景颜色
msg_surf = BASICFONT.render('游戏开始...',True,MSGCOLOR,MSGBGCOLOR)
pygame.image.save(msg_surf, 'msg.png')
pygame.quit()                               # 卸载所有模块
```

运行结果如图 10-26 所示。

游戏开始...

图 10-26　运行结果 23

将绘制的文本对象 msg_surf 利用 Surface 的 blit()方法渲染到游戏主窗口，位置为 WINSET 的（0,0）。

为了保证更改能够显示在游戏窗口中，这里将 while 循环删除，修改后的代码如下。

课堂检验 18

具体操作

```
import pygame,time                          # 导入pygame和time
WINWIDTH = 640                              # 窗口宽度
WINHEIGHT = 480                             # 窗口高度
BGCOLOR = (33,199,51)                       # 预设颜色
MSGCOLOR = (255, 255, 255)                  # 设置字体颜色
MSGBGCOLOR = (23,78,20)                     # 设置字体背景颜色
def main():
    pygame.init()                           # 初始化所有模块
    WINSET = pygame.display.set_mode((WINWIDTH, WINHEIGHT))
    WINSET.fill(BGCOLOR)                    # 填充背景颜色
    pygame.display.set_caption('小游戏')  # 设置窗口标题
    image = pygame.image.load('aa.jpg')  # 加载图片
    WINSET.blit(image,(0,0))                # 绘制图片
    BASICFONT = pygame.font.Font('JDJZONGYI.TTF', 25)     # 创建字体对象
    msg_surf = BASICFONT.render('游戏开始...', True, MSGCOLOR, MSGBGCOLOR)
                                            # 渲染
    WINSET.blit(msg_surf,(0,0))
    pygame.display.update()
    time.sleep(10)
```

```
    pygame.quit()                    # 卸载所有模块
if __name__ == '__main__':
    main()
```

运行结果如图 10-27 所示。

图 10-27　运行结果 24

由运行结果可知，上述代码成功创建了绘有文本信息“游戏开始”的窗口。

7. 元素位置控制

前面绘制的图片和文本都在窗口的(0,0)位置，即图形窗口的原点。但实际上游戏中的文字和图片可以出现在窗口中的任意位置。若要准确控制图片和文本的位置，则需要掌握 pygame 图形窗口的坐标体系和 pygame 的 Rect 类的知识。

（1）pygame 图形窗口的坐标体系。

pygame 图形窗口的坐标体系的定义如下。

- 坐标原点在游戏窗口的左上角。
- x 轴与水平方向平行，以向右为正。
- y 轴与垂直方向平行，以向下为正。

假设将分辨率为 160 像素×120 像素的矩形放置在分辨率为 640 像素×480 像素的 pygame 图形窗口的(80,160)位置，如图 10-28 所示，那么矩形在窗口中的位置即矩形左上角在窗口中的坐标为(80,160)。

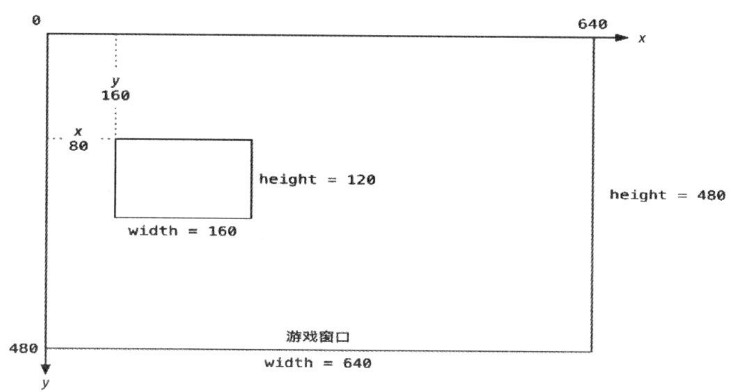

图 10-28　pygame 图形窗口的坐标体系

（2）Rect 类

pygame 中的 Rect 类用于描述、控制可见对象在窗口中的位置，该类定义在 pygame 模块之中，其构造函数如下。

```
Rect(x, y, width, height) —> Rect
```

其功能是通过 Rect 类的构造函数创建一个矩形对象，并设置该矩形在 pygame 图形窗口中的位置(x,y)，宽度为 width，高度为 height。

除了坐标、宽、高，矩形还具有许多用于描述与坐标系相对关系的属性。矩形对象的常见属性如表 10-14 所示。

表 10-14 矩形对象的常见属性

属性	说明	示例
x、left	水平方向和 y 轴的距离	rect.x = 10、rect.left = 10
y、top	垂直方向和 x 轴的距离	rect.y = 80、rect.top = 80
width、w	宽度	rect.width = 168、rect.w = 168
height、h	高度	rect.height = 50、rect.h = 50
right	右侧 $=x+w$	rect.right = 178
bottom	底部 $=y+h$	rect.bottom = 130
size	尺寸 (w, h)	rect.size = (168, 50)
topleft	(x, y)	rect.topleft = (10, 80)
bottomleft	(x, bottom)	rect.bottomleft = (10, 130)
topright	(right, y)	rect.topright = (178, 80)
bottomright	(right, bottom)	rect.bottomright = (178, 130)
centerx	中心点 $x=x+0.5*w$	rect.centerx = 94
centery	中心点 $y=y+0.5*h$	rect.centery = 105
center	(centerx, centery)	rect.center = (94, 105)
midtop	(centerx, y)	rect.midtop = (94, 80)
midleft	(x, centery)	rect.midleft = (10, 105)
midbottom	(centerx, bottom)	rect.midbottom = (94, 130)
midright	(right, centery)	rect.midright = (178, 105)

矩形位置大小示意图如图 10-29 所示，矩形方向示意图如图 10-30 所示。

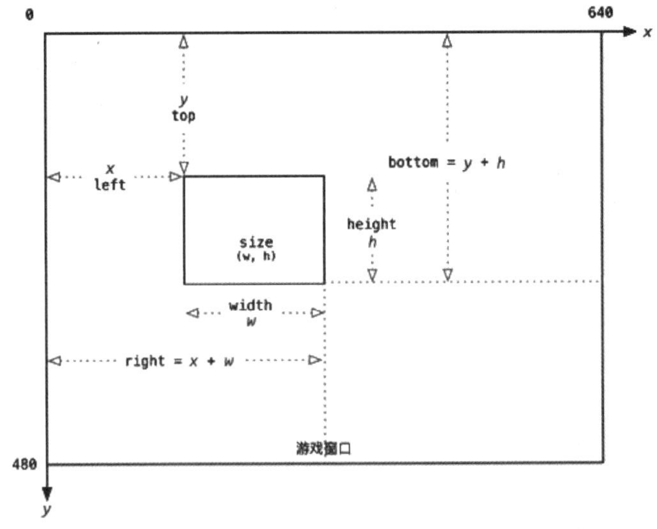

图 10-29 矩形位置大小示意图

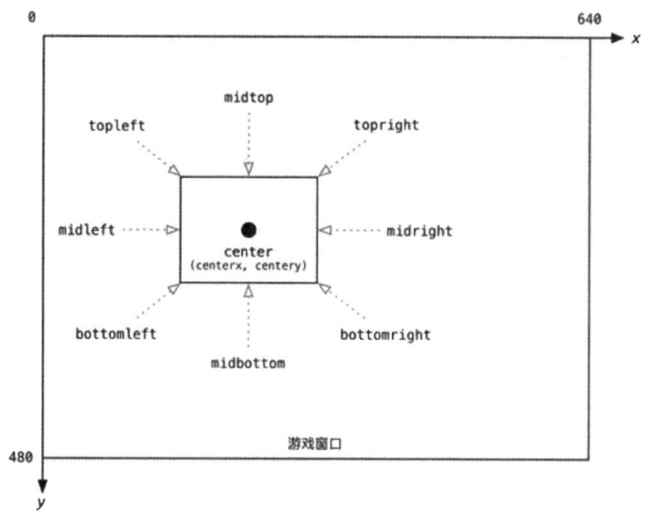

图 10-30 矩形方向示意图

（3）位置控制

Surface 对象在窗口中的位置是通过 blit()方法的参数 dest 确定的，dest 可以接收坐标元组(x,y)，也可以接收矩形对象。因此，可以通过两种方式控制 Surface 对象的绘图位置。

- 方式 1：将 Surface 对象绘制到窗口时，以元组(x,y)的形式将坐标传递给参数 dest。
- 方式 2：利用 get_rect()方法获取 Surface 对象的矩形属性，重置矩形横纵坐标后，再将矩形属性传递给参数 dest 以设置绘图位置。

专家点睛

考虑到 Surface 对象的分辨率不同，为了方便计算位置，程序一般利用第二种方式确定绘图的位置。

假设在小游戏窗口的右下角绘制一个标有“自动”字样的按钮，利用第二种位置控制方式在窗口中绘制文本。

课堂检验 19

具体操作

```
import pygame,time                      # 导入pygame和time
WINWIDTH = 640                          # 窗口宽度
WINHEIGHT = 480                         # 窗口高度
BGCOLOR = (33,199,51)                   # 预设颜色
MSGCOLOR = (255, 255, 255)              # 设置字体颜色
MSGBGCOLOR = (23,78,20)                 # 设置字体背景颜色
def main():
    pygame.init()                       # 初始化所有模块
    WINSET = pygame.display.set_mode((WINWIDTH, WINHEIGHT))
    WINSET.fill(BGCOLOR)                        # 填充背景颜色
    pygame.display.set_caption('小游戏')  # 设置窗口标题
    image = pygame.image.load('aa.jpg')  # 加载图片
```

```
    WINSET.blit(image,(0,0))      # 绘制图片
    BASICFONT = pygame.font.Font('JDJZONGYI.TTF', 25) #创建字体对象
    msg_surf = BASICFONT.render('游戏开始...', True, MSGCOLOR, MSGBGCOLOR)
                                  # 渲染
    WINSET.blit(msg_surf,(0,0))
    #渲染字体
    auto_surf = BASICFONT.render('继 续',True,MSGCOLOR,MSGBGCOLOR)
    auto_rect = auto_surf.get_rect()
    auto_rect.x = WINWIDTH-auto_rect.width-10
    auto_rect.y = WINHEIGHT-auto_rect.height-10
    WINSET.blit(auto_surf,auto_rect)
    pygame.display.update()
    time.sleep(10)
    pygame.quit()                 # 卸载所有模块
if __name__ == '__main__':
    main()
```

运行结果如图 10-31 所示。

图 10-31　运行结果 25

在以上代码中，Surface 对象在窗口中的坐标实际上就是矩形左上角在窗口中的坐标，要想将 Surface 对象放置在右下角并与边框保持一定距离，要用窗口的宽度和高度减去余量，还要减去 Surface 对象的宽度和高度。

8. 动态效果

游戏都会涉及到动态效果，其原理就是文本或者图片的更换、位置的改变和屏幕的刷新等，如图 10-32 所示。

图 10-32　动态效果

一般基础动态效果有以下 3 种，动态效果分类如图 10-33 所示。

（1）移动效果：多次修改 Surface 对象绘制的位置并连续绘制、刷新。

（2）动画效果：在同一位置绘制不同的 Surface 对象。

（3）移动的动画：连续绘制不同 Surface 对象的同时，修改绘制的位置。

图 10-33 动态效果分类

专家点睛

在实现移动效果前应首先区分动态元素与其他元素，将其他元素作为背景，制作背景的副本覆盖原始窗口，实现动态元素的“消失”，再着手重新绘制要移动的元素并刷新窗口。

copy()方法。pygame 库的 Surface 类中定义了 copy()方法，利用该方法可以拷贝 Surface 对象，实现方块的消失。

课堂检验 20

具体操作

```
#实现"继续"按钮的移动
import pygame,time                    # 导入pygame和time
WINWIDTH = 640                        # 窗口宽度
WINHEIGHT = 480                       # 窗口高度
BGCOLOR = (33,199,51)                 # 预设颜色
MSGCOLOR = (255, 255, 255)            # 设置字体颜色
MSGBGCOLOR = (23,78,20)               # 设置字体背景颜色
FPS = 6
FPSCLOCK = pygame.time.Clock()
def main():
    pygame.init()                                   # 初始化所有模块
    WINSET = pygame.display.set_mode((WINWIDTH, WINHEIGHT))
    WINSET.fill(BGCOLOR)                            # 填充背景颜色
    pygame.display.set_caption('小游戏')            # 设置窗口标题
    image = pygame.image.load('aa.jpg')             #加载图片
    WINSET.blit(image,(0,0))                        # 绘制图片
    #制作背景副本
    base_surf = WINSET.copy()
    BASICFONT = pygame.font.Font('JDJZONGYI.TTF', 25) #创建字体对象
    msg_surf = BASICFONT.render('游戏开始...', True, MSGCOLOR, MSGBGCOLOR)
    WINSET.blit(msg_surf,(0,0))                     # 渲染
    #渲染字体
    auto_surf = BASICFONT.render('继 续',True,MSGCOLOR,MSGBGCOLOR)
    auto_rect = auto_surf.get_rect()
    auto_rect.x = WINWIDTH-auto_rect.width-10
    auto_rect.y = WINHEIGHT-auto_rect.height-10
```

```
    WINSET.blit(auto_surf,auto_rect)
    #在背景不同的位置绘制矩形，制造移动效果
    for i in range(0,WINHEIGHT,2):
        FPSCLOCK.tick(FPS)
        WINSET.blit(auto_surf,auto_rect) #绘制字体
        pygame.display.update()
        auto_rect.x -= 10    #修改"继续"按钮横坐标
        if i+2 <WINHEIGHT:
            WINSET.blit(base_surf,(0,0)) #利用备份覆盖
    pygame.display.update()
    time.sleep(10)
    pygame.quit()     # 卸载所有模块
if __name__ == '__main__':
    main()
```

上述代码将窗口中的“继续”按钮从右向左移动，运行结果如图 10-34 所示。

图 10-34　运行结果 26

9. 事件

游戏需要交互，因此，游戏必须能够接收玩家的操作，并根据玩家的操作做出有针对性的响应。程序开发中将玩家会对游戏进行的操作称为事件（Event），根据输入媒介的不同，游戏中的事件分为键盘事件、鼠标事件和手柄事件。pygame 库在 locals 模块中对事件进行了细致地定义。pygame 库中常见的事件参数如表 10-15 所示。

表 10-15　pygame 库中常见的事件参数

事件	产生途径	参数
KEYDOWN	键盘被按下	unicode,key,mod
KEYUP	键盘被放开	key,mod
MOUSEMOTION	鼠标移动	pos,rel,buttons
MOUSEBUTTONDOWN	鼠标按下	pos,button
MOUSEBUTTONUP	鼠标放开	pos,button

（1）键盘事件。

pygame 库中的键盘事件包括 KEYDOWN 和 KEYUP 两种。

这里，参数 unicode 是指记录按键的 Unicode 值。

参数 key 是指按下或放开的键的键值（以 K_xx 形式表示）。

参数 mod 是指包含组合键信息。

（2）鼠标事件。

pygame 库中的鼠标事件包括 MOUSEMOTION、MOUSEBUTTONDOWN 和 MOUSEBUTTONUP 3 种。

这里，参数 pos 是指鼠标指针操作的位置。

参数 rel 是指当前位置与上次产生鼠标事件时鼠标指针位置间的距离。

参数 buttons 是指一个含有三个数字的元组，元组中数字的取值只能为 0 或 1，三个数字依次表示左键、滚轮和右键。例如，移动鼠标，buttons=(0,0,0)，移动鼠标并单击鼠标，buttons=(1,0,0)。

参数 button 为整数，1 表示单击鼠标，2 表示单击滚轮，3 表示单击右键，4 表示向上滑动滚轮，5 表示向下滑动滚轮。

（3）事件相关属性与函数。

可通过 pygame 的 event 模块中的 type 属性判断事件类型，通过 get()函数获取当前产生的所有事件的列表。程序通常在循环中遍历事件列表，将其中的元素与需要处理的事件常量进行对比，若当前事件需要处理，则再对其进行相应地操作。

这里，pygame.event.type 是指判断事件类型。

pygame.event.get()是指获取当前时刻产生的所有事件的列表。

课堂检验 21

具体操作

```
# 添加事件处理代码
import pygame,time          # 导入pygame和time
from pygame.locals import *
FPS = 6
FPSCLOCK = pygame.time.Clock()
# 获取单击事件
def main():
    pygame.init()
    while True:
        FPSCLOCK.tick(FPS)
        for event in pygame.event.get():
            if event.type == MOUSEBUTTONUP:  #松开鼠标
                if auto_rect.collidepoint(event.pos): #判断鼠标单击位置
                    print('单击按钮')
                else:
                    print('单击空白区域')
            elif event.type == KEYUP:  #按键松开
                if event.key in (K_LEFT,K_a):
                    print('←')
                elif event.key in (K_RIGHT,K_d):
                    print('→')
                elif event.key in (K_UP,K_w):
                    print('↑')
                elif event.key in (K_DOWN,K_s):
                    print('↓')
                elif event.key == K_ESCAPE:
```

```
                        print('退出游戏')
                        pygame.quit()
        pygame.quit()       # 卸载所有模块
    if __name__ == '__main__':
        main()
```

在以上代码中，while 循环通过 for 循环遍历事件，对每层 for 循环取出的事件 event 进行判断，若当前事件为鼠标松开事件 MOUSEBUTTONUP，则利用 Rect 类的 collidepoint()方法判断单击的位置 event.pos 与矩形和按钮的关系，输出相应信息。若当前事件为按键松开事件 KEYUP，则根据 event.key 属性判断被按下的键，并输出按键的信息，或退出游戏。

运行结果如图 10-35 所示。

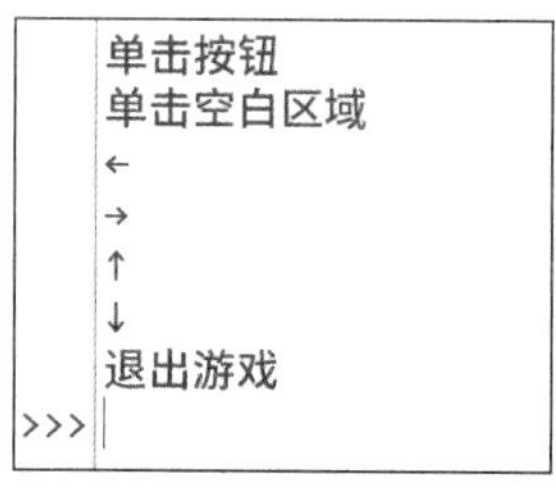

图 10-35　运行结果 27

程序举例：鼠标捉球。

利用 pygame 库制作一个简单的游戏：鼠标捉球。

其代码如下。

```
    import random,sys,pygame
    from pygame.locals import *
    pygame.init()
    screen = pygame.display.set_mode((1000,750))
    clock = pygame.time.Clock()
    FPS = 100
    ball_pos = (random.randint(0,1000),random.randint(0,700))
    ball_color =
(random.randint(0,255),random.randint(0,255),random.randint(0,255))
    pygame.display.set_caption("鼠标捉球")
    is_down = False
    score = 0
    font = pygame.font.Font("JDJZONGYI.TTF",48)
    def core():
        global ball_color,ball_pos,score
        if is_down:
            mouse = pygame.mouse.get_pos()
            if ball_pos[0]+50 > mouse[0] > ball_pos[0]-50 and ball_pos[1] +
50 > mouse[1] > ball_pos[1]-50:
                score+=1
                ball_color =
(random.randint(0,255),random.randint(0,255),random.randint(0,255))
                ball_pos = (random.randint(0,1000),random.randint(0,700))
            else:
                pygame.draw.circle(screen,(255,255,0),mouse,30)
```

```
    def show_score(score):
        text = font.render("{0}".format(score),True,(0,0,0))
        screen.blit(text,(750,10))
    def init(screen):
        screen.fill((20,155,157))
        pygame.draw.circle(screen,ball_color,ball_pos,50)
    while True:
        for event in pygame.event.get():
            if event.type == QUIT:
                pygame.quit()
                sys.exit(0)
            if event.type == MOUSEBUTTONDOWN:
                is_down == True
            else:
                is_down == False
        init(screen)
        core()
        show_score(score)
        pygame.display.update()
```

运行结果如图 10-36 所示。

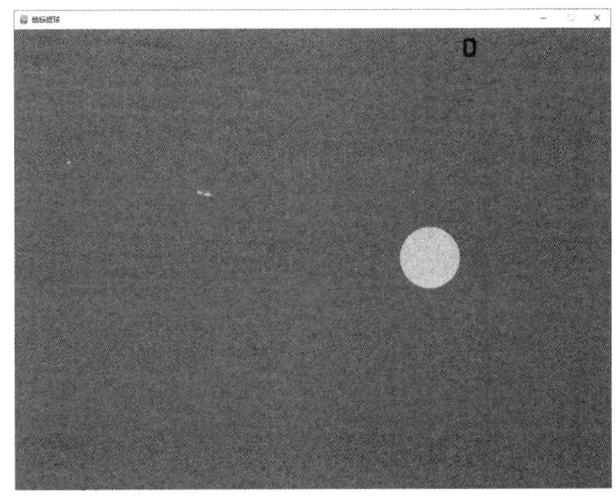

图 10-36　运行结果 28

任务实践

猴子接桃。猴子接桃是一款测试反应力的游戏。桃从屏幕顶端任意位置随机出现，匀速垂直落下，玩家利用鼠标左右键控制猴子的左右方向来回移动接住桃，若猴子接到桃，则游戏得分，玩家可随时单击“关闭”按钮，结束游戏。

本任务要求编写程序，实现猴子接桃的游戏。

其代码如下。

```
# 猴子接桃
import random,pygame,sys
from pygame.locals import *
pygame.init()
screen_width = 450                # 屏幕宽度
```

```
    screen_height = 560          # 屏幕高度
    screen = pygame.display.set_mode((screen_width, screen_height), 0, 32)
# 绘制窗口
    pygame.display.set_caption("猴子接桃")                    # 游戏标题
    run_time_font = pygame.font.SysFont('simhei', 48)   # 分数字体，字号
    def game_start():
        monkey = pygame.image.load('monkey.png')          # 加载图片
        peach = pygame.image.load('tao.png')
        game_background = pygame.image.load('background.jpg')
        speed = 1                # 桃子下落速度
        score = 0                # 分数
        monkey_x = 200           # 猴子位置信息
        monkey_y = 470
        monkey_x_speed = 1       # 设置移动速度
        monkey_move = {K_LEFT: 0, K_RIGHT: 0}
        pos_list = []            # 桃的坐标列表
        for i in range(7):       # 绘制初始化桃
            x = random.randint(0, 390)
            y = random.randint(0, 560)
            pos_list.append([x, y])
        clock = pygame.time.Clock()                   # 帧率控制Clock对象
        while True:
            screen.blit(game_background, (0, 0))
            for event in pygame.event.get():          # 接收信息处理
                if event.type == QUIT:
                    exit()
                if event.type == KEYDOWN:
                    if event.key in monkey_move:
                        monkey_move[event.key] = 1
                elif event.type == KEYUP:
                    if event.key in monkey_move:
                        monkey_move[event.key] = 0
            second_time_passed = clock.tick(60)
            monkey_x -= monkey_move[K_LEFT] * monkey_x_speed *
second_time_passed                                    # 定位猴子移动后的坐标
            monkey_x += monkey_move[K_RIGHT] * monkey_x_speed *
second_time_passed
            if monkey_x > 450 - monkey.get_width():          # 判断猴子边界条件
                monkey_x = 450 - monkey.get_width()
            elif monkey_x < 0:
                monkey_x = 0
            screen.blit(monkey, (monkey_x, monkey_y))
            for y in pos_list:                        # 坐标循环，从y轴垂直下落
                y[1] = y[1] + speed
                screen.blit(peach, (y[0], y[1]))  # 绘制桃
                if y[1] >= 560:
                    y[1] = -peach.get_height()
                if monkey_x < y[0] < monkey_x + monkey.get_width() and monkey_y
- peach.get_height() < y[1] < monkey_y:               # 碰撞检测
                    score += 10
                    pos_list.remove([y[0], y[1]])
```

```
                x, y = random.randint(0, 390), random.randint(0, 560)
                if len(pos_list) <= 6:
                    pos_list.append([x, -y])
            screen_score = run_time_font.render('分数: ' + str(score), True,
(255, 0, 0))
            screen.blit(screen_score, (0, 0))
            pygame.display.update()                    # 刷新显示
    if __name__ == '__main__':
        while True:
            game_start()
```

运行结果如图 10-37 所示。

图 10-37 猴子接桃

评价单

任务编号	10-4	任务名称	制作猴子接桃游戏
评价项目		自评	教师评价
课堂表现	学习态度（20 分）		
	课堂参与（10 分）		
	团队合作（10 分）		
技能操作	创建 Python 文件（10 分）		
	编写 Python 代码（40 分）		
	运行并调试 Python 程序（10 分）		
评价时间	年 月 日	教师签字	

评价等级划分						
项目		A	B	C	D	E
课堂表现	学习态度	在积极主动、虚心求教、自主学习、细致严谨上表现优秀	在积极主动、虚心求教、自主学习、细致严谨上表现良好	在积极主动、虚心求教、自主学习、细致严谨上表现较好	在积极主动、虚心求教、自主学习、细致严谨上表现尚可	在积极主动、虚心求教、自主学习、细致严谨上表现不佳
	课堂参与	积极参与课堂活动，参与内容完成得很好	积极参与课堂活动，参与内容完成得好	积极参与课堂活动，参与内容完成得较好	能参与课堂活动，参与内容完成得一般	能参与课堂活动，参与内容完成得欠佳
	团队合作	具有很强的团队合作能力、能与老师和同学进行沟通交流	具有良好的团队合作能力、能与老师和同学进行沟通交流	具有较好的团队合作能力、尚能与老师和同学进行沟通交流	能与团队进行合作、与老师和同学进行沟通交流的能力一般	不能与团队进行合作、不能与老师和同学进行沟通交流
技能操作	创建	能独立并熟练地完成	能独立并较熟练地完成	能在他人提示下顺利完成	能在他人帮助下完成	未能完成
	编写	能独立并熟练地完成	能独立并较熟练地完成	能在他人提示下顺利完成	能在他人帮助下完成	未能完成
	运行并调试	能独立并熟练地完成	能独立并较熟练地完成	能在他人提示下顺利完成	能在他人帮助下完成	未能完成

项目小结

本项目简单介绍了 Python 计算生态、演示了如何构建与发布 Python 生态库，并介绍了常用的 Python 内置库和有趣的第三方库。

通过本项目的学习，希望读者能够对 Python 计算生态涉及的领域所使用的 Python 库有所了解，掌握构建 Python 库的方式和 random 库、turtle 库的使用，熟悉 time 库和 pygame 库。

巩固练习

一、判断题

1．Python 开发人员可以使用内置库，也可以使用第三方库。 （　　）

2．pygame 库中的 init()函数可以初始化所有子模块。 （　　）

3．Python 程序中使用内置库与第三方库的方式相同，但使用第三方库前需要先将库导入程序。 （　　）

4．自定义库只能由自己在本地使用。 （　　）

5．Time 模块是 Python 的内置模块，可以在程序中直接使用。 （　　）

二、选择题

1．阅读下面的程序。

```
gmtime = time.gmtime()
time.asctime(gmtime)
```

下列选项中，可以为以上程序输出结果的是（　　）。

A．'Mon Apr 16 08:15:35 2023'

B．time.struct_time(tm_year=2023,tm_mon=5,tm_mday=5,tm_hour=11,tm_min=6,tm_sec=36,tm_wday=8,tm_yday=113,tm_isdst=-1)

C．'11:07:23'

D．2283570376.3155279

2．下列选项中，用于判断.py 文件是作为脚本执行还是被导入其他程序的属性是（　　）。

A．__init__　　B．__name__

C．__exce__　　D．__main__

3．下列方法中，返回结果是时间戳的是（　　）。

A．time.sleep()　　B．time.localtime()

C．time.strftime()　　D．time.ctime()

4．下列选项中，会在发布自定义库时用到的命令是（　　）。

A．python setup.py install　　B．python setup.py sdist

C．python setup.py build　　D．以上全部

5．阅读下面的程序。

```
random.randrange(1,10,2)
```

下列选项中，不可能为以上程序输出的结果是（　　）。

A．1　　　B．4　　　C．7　　　D．9

三、填空题

1．通过 pygame 的________函数可以初始化所有子模块。

2．random 是 Python 的________库，pygame 是 Python 的________库。

3．Python 的计算生态通过________、________、________库为数据分析领域提供支持。

4．________是一种按照一定规则自动从网上抓取信息的程序或者脚本。

5．turtle 库的主要作用是________。

四、程序设计题

1．编写程序，绘制奥运五环。

2．编写程序，随机生成登录的验证码。

3．编写程序，制作一个简单的游戏。

反侵权盗版声明